油气长输管道阴极保护
技术及工程应用

王维斌　胡亚博　李琴　编著

中国石化出版社

内 容 提 要

本书着眼于阴极保护技术在油气长输管道领域的实际工程应用。在阐明腐蚀电化学的基本原理、油气长输管道的主要腐蚀特点、阴极保护的基本原理基础上,重点介绍了针对油气长输管道外腐蚀控制技术中的阴极保护技术,并结合工程实际提供了不同工况条件下的技术应用案例。

本书可供油气长输管道领域工程设计、施工、检测及管理人员使用,也可供石油化工、材料、腐蚀等专业的大中专院校师生学习参考,亦可作为管道腐蚀与防护专业的培训教材。

图书在版编目(CIP)数据

油气长输管道阴极保护技术及工程应用/王维斌,
胡亚博,李琴编著. —北京:中国石化出版社,2018.1
ISBN 978 - 7 - 5114 - 4749 - 4

Ⅰ.①油… Ⅱ.①王… ②胡… ③李… Ⅲ.①油气运
输-长输管道-阴极保护-研究 Ⅳ.①TE973

中国版本图书馆 CIP 数据核字(2018)第 004292 号

中国石化出版社出版发行

地址:北京市朝阳区吉市口路 9 号
邮编:100020 电话:(010)59964500
发行部电话:(010)59964526
http://www.sinopec-press.com
E-mail:press@sinopec.com
北京柏力行彩印有限公司印刷
全国各地新华书店经销

*

787×1092 毫米 16 开本 16 印张 358 千字
2018 年 1 月第 1 版 2018 年 1 月第 1 次印刷
定价:60.00 元

前　言

　　油气长输管道的阴极保护是腐蚀电化学专业的一个重要工程分支，一直都是腐蚀与防护领域的研究重点。特别是近几年，国家非常重视油气长输管道领域的完整性管理及腐蚀控制工作，对相关专业人才的需求日益增强。本书从工程实际出发，为读者呈现了一个真实、完整的油气管道阴极保护系统，力求在学术研究与工程应用之间搭建桥梁。

　　全书共分八章。第一章为绪论，介绍了油气长输管道腐蚀对管道完整性及后续经济、社会、安全效益可能产生的影响，提出防腐层及阴极保护等外腐蚀控制措施的必要性，并简要介绍了其发展历史及应用现状；第二章为腐蚀电化学的基本原理，分别从热力学和动力学的角度介绍了电化学腐蚀发生的可能性和腐蚀速率、电化学阻抗谱等常规电化学测试技术在分析腐蚀过程中的应用、目前常见的腐蚀类型；第三章为油气长输管道及其腐蚀特点，介绍了油气长输管道及沿线站场、附属设施的主要构成，结合实际指出了可能存在的主要腐蚀类型、影响腐蚀的主要因素和特点；第四章为油气长输管道的阴极保护，详细介绍了牺牲阳极阴极保护和强制电流阴极保护这两种阴极保护系统的原理、特点及主要构成，阴极保护常用的评价准则及日常的监检测技术；第五章为干线阴极保护，介绍阴极保护技术在油气长输管道站外干线管道部分的实际应用案例；第六章为区域阴极保护，介绍阴极保护技术在油气长输管道站场部分的实际应用案例；第七章为杂散电流干扰与阴极保护，分别介绍了交直流干扰与阴极保护系统的交互作用，包括干扰对阴极保护系统运行、检测与评价等过程可能产生的影响，阴极保护对干扰腐蚀的抑制作用等；第八章列举了阴极保护系统运行过程中的常见故障及分析处理建议。

　　本书立足于阴极保护在工程实践中的实际应用。可供油气管道领域工程设计、施工、检测及管理人员阅读，也可供石油化工、材料、腐蚀等专业的大中专院校师生学习参考，亦可作为管道腐蚀与防护专业的培训教材。

　　在编写过程中参考了 R. A. Gummow、S. Papavinasam、Rogelio de las Casas 等NACE专家，中国石油天然气股份有限公司管道分公司刘玲莉、陈洪源、滕延平、薛致远、赵君、张丰，沈阳龙昌管道检测中心陈敬和、刘志军，北京凯斯托普科技有限公司刘国，廊坊盈波管道技术有限公司冯洪臣等专家的研究成果，在此一并表示感谢。

　　因水平所限，书中难免会有错误或偏差，希望广大读者批评指正！

目　录

第一章 绪 论

第一节 油气长输管道的腐蚀

作为传统能源，石油和天然气在当前国民经济发展、人们日常生活的各个方面仍发挥着重要的作用。完整的油气行业生产链包括勘探、钻采、炼化、集输、储运、销售等多个环节的协同工作。从生产到运输、销售的各个环节往往需要系统化的工程来完成。从图1.1可以看出，油气长输管网系统是连接油气生产、加工、分配、销售等各环节的纽带，既用于油井开采的原油、天然气到炼化厂的输送，又可用于成品油、天然气到各个销售终端、城市燃气管网的输送，在保障能源供应、维护国家能源安全方面发挥着重要的作用，是国家重要的能源战略通道。

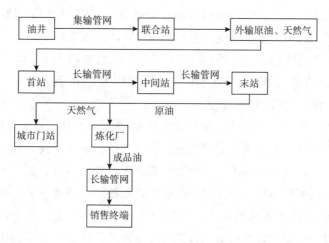

图 1.1 油气行业生产过程大致流程图

与铁路、公路、水路等输送方式相比，管道输送具有运输方便、输送量大、密闭安全、运费低、能耗少等优点，在长距离油气储运过程中得到了广泛应用。但是腐蚀问题一直是油气井、集输管线、长输管线面临的一个重要的安全问题。2015年，中国工程院启动的"我国腐蚀状况及控制战略研究"重大咨询项目研究，研究指出：腐蚀不仅是安全问题、经济问题，而且是生态文明问题、国计民生问题。对腐蚀的关注程度更是与国家和行业的繁荣、文明程度息息相关。随着近年来管道建设力度的增加、管道敷设环境的日趋复杂化，油气长输管道的腐蚀问题日益复杂和突出。了解油气长输管道的腐蚀特点，掌握其主要的腐蚀控制方法，减轻腐蚀可能对管道安全运行造成的危害，已经成为一个刻不容缓的问题。

为了减少对耕地的占用，同时保证管道安全，国内油气长输管道最为常见的敷设方式大都为埋地敷设，埋设深度一般为地下 1~2m 不等。管道材料与土壤接触发生化学或电化学反应，进而引起管道承压能力劣化的过程，都可称为管道的腐蚀。管道腐蚀不仅缩短其使用寿命、降低设备利用率和经济效益，还可能引发油气泄漏、爆炸、环境污染，甚至影响公共安全。而且随着城市化进程的发展，油气长输管道与市政工程、居民区的交叉关系越来越多，对公共安全的影响也越来越严重。尤其在管道经过高后果区的管段，油气泄漏可能产生的后果往往也更加严重。以青岛 11·22 事故为例，1986 年投产的东黄输油管道因腐蚀造成管壁减薄，油气泄漏并继而引起的爆炸共造成 62 人死亡、136 人受伤，直接经济损失 75172 万元，造成了极大的社会影响。以欧洲输气管道事故数据库（EGIG）在 2005 年的统计结果为例，腐蚀造成的管道失效事故案例约占欧洲输气管道失效事故总量的 15.1%，仅次于第三方破坏和施工、材料缺陷，是造成管道失效的第三重要原因。美国危险材料管理局（PHMSA）2004 年到 2016 年的统计数据表明，外腐蚀造成的管道失效事故约为 6.6%，内腐蚀造成的管道失效事故约为 1.6%，由此可见其影响严重程度。

我国各行业因腐蚀造成的经济损失平均约占国民生产总值的 3%，但对于油气行业，往往可以占到 6% 左右。因此，研究油气长输管道腐蚀发生的原因，并采取有效的防护措施，具有十分重要的经济效益、安全效益和社会效益。美国 1975 年因腐蚀造成的经济损失约为 700 亿美元，约为当年国内生产总值的 4.2%，大概 5 倍于当年因水灾、火灾、地震、飓风等自然灾害造成的损失。我国 2014 年的腐蚀成本约为 21278.2 亿元，约占当年 GDP 的 3.34%，每位公民当年相应承担的腐蚀成本约为 1555 元，其中 15%~30% 是可以通过腐蚀控制的方法来降低和减少损失。

我国幅员辽阔，各地的资源储量和经济发展水平各有差异，对资源的需求也不相同。油气资源的合理调配就需要大规模的油气长输管道系统。截止目前，我国的油气长输管道里程已达 12×10^4 km，有力保障了国内的油气资源生产调配。预计到"十三五"末，我国油气长输管道的总里程将超过 16×10^4 km。管道途经的土壤环境千差万别，包括西南地区的红土（酸性土壤），西北地区的沙漠、戈壁，东北地区的黑土、冻土，沿海地区的盐渍土等各种土壤类型。在宏观腐蚀电池和微观腐蚀电池的作用下，管道在不同土壤环境中的腐蚀速率也是不尽相同。尽管采取了相应的腐蚀控制措施（防腐层＋阴极保护），油气长输管道的腐蚀事故仍时有发生，特别是管理相对薄弱的站场设施和油气田管网等。即使是保护较好、管理较为规范的长距离输送管道干线，近年来也发生了多次腐蚀穿孔事故。据不完全统计：目前我国在役油气管道腐蚀事故频次约为 0.875~1.375 次/（年×1000km），高于国外部分管道运营公司的类似数据。随着近年来"公共走廊"的建设，管道与沿线的电气化铁路、高压输电线路的交叉、并行关系增加。交直流干扰也可能加速管道的腐蚀，而且大于 15V 的交流干扰电压、高压直流接地极放电过程中产生的地电位梯度，还可能对管道运营维护、检测人员的安全造成威胁。据统计，我国始建于 20 世纪 70

年代的东北油气长输管网约 2000 余公里的埋地钢质管道中，受直流干扰的管段约占 5%。管道投产后 20 余年内，共发生腐蚀穿孔事故 40 起，其中 80% 是由直流干扰腐蚀造成的。穿越某直流电气化铁路密集地区的埋地管道，其腐蚀速率短时间内甚至高达 10～12mm/a。交流干扰造成管道腐蚀的案例在国内也是屡见不鲜，某条受交流干扰影响的新建管道，即使在阴极保护效果满足标准要求的条件下，在投产 2 年时间内就出现了点蚀，局部腐蚀速率为 1mm/a。

鉴于腐蚀对油气长输管道安全运行可能产生的影响和危害，国内外的油气长输管道腐蚀控制标准、完整性管理标准，如：ASME B31.8S《Managing system integrity of gas pipelines》、API 1160《Managing system integrity for hazardous liquid pipelines》、GB 32167-2015《油气输送管道完整性管理规范》等，均将腐蚀列为危害管道完整性的重要因素之一。管道的完整性管理是一种更趋主动的管道管理模式，旨在管道失效事故发生前，削减事故风险，防患于未然。而阴极保护则是在腐蚀控制方面对管道完整性管理理念的重要实践措施之一，可以将管道发生腐蚀的概率进一步降低。一般认为，施加阴极保护的埋地管道的腐蚀速率可以小于 0.01mm/a。

按照腐蚀过程的特点和机理，腐蚀主要可分为物理腐蚀、化学腐蚀和电化学腐蚀等 3 种类型。物理腐蚀指由于物理作用造成的管道金属损失，这类腐蚀在油气管道行业中出现的较少；化学腐蚀指管道与非电解质直接接触，因化学反应而发生的腐蚀。这类腐蚀一般在油气生产的勘探开发、炼化等过程中较为普遍。在管道输送领域，由于介质在进入管道前后都经过了特殊的净化处理，腐蚀性介质和水分的含量都比较小，造成化学腐蚀的因素较少。但也不能完全排除管道附近土壤中存在的特殊腐蚀介质对管道造成化学腐蚀的可能性；电化学腐蚀指管道与土壤等电解质构成腐蚀电池，反应过程中有电流产生而引起的腐蚀。根据腐蚀发生的位置划分，埋地长输油气管道发生的腐蚀主要包括内腐蚀和外腐蚀两种类型，而且绝大多数都属于电化学腐蚀。外腐蚀发生的位置主要为管道防腐层破损或剥离处，管道本体与土壤或其他腐蚀性介质直接接触的位置。内腐蚀发生的位置主要为管道高程的相对低点，可能形成凝结水的位置。本书中所提及阴极保护技术的对象主要是针对埋地长输管道的外壁电化学腐蚀而言。

第二节 腐蚀控制系统

腐蚀控制工程是一个复杂的系统工程，在设计、施工和运营过程中都需要从材料、防腐层、电化学活性、环境控制、运营管理等多个角度进行综合考虑和控制，以发挥其最大作用。

一、材料方面

材料方面，合理选材是控制腐蚀发生的重要因素。油气长输管道内部输送介质目前主要为原油、天然气、成品油等，外部接触介质主要为各类土壤、地下水。石油天然气在进入长输管道前，都需要经过脱硫、脱水、脱二氧化碳等净化处理，腐蚀性相对较弱。微合金化的管线钢在常见土壤中的外壁腐蚀速率也相对较低。按照油气长输管道一般 30～50 年的设计寿命，一般都不需采用特殊的耐腐蚀钢材（如不锈钢等）。目前，油气长输管道使用的管材大都采用微合金化的高强度管线用钢，在保证管材本身强度、韧性、可焊接性的基础上，不同管段之间采用焊接方式连接。在高温出站、高后果区等特殊管段，也常采用增加管壁厚度的方法来保证足够的腐蚀裕量。API SPEC 5L《Specification for line pipe》标准中对管线钢化学成分、力学性能的相关要求如表 1.1～表 1.4 所示。

表 1.1　PSL 1 级管线钢产品的熔炼及成分分析要求

(1)	(2)	(3)	(4)	(5)	(6)
钢的级别	C[①]	Mn[①]	P	S	其他元素[②]
无缝管					
X42	≤0.28%	≤1.30%	≤0.030%	≤0.030%	[③,④]
X46，X52，X56	≤0.28%	≤1.40%	≤0.030%	≤0.030%	[③,④]
X60，X65	≤0.28%	≤1.40%	≤0.030%	≤0.030%	[③,④]
X70			[⑤]		
焊管					
X42	≤0.26%	≤1.30%	≤0.030%	≤0.030%	[③,④]
X46，X52，X56	≤0.26%	≤1.40%	≤0.030%	≤0.030%	[③,④]
X60	≤0.26%	≤1.40%	≤0.030%	≤0.030%	[③,④]
X65	≤0.26%	≤1.45%	≤0.030%	≤0.030%	[③,④]
X70	≤0.26%	≤1.65%	≤0.030%	≤0.030%	[③,④]

① C 含量比规定的最高含量每减少 0.01%，则允许 Mn 含量比规定的最高含量增加 0.05%，对钢级为 X42—X52 的钢，Mn 含量最高可增加 1.50%；对钢级高于 X52 且低于 X70 的钢，Mn 含量最高可增至 1.65%；对钢级高于 X70 的钢，Mn 含量最高可增至 2.00%。

② 经供需双方协商可选用 Nb、V、Ti 等元素，单一元素或多种元素混合均可。

③ 可由制造厂选择使用 Nb、V、Ti 或将其混合使用。

④ Nb、V、Ti 含量的综合不应超过 0.15%。

⑤ 经供需双方协商可提供满足表中 P、S 限制的、角标 d 中的其他化学成分分析。

表 1.2　PSL 1 级管线钢产品拉伸性能要求

(1)	(2)	(3)	(4)
钢级	屈服强度 / MPa	极限抗拉强度 / MPa	最小伸长率[①]（标距：50.8mm）
X42	290	414	18%～30%
X46	317	434	17%～28%

(1)	(2)	(3)	(4)
钢级	屈服强度／MPa	极限抗拉强度／MPa	最小伸长率① （标距：50.8mm）
X52	359	455	16％～27％
X56	385	490	15％～25％
X60	414	517	15％～24％
X65	448	531	14％～24％
X70	483	565	14％～22％

① 规定的最小拉伸试样伸长率与试样截面尺寸、拉伸强度有关，表中数据参考自 API SPEC 5L 附录 D 中的部分数据。

表 1.3　PSL 2 级管线钢产品的熔炼及成分分析要求

(1)	(2)	(3)	(4)	(5)	(6)
钢的级别	C①	Mn①	P	S	其他元素②
无缝管					
X42	≤0.24％	≤1.30％	≤0.025％	≤0.015％	③,④
X46，X52，X56	≤0.24％	≤1.40％	≤0.025％	≤0.015％	③,④
X60，X65，X70，X80	≤0.24％	≤1.40％	≤0.025％	≤0.015％	③,④
焊　管					
X42	≤0.22％	≤1.30％	≤0.025％	≤0.015％	③,④
X46，X52，X56	≤0.22％	≤1.40％	≤0.025％	≤0.015％	③,④
X60	≤0.22％	≤1.40％	≤0.025％	≤0.015％	③,④
X65	≤0.22％	≤1.45％	≤0.025％	≤0.015％	③,④
X70	≤0.22％	≤1.65％	≤0.025％	≤0.015％	③,④
X80	≤0.22％	≤1.85％	≤0.025％	≤0.015％	③,④

① C含量比规定的最高含量每减少0.01％，则允许Mn含量比规定的最高含量增加0.05％，对钢级为X42－X52的钢，Mn含量最高可增加至1.50％；对钢级高于X52且低于X70的钢，Mn含量最高可增至1.65％；对钢级高于X70的钢，Mn含量最高可增至2.00％。

② 经供需双方协商可选用 Nb、V、Ti 等元素，单一元素或多种元素混合均可。

③ 可由制造厂选择使用 Nb、V、Ti 或将其混合使用。

④ Nb、V、Ti 含量的综合不应超过 0.15％。

⑤ 经供需双方协商可提供满足表中 P、S 限制的、角标 d 中的其他化学成分分析。

表 1.4　PSL 2 级管线钢产品拉伸性能要求

(1) 钢级	(2) 屈服强度／MPa	(3) 极限抗拉强度／MPa	(4) 最小伸长率①（标距：50.8mm）
X42	290～496	414～758	18%～30 %
X46	317～524	434～758	17%～28 %
X52	359～531	455～758	16%～27 %
X56	386～544	490～758	15%～25 %
X60	414～565	517～758	15%～24 %
X65	448～600	531～758	14%～24 %
X70	483～621	565～758	14%～22 %
X80	552～690	621～827	12%～21 %

① 规定的最小拉伸试样伸长率与试样截面尺寸、拉伸强度有关，表中数据参考自 API SPEC 5L 附录 D 中的部分数据。

二、防腐层方面

腐蚀过程通常都发生在金属与电解质之间的接触面上。从界面的角度出发，采用防腐层有效隔离管道本体和腐蚀性介质，也是在油气长输管道行业中广泛采用的一种腐蚀控制方法。从使用用途分，管道常用的涂层可以分为内涂层和外防腐层两种。内涂层可以有效防止管道的内腐蚀。但内涂层最初应用的主要目的还是为了改善管内流体的流动，增加输量、提高输送效率。目前普遍采用的内涂层种类主要包括环氧型、改进环氧型、环氧酚醛型或尼龙等系列的涂层。内涂层在具体实施过程中也存在很多技术问题没有解决。如管道在焊接过程中，内涂层往往由于受热而剥落，剥落位置的管体则更容易先发生腐蚀；而且焊缝位置如何现场涂覆内涂层也还没有特别完善的技术。因此，内涂层目前的应用范围还主要在于油井内管道和油田的集输管道，在部分腐蚀性较强的"三高"油气田中，甚至常用到陶瓷内衬钢管。但在油气长输管道中，由于内部输送介质的腐蚀性相对较低，内涂层用于减缓腐蚀的作用还相对较少。

管道外防腐层是控制管道外壁腐蚀的主要措施。据估算，良好的外防腐层基本可以抑制 90% 以上的管道外腐蚀事故。常用的管道外防腐层具有高的介电常数和绝缘性能，将金属表面与环境隔开后，可以起到屏蔽的作用，阻止腐蚀原电池的形成。油气长输管道所使用的外防腐层类型也经过了一个不断发展的过程，如图 1.2 所示。

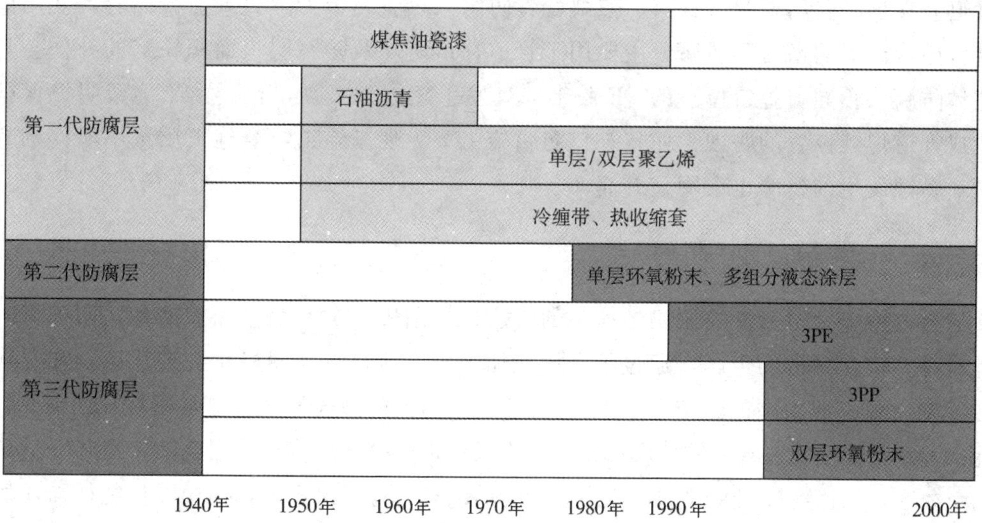

第一代防腐层	煤焦油瓷漆
	石油沥青
	单层/双层聚乙烯
	冷缠带、热收缩套
第二代防腐层	单层环氧粉末、多组分液态涂层
第三代防腐层	3PE
	3PP
	双层环氧粉末

1940年　1950年　1960年　1970年　1980年　1990年　　　2000年

图 1.2　油气长输管道外防腐层发展历程图

20世纪40年代，管道外防腐层主要以石油沥青、煤焦油瓷漆为主。石油沥青及其改性产品的特点在于其良好的粘结力、稳定的化学性质、价格低廉、对施工要求不高。但吸水率高、耐土壤应力差、使用温度范围有限。煤焦油瓷漆的毒性较高，生产及涂装过程都要求有严格的烟气处理和劳动保护措施，目前的使用已经受到限制。到20世纪60年代，聚乙烯胶带的应用越来越广泛，聚乙烯胶带的优点在于绝缘性能好、施工方便、无毒性。但其与阴极保护的兼容效果差，与管道的粘结一旦失效后，就会对阴极保护电流造成屏蔽，影响阴极保护效果。20世纪80年代后，包括液态环氧、单层熔结环氧、双层熔结环氧等多种类型的环氧类涂层应用日趋广泛。环氧类涂层对管道粘结性能好、耐阴极剥离和土壤应力、耐磨损、可冷弯，使用温度范围广，而且与阴极保护的兼容效果好。但其耐冲击能力有限，吸水率较高、耐湿热性较差。到20世纪90年代后，世界范围内广泛采用的外防腐层类型就主要包括环氧类涂层和3PE防腐层两种。欧洲地区主要以环氧类涂层为主，我国和北美地区则主要以3PE防腐层为主。3PE防腐层是一种三层结构的防腐层，底层为粉末环氧制成的环氧底漆，中间层为粘结剂，外层为聚乙烯或聚丙烯制成的聚烯烃防护层，已经成为我国新建管道的首选外防腐层。由于其特殊的多层结构，3PE防腐层兼有环氧类涂层优异的防腐性能、良好的粘结性与抗阴极剥离性能以及聚烯烃优良的机械性能、绝缘性能及强抗渗透性，综合性能较好。但一旦与管道本体失去粘结后，也会对阴极保护电流造成屏蔽，导致剥离防腐层下的腐蚀行为，并不具备失效安全性。

管道主体的3PE防腐层多为工厂预制完成，而对接环向焊缝位置则常采用补口材料进行现场防腐。补口材料的发展是与管道主体防腐层技术的进步相适应而发展起来的。在过去的10年中，应用较多的主要为热收缩套（带）和环氧类补口涂层。喷涂聚烯烃粉末、热收缩型压敏带、黏弹体胶带等新型材料和技术也已开始用于管道补口。在3PE管道上，目前主要采用的仍为热收缩套或热收缩带。热收缩套为管状PE套，施工过程中需事先套入管道，现场主要用于管道补口、热煨弯管防腐。热收缩带为开口式热收缩套，使用固定片进行搭接位置的密封和防腐，主要用于管道补口防腐及防腐层大面积缺陷的补伤。与管道主体防腐层相同，补口位置的 PE 胶带一旦发生翘边、失黏，也会由于屏蔽阴极保护电流造成管道焊缝位置的腐蚀。而且补口防腐施工多为现场施工，若施工质量不能得到有效控制，腐蚀发生的概率也会明显升高。

三、电化学活性方面

通过改变电化学活性控制腐蚀速率的方法包括阳极保护和阴极保护两种。阳极保护主要针对具有钝化特征的金属，通过给金属施加阳极电流，将金属极化到钝化区，在金属表面形成钝化膜以抑制腐蚀。结合表 1.1～表 1.4 中给出的油气长输管道常用材质的特点，阳极保护方法在油气长输管道领域应用较少。阴极保护则是通过将管道阳极极化到电位-pH 图中的免蚀区，以达到控制腐蚀的目的。在投运的油气长输管道系统，阴极保护往往与防腐层共同作用于埋地管道。二者相互补充，以最大限度地降低管道的外腐蚀风险。在外防腐层破损的位置，其隔离管道本体与腐蚀性环境的功能失去了作用，但阴极保护却可以通过消除管道不同位置阳极和阴极之间的电位差，将管道表面全部极化到阴极状态，从而控制管道的外腐蚀。油气长输管道的阴极保护技术是本书的核心内容，这里仅做一简单介绍，使读者对阴极保护有一个大概的认识。后续几章将从腐蚀电化学原理、腐蚀动力学、阴极保护基本原理、现场应用案例等方面进行更加详细的介绍。

近年来，由于"公共走廊"的建设，油气长输管道与电气化牵引系统、输电线路、其他管道阴极保护系统的交叉、并行关系越来越多，管道所受到的交直流干扰状况也越来越复杂。管道交直流干扰状况的变化，也可以认为是从本质上改变了管道表面的电化学活性，可能进一步加速管道的腐蚀。交直流干扰在管道表面常形成的点蚀形貌如图 1.3 所示。为抑制干扰影响，管道沿线会安装大量的固态去耦合器、二极管、控制电位整流器等排流设施，也使得管道真实电化学特征的测试更加困难。在本书的第七章中，将会重点介绍不同类型的交直流干扰，可能对管道阴极保护系统运行、检测、评价所产生的影响。

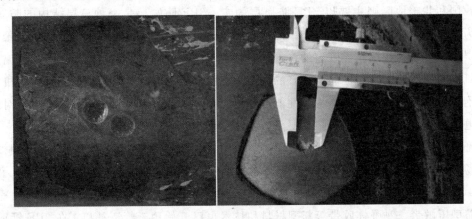

图 1:3　管道在交直流干扰环境下的点蚀形貌

四、环境控制方面

环境控制方面，降低管道所接触介质中腐蚀性物质（如氯离子、二氧化碳、硫化氢等）的含量，也可以有效抑制管道腐蚀。由于工程上较少实现大规模的换土回填，管道外壁接触的土壤一般为当地的原土回填。在原土回填过程中应尽量避免使用易对管道及其防腐层造成腐蚀、破坏的垃圾、大石块等。在管道内腐蚀环境的控制方面，缓蚀剂和清管是两种常用的做法。缓蚀剂在油田集输管道、炼化厂短距离输送管道等相对密闭的环境中使用较多，在长距离油气长输管道的开放环境中则较少使用。

油气田开采出来的石油和天然气、炼化厂炼制的成品油在进入长输管道前，都需要进行脱水、脱硫、脱二氧化碳的净化处理。一方面是对其进行净化、减少燃烧过程中可能产生的环境污染；另一方面也是为了降低腐蚀性介质可能对长输管道造成的内腐蚀。

除缓蚀剂外，定期的清管作业也是改善管道内部环境，控制管道内腐蚀的有效措施。清管作业是指采用清管器清除管道内积水、残渣、污泥等杂质的过程，可分为常规清管和内检测前的特殊清管两种作业类型。常规清管可以清除管道内积聚的固体物质，保证管道输量，还可以降低管道内水分、微生物含量，抑制管道内腐蚀。内检测前的特殊清管除具有常规清管的作用外，还可以进行管道测径、清除管道内的磁性物质，为管道内检测器的通过创造条件。油气长输管道常用的两种清管机制如图1.4所示，包括机械清洗和泄流清洗。清管器的聚氨酯盘、钢刷及刮刀片直接作用于管道内壁，在输送介质驱动力的推动下，将附着在管壁上的沉积物剥离并向前推送的清洗方式，称为机械清洗；清管过程中，利用从清管器周围泄漏流体产生的高压将附着在管壁上的污垢粉化并被排送出去的清洗方式，称为泄流清洗。清管器与管壁距离的变化，会改变起主要作用的清洗机制。针对特定管道进行清管作业时，都需要结合管道实际定制特定的清管器结构，在保证清管效果的同时避免清管器的卡堵。

五、管理方面

高效的管理、维护措施是防腐系统发挥作用的重要保证。任何防腐系统安装后，其防腐效果的实现都不是一劳永逸的。需要运营单位进行定期的监检测和日常维护，以保证其正常运行。在美国腐蚀工程师协会（NACE）发布的培训课程中，就设有一门专门的课程，讲述腐蚀完整性管理的整个流程，也说明了日常管理和维护工作在腐蚀控制系统中的重要性。

按照我国《石油天然气管道保护法》的要求，管道运营单位需要定期对管道进行专业检测。针对管道阴极保护系统的日常维护管理，国内外都发布了一系列的标准，如GB/T 21246—2007《埋地钢质管道阴极保护参数测量方法》、GB/T 21448—2008《埋地钢质管道阴极保护技术规范》、SY/T 5919—2009《埋地钢质管道阴极保护技术管理规程》等。许多管道运营公司还制定了要求更加严格的企业内部标准和技术手册，以保证阴极保护系统的正常运行。国内的管道运营公司一般每隔3~5年左右，会定期邀请专业的检测公司对管

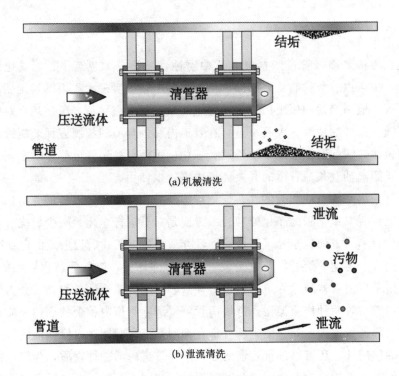

图 1.4　管道清管器的清洗机制

道进行专门的内外检测，通过对管道防腐层、阴极保护、杂散电流干扰、环境腐蚀性等状况的检测结果，综合评价管道外腐蚀控制系统的有效性。以 SY/T 5919—2009《埋地钢质管道阴极保护技术管理规程》中的规定为例，在日常的管理过程中，针对管道阴极保护系统需要进行测量的参数、测量方法及标准如表 1.5 所示。

表 1.5　管道阴极保护系统日常管理、测试内容

序号	测量参数	测量方法及标准	适用程度
1	阴极保护电参数	GB/T 21246—2007	执行
2	直流干扰及排流保护参数测试	SY/T 0017—2006 或其替代标准	执行
3	交流干扰及排流保护参数测试	SY/T 0032 或其替代标准	执行
4	管道电流密度及 IR 降测量	阴极保护多功能测量探头法（附录 B）	参考
5	防腐层检漏	地面检漏仪检漏法	—
6	防腐层状况调查	PCM 管道电流测绘	—

第三节　阴极保护的历史

　　阴极保护的历史最早可以追溯到 19 世纪。1824 年英国戴维爵士首次发表了采用铁和锌对铜进行保护的相关报告。1834 年，法拉第发现了物质质量耗损与腐蚀电流之间的定

量关系，提出了法拉第定律，奠定了电解理论和阴极保护技术的科学基础。而阴极保护技术在管道上的实际应用历史则可以追溯到 1906 年，德国工程师建造了第一座应用于管道的阴极保护装置，对一段受直流干扰影响的煤气管道和供水管道进行阴极保护。1920 年，焊接技术的发展和二战后管道的大量建设，为阴极保护的推广提供了广阔的应用市场。美国阴极保护技术之父柯恩于 1928 年，在新奥尔良的长距离输气管道上安装了第一台阴极保护整流器，开启了油气长输管道阴极保护的实际应用。在总结实际运营经验和现场测试数据的基础上，柯恩还首次提出在 $-0.85V_{CSE}$（相对于硫酸铜参比电极 $-0.85V$）的保护电位下，已经足以防止钢质埋地管道任何形式的腐蚀。尽管我们现在已经意识到 $-0.85V_{CSE}$ 准则也有其自身的局限性，在高温腐蚀、微生物腐蚀、氢致开裂等许多腐蚀形式中并不适用。但限于当时的应用范围和认识水平，柯恩的观点在当时仍具有一定的科学性和创新性。尤其是为阴极保护技术的实际应用提供了具体的评判准则，从而促进了其推广应用。阳极地床是阴极保护系统中重要的组成部分。在阳极地床方面，柯恩最初应用的辅助阳极类型包括水平安置的 5m 长铸铁管、旧的电车轨道等。1952 年则首次在现场安装了 90m 的深井阳极。1962 年，沃尔夫在德国汉堡也首次安装了深井阳极，并成功应用于管道的阴极保护。

阴极保护技术在我国进行应用的起步相对较晚。直到 20 世纪 60 年代，阴极保护技术才开始引入国内。20 世纪 80 年代研制成功了第一批阴极保护防腐材料和设备，应用于石油化工、船舶等领域。我国油气长输管道的阴极保护始于 1958 年，首次应用于新疆克拉玛依到独山子之间的输油管道上。1965 年大庆油田进行了牺牲阳极法阴极保护的现场试验。自 1970 年开始，随着东北"八三管道"的建设，阴极保护技术得到了普遍的认可和应用，并为抑制管道腐蚀起到了重要作用。现场实际运行经验显示，在杂散电流干扰严重地区，有效的阴极保护至少能延长腐蚀穿孔初发年限 3 倍以上，管道使用年限延长 2 倍以上。以东北输油管网为例，建设之初人们对管道的安全运行年限并没有一个明确的认识，最初有人说 8 年，后来有人说 16 年，最后有人说 30 年，实际现在已较安全运行了 42 年，估计东北老管网再运行 8～10 年应该没问题，预计运行寿命将可达到 50 年。总结历史经验可以看出，我国东北输油管网能够延年益寿的一个重要因素就在于施加了阴极保护。为此，我国的《石油天然气管道保护法》和相关标准都对阴极保护的应用进行了强制性的要求。以 GB/T 21447—2008《钢质管道外腐蚀控制规范》中的规定为例："长输管道、油气田外输管道和油气田内埋地集输干线管道应采用阴极保护"、"对于新建埋地管道，阴极保护工程的勘察、设计和施工应与主体工程同步进行，并应在管道埋地后六个月内投入使用。在强腐蚀性土壤环境中，管道在埋入地下时就应施加临时阴极保护措施，直至正常阴极保护投产。"

针对阴极保护在抑制管道腐蚀方面认识的发展也并不是一帆风顺的。阴极保护技术出现之初，许多国家铺设的管道大都是没有外防腐层的。若要实现阴极保护效果，往往需要消耗很大的电流，其经济效益并不显著。当时有些施工单位甚至将电化学保护认为是一种骗术，过高的估计了电法保护的费用以及外加电流对附近其他管道可能产生的危害。在管道建设的过程中并不采用阴极保护，而是将关注点集中在提高外防腐层的绝缘性能方面。当管道遇到杂散电流干扰时，仍将加强绝缘的做法作为首要选择。采用绝缘接头对管段进行分割，以降低杂散电流干扰的范围，但实际应用效果往往并不理想。有意思的是，随着防腐层绝缘性能的提高，反而降低了阴极保护的耗电量，反过来促进了阴极保护技术的发展和实际应用。目前阴极保护已经成为国内外油气长输管道行业的一项强制性要求。美国、日本等国家都明文规定："禁止投用未加阴极保护而只有防护涂层的管道"。俄罗斯的国家标准里也有规定："所有管线（除了架空铺设的管线），不管使用条件如何，必须有电化学保护"。

前面我们提到，柯恩首次针对管道的阴极保护提出了$-0.85V_{CSE}$的评价准则，但并没有明确规定采用通电电位还是断电电位。随后针对阴极保护效果评价标准的认识也经历了一个不断改进的过程。以国外某管道运营公司针对其所属管道的腐蚀失效事故统计为例，管道失效事故案例数量随时间的增长曲线可明显分为三个阶段。在第一阶段，该公司在管道上施加了阴极保护，但并没有制定相应的检测和评价体系，管道腐蚀失效事故逐年上升；在第二阶段，该公司采用了$-0.85V_{CSE}$的通电电位评价准则，管道腐蚀失效事故得到明显抑制；在第三阶段，该公司采用了$-0.85V_{CSE}$的断电电位评价准则，管道腐蚀失效事故得到进一步抑制。由此可见，阴极保护技术及合适的检测评价准则在控制管道外腐蚀方面的重要性。更多关于阴极保护效果评价指标的论述，可以参考本书中第四章的相关内容。

第四节　应用现状及存在的新问题

阴极保护技术经过在国内 60 年的应用和发展过程中，已经趋于成熟。管道运营公司管理理念的革新，也为阴极保护技术的推广应用提供了良好的市场环境，各类新技术、新方法层出不穷。但随着新材料的采用和新技术的发展，也不可避免地遇到了一些新问题。本节主要针对阴极保护技术在油气长输管道行业的应用现状和所遇到的新问题进行简单介绍。

一、应用现状

在管理理念方面，管道运营单位对阴极保护技术的认识已经取得了长足的发展。尤其是管道完整性管理理念的普及，使得以预防为主的管理模式逐渐深入人心。阴极保护则是在外腐蚀控制方面，对管道完整性管理理念的良好实践，引起了国内外管道运营公司的日趋重视。许多公司都配备了专业的研究和检测队伍，对管道的外腐蚀数据和阴极保护数据进行综合分析，以确定腐蚀致因，加强监管，并委托专业化的检测公司对管道阴极保护系统进行定期的维护和检测。运营公司管理理念的发展，也为阴极保护技术的推广应用和深入研究奠定了较好的市场基础。与此同时，国内外也不断涌现了大量配套齐全、技术装备先进、服务体系完整的阴极保护专业化服务公司，服务模式也更加精细化、专业化，并形成了一系列拥有自主知识产权的阴极保护高新技术和产品，成为了阴极保护技术攻坚和研究开发的主力军与新生力量，大大地促进了我国腐蚀与防护事业的健康发展。

在阴极保护技术自身的发展过程中，近代各类科学技术的高速发展也有力地促进了阴极保护技术的进步，各种新设备、新材料、新技术不断涌现。在阴极保护设备方面，已经形成了完整的产品集成体系，包括各种不同类型的恒电位仪和整流器。并逐渐由磁饱和、大功率晶体管、可控硅恒电位仪向 IGBT 电子电力模块、开关电源数字化、大功率脉冲式恒电位仪发展。在辅助阳极的材质方面，已不仅仅局限于废旧钢管阳极。逐步形成了由钢铁、石墨、高硅铸铁、铅银阳极、磁性氧化铁、贵金属氧化物、铂钛阳极等构成的多样化阳极体系，已经可以适用于各类不同的环境介质。在牺牲阳极方面，包括铝合金牺牲阳极、镁合金牺牲阳极、锌合金牺牲阳极、复合式牺牲阳极在内的各类牺牲阳极，在化学成分、阳极形状、尺寸规格等各方面不断创新，也基本可以满足土壤、海水、石油等各类腐蚀性工况环境的使用要求。在阴极保护效果的监检测方面，遥测遥控计算机检测系统的应用提高了阴极保护技术的自动化和数据化，使管道运营者能够动态掌握和调整阴极保护的相关参数。国外部分公司也已经试制成功专门用于阴极保护效果测试的内检测器，为阴极保护检测技术的发展提供了新的思路。随着数值模拟技术的发展，有限元、边界元等数值计算方法不断应用于阴极保护效果的模拟，各种商业化软件不断涌现，也使得阴极保护系统的设计工作更趋专业化、合理化，摆脱了以往单纯依赖经验进行设计的困境。

二、存在的新问题

阴极保护技术在油气长输管道腐蚀控制方面发挥越来越重要作用的同时，也在阴极保护评价准则、阴极保护与防腐层的兼容性、数值模拟技术、监检测技术、日常管理维护等方面遇到了很多新的技术问题。

（一）阴极保护评价准则

阴极保护评价准则是评价阴极保护效果的核心技术指标。目前国内外普遍采用的都是 $-850mV$ 的断电电位准则和 $100mV$ 极化准则。但随着"公共走廊"的建设，管道交直流干扰情况日趋复杂，这两个准则在使用过程中的局限性也不断凸显，给阴极保护技术的进一步发展和应用带来了瓶颈。在动态直流干扰条件下，采用何种方法对测试结果进行评价是一个主要的问题。测试电位的平均值及偏离准则临界值的频度能够在多大程度上影响管道的腐蚀，也还缺少定论。对于这种情况，我国现行的阴极保护标准中并没有做出明确的规定，管道运营企业和专业检测单位更多是依据已有的经验和现场环境，按照各自的方式进行评价和判断，可重复性相对较差。澳大利亚的阴极保护相关标准（AS 2832.1—2004）对可接受的电位偏移频度进行了较明确的规定，但其实际适用性仍缺少足够的数据支撑。在交流干扰条件下，管道的电位始终处于周期性的变化状态。一般认为，同等电流强度的交流电对管道造成的腐蚀影响仅相当于直流电的 1%。但国内外的实验室研究结果和现场实例都表明，阴极保护可以在一定程度上抑制交流腐蚀。但即使阴极保护电位达标，交流腐蚀仍有可能发生。100mV 的极化电位准则并不适用于交流干扰环境。但采用什么样的断电电位准则，在国内外标准中也尚未有定论。近年来，许多研究人员在实验室的研究则发现：在交流干扰条件下，若一味提高直流保护电流的电流密度，反而可能加速管材的点蚀。

（二）阴极保护与防腐层、保温层的兼容性

防腐层与阴极保护共同构成了油气长输管道的外腐蚀控制系统。但在某些特殊管道上，为减少输送介质与周围环境的热交换、降低能耗，管道外防腐层外部还经常设置有保温层。随着防腐层和保温层绝缘电阻率的升高、破损点数量的减少，管道所需的阴极保护电流会减少。但阴极保护也可能影响防腐层与管道的粘结性能，在过保护条件下造成防腐层的阴极剥离。剥离的防腐层不仅屏蔽阴极保护电流，而且会形成封闭的腐蚀环境和浓差电池，从而加速管道腐蚀。在目前国内外常用的外防腐层类型中，环氧类防腐层与阴极保护系统的兼容性较好，聚烯烃类防腐层的兼容性较差。特别是 3PE 防腐层由于其优异的绝缘性能和耐划伤性能，已大量应用于国内的新建管道。其不易造成大面积防腐层缺陷和高绝缘性能的特点使得管道所需的阴极保护电流大为减少，管道沿线恒电位的电流输出大都仅为 0.1A。而且新建的 3PE 防腐层管道还不断出现自然电位异常偏负、交直流干扰影响范围变大等新的阴极保护技术应用难题。保温层下的管道腐蚀也是国内外的研究热点。我国将聚氨酯泡沫塑料作为保温结构，应用于国内的管道建设，最早可以追溯到 20 世纪 80 年代。但在实际运行过程中，即使投运了阴极保护系统，部分管道甚至在投产运行仅 2～3 年就开始出现腐蚀穿孔。这也说明，阴极保护在防止管道保温层下的腐蚀方面，应用效果并不明显。在含有保温层管道的现场施工过程中，都会在补口位置安装防水帽，以减少地下水进入保温层内部。但由于现场施工质量的影响，补口位置的严密性和可靠性往往无法达到要求，地下水渗入保温层后与管壁直接接触。保温层中浸出的各类腐蚀性离子也会加速管体的腐蚀。考虑到保温层材料电阻率非常高，甚至在被水浸透的情况下，仍然会对阴极保护电流产生屏蔽作用。因此，与防腐层剥离的情况类似，阴极保护对保温层下腐蚀的抑制效果往往有限。

（三）阴极保护的数值模拟技术

2009 年，比利时 Elsyca 公司的 Jaeques Parlongue 在 "Pipeline & Gas Journal" 杂志上撰文指出：阴极保护已经进入数值模拟时代。采用有限元、边界元等数值计算方法，替代标准中传统的解析计算公式，进行阴极保护的设计和效果评价，已经得到了广泛的应用。市场上也出现了很多商业化的计算软件，如 Beasy 等。采用数值计算方法，不仅可以模拟干线管道沿线的通电电位、极化电位分布。在油气管道输送站场、储罐等复杂体系中，使用效果则更加明显。油气站场内的埋地结构往往包含多种金属，空间分布密集，表面涂覆状态的差异也很大，通过合理的设计模型和输入参数，往往能得到较好的计算结果。其中，埋地结构的极化曲线是进行数值计算的基础，其准确性往往对最终的计算结果产生很大的影响。但在进行计算前，极化曲线的测试方法也是千差万别，既有实验室测

试，也有现场馈电试验的测试结果。为了保证计算精度，有学者建议开展真实管道管/地极化曲线测量技术研究，建立不同环境下真实管道管/地极化曲线数据库，以提高阴极保护的理论计算水平。

（四）阴极保护相关的测试技术

阴极保护相关的测试技术是评价阴极保护系统有效性的基础。GPS同步中断技术的发展，使得一般条件下断电电位的测试成为可能。通过同步、周期性地中断某段管道沿线所有阴极保护电源的输出电流，采用密间隔电位测试技术（CIPS），就可以实现管道沿线每隔2~3m进行一次的阴极保护通、断电电位测试。在某些特殊条件下，当存在不能同步中断的电源或干扰源时，CIPS技术的使用往往受限。如何评价这些条件下的阴极保护效果已经成为一个迫在眉睫的问题。目前工程上使用较多的主要为试片断电法，将试片通过测试桩与管道相连，在断开试片与管道连接的瞬间，测得试片的断电电位。参照国际管道协会（PRCI）的研究结果，试片阴极保护行为与管道上同等面积防腐层破损点的阴极保护行为相同。因此，试片断电电位仅能用于代表着管道上同等面积防腐层破损点的阴极保护效果。目前，国内外的管道运营公司已经开始在管道沿线埋设试片，通过对比自然腐蚀试片和阴极保护试片的腐蚀行为差异，来评估阴极保护的实际效果。但针对试片断电法的测试过程，则一直缺少相关的测试标准进行指导。测试结果的良莠不齐，也对该方法的推广使用产生了不好的影响。

（五）管理现状

目前，国内针对油气长输管道阴极保护系统的检测仍以人工测试为主，测试结果与测试人员素质、现场环境都具有很大的相关性，测试结果的波动性往往较大。现场测试工作基本由各输油气站场的管道保护工完成，每月进行一次管道沿线的通电电位测试，每3~5年委托专业的检测公司进行一次外腐蚀直接评价工作。在部分管道运营公司，委托专业性、技术性更强的检测公司负责管道阴极保护系统的定期测试和维护，已经成为一个较新的发展趋势。在测试内容和测试流程方面，国内管道运营公司所使用的内部技术手册也不尽相同。在测试的数据量方面，人工测试与目前出现的阴极保护自动化数据采集系统相比，得到的数据量始终较小，对管理提供的决策依据也有限。因此，根据生产需要，整合数字化阴极保护控制系统、GPS同步通断技术、自动化电位采集系统，研发能够实时自动采集全线通断电阴极保护电位的数字系统，是阴极保护技术发展的一个重要方向。

参考文献

[1] 胡士信，王向农. 阴极保护手册. 北京：化学工业出版社，2005

[2] M. Mateer. Using failure probability plots to evaluate the effectiveness of "OFF" vs "ON" potential CP criteria. Materials Performance，2004：22－24

[3] 胡士信. 管道阴极保护技术现状与展望. 腐蚀与防护，2004，25（3）：93－101

[4] 薛致远，毕武喜，陈振华，等．油气管道阴极保护技术现状与展望．油气储运，2014，33（9）：938－944

[5] 刘志军，杜全伟，王维斌，等．埋地保温管道阴极保护有效性影响因素及技术现状．油气储运，2015，34（6）：576－579

[6] Ian Thompson, Janardhan Rao Saithala. Review of pipe line coating systems from an operators perspective. NACE annual corrosion conference in 2013，NACE

[7] ASME B31. 8S－2001 Managing System Integrity of Gas Pipelines

[8] API 1160－2001 Managing System Integrity for Hazardous Liquid Pipelines

[9] API SPEC 5L－2007 Specification for Line Pipe

[10] GB 32167－2015 油气输送管道完整性管理规范

[11] GB/T 21246－2007 埋地钢质管道阴极保护参数测量方法

[12] GB/T 21448－2008 埋地钢质管道阴极保护技术规范

[13] SY/T 5919－2009 埋地钢质管道阴极保护技术管理规程

第二章　腐蚀电化学基本原理

按照热力学原理，材料总是趋向于最低能量状态存在。材料在环境中的自然腐蚀行为，也可以看做是一种使能量降低的自发性过程。与单质铁相比，铁元素在自然界中能量较低、更稳定的存在状态是铁矿石或铁的氧化物状态（如：三氧化二铁、四氧化三铁等）。因此，从热力学的角度看，铁在自然界的腐蚀是一个能级降低的自发过程。自然界中普遍存在的氧气、水等作为去极化剂，使得铁在自然环境中的腐蚀是一种具有普遍性的行为。为了提高铁的耐腐蚀性，往往需要通过合金化（如：不锈钢等）使钢的表面形成致密的钝化膜或腐蚀产物膜，阻止其在特定环境中的进一步腐蚀。

金属的腐蚀是指金属与环境介质间发生化学、电化学作用或物理作用，使金属的性能发生变化（破坏或变质），导致金属、环境或由它们作为组成部分的技术体系的功能受到损伤的过程。按照腐蚀发生的机理，可以将其划分为化学腐蚀、电化学腐蚀和物理腐蚀等3种类型。化学腐蚀是因金属表面与非电解质直接发生纯化学作用而引起的破坏或变质，在反应过程中没有电流的产生。如：轧钢或焊接过程中在钢材和管道表面形成的氧化物层就是由于化学腐蚀作用形成的。电化学腐蚀是金属表面与电解质发生电化学作用而引起的破坏或变质，在反应过程中有腐蚀电流产生。油气长输管道在运行过程中，涉及较多的往往也是这类腐蚀，如管道外壁的土壤腐蚀、管道内壁凝结水位置的腐蚀等。电化学与力学的协同作用，还可能造成应力腐蚀开裂、腐蚀疲劳、磨损腐蚀等多种腐蚀失效形式，也在油气长输管道系统中时有发生。物理腐蚀则是由于单纯的物理溶解作用而引起的腐蚀，在油气长输管道输送过程中几乎没有涉及。

电化学腐蚀是油气长输管道腐蚀的主要类型，而腐蚀电化学又是有关管道电化学腐蚀的基本原理，从热力学的角度说明了管道发生电化学腐蚀的根本原因。本章首先介绍腐蚀电化学的几个基本概念：腐蚀电池、电极电位、极化、电化学阻抗谱。并在此基础上从热力学和动力学两个方面介绍了腐蚀发生的可能性和腐蚀发生的速率，及其主要影响因素和分析方法。

第一节　电极与电极电位

一、常用电极

从反应原理看，金属材料的电化学腐蚀过程就是短路原电池的作用过程。腐蚀原电池具有以下几个特点：从作用效果来看，腐蚀电池一般是指只能导致金属材料破坏而不能对外界做有用功的短路的原电池。与常用的干电池、锂离子电池不同，腐蚀电池的阳极和阴极是直接短路的，腐蚀电池内因电化学反应所释放出来的化学能大都是以热能的形式耗散掉而不能被利用；从反应可逆程度的角度来看，腐蚀电池中阴极和阳极的电极反应也都是以最大程度的不可逆方式进行的。

金属和溶液电解质是两种完全不同的导电介质。在金属导体中，电流的形成是电子在电场作用下的定向移动造成的，因此金属往往也被称为电子导体。在溶液电解质中，电流的形成则是带电离子（包括带正电的阳离子和带负电的阴离子）在电场作用下的定向移动造成的，因此溶液电解质往往也被称为离子导体。阳离子和阴离子在同一外加电场的作用下向相反的方向移动，产生的电流方向是一致的。在一个完整的腐蚀电池中，电子导体和离子导体是同时存在的，电子导体包括阳极、阴极及二者之间的电子导体通路，离子导体则构成阳极和阴极之间的离子导体通路。为了形成完整的电流流通回路，电荷在电子导体和离子导体这两种不同类型的荷电粒子载体之间的转移，则是通过电极与电解质溶液界面上发生的电极反应来实现的。

在电极反应过程中，某种物质可以得到电子或失去电子。而且伴随电荷在不同导体相之间的转移，两相之间的界面上也会发生物质的转换。如：当短路的铁和铜这两种金属共同浸泡在水中，就构成一个腐蚀原电池，铁原子会失去电子转化为铁离子并溶解到水溶液中。溶液中的氧气得到电子转化为氢氧根离子，也溶解到水溶液中。这一过程就是一个电化学反应的过程。伴随着该电化学反应，铁原子逐渐溶解为铁离子的这种微观物质变化的积累就宏观地表现为腐蚀过程的发生。在腐蚀电化学的研究中，电极、电极反应、电极电位是表征电化学腐蚀过程的几个重要概念。以下分别进行介绍：

在腐蚀原电池中，严格意义上的电极是指系统中的电子导体相，如腐蚀电池中的铁电极、铜电极等。但是在日常的说法中，电极的意义也往往扩展到一个独立的电极系统。如，日常测试中提到铜/硫酸铜参比电极时，并不是单独指其中的铜电极，而是将该电极系统统称为电极。该电极系统在铜电极本身之外还包括其表面发生的相应电极反应。通常，铜电极浸泡在饱和硫酸铜溶液中所表现出来的电极电位，被用来作为现场测试的基准电位。

金属电极浸泡在电解质溶液中，由于极性水分子的水化作用，电极表面的原子会有形成离子、进入溶液中的倾向。此时若存在电子回路，电子通过电子回路释放掉，也会促进金属离子的溶解过程。这种伴随两个非同类导体相（电子导体相和离子导体相）之间的电荷转移，而在两相界面上发生的化学反应就是电极反应。可根据其得失电子情况将电极反应划分为阳极反应和阴极反应两种类型。阳极反应表示失去电子的过程，如：铁原子失去电子转变为带正电铁离子的过程；阴极反应表示得到电子的过程，如：氧气得到电子转变为氢氧根离子，氢离子得到电子转变为氢原子或氢分子的过程。

电极反应过程会在电极和溶液的界面上形成双电层，锌、镁、铁等较活泼金属浸没在酸、碱、盐等溶液中，当水化作用产生的水化能足以克服金属离子与电子之间的吸引力时，金属表面的带正电金属离子溶解到溶液中，金属表面电子过剩而带负电。溶液中的带正电金属离子扩散较缓慢，在电极表面聚集，使得其附近的电解质溶液带正电。假设金属表面只有这一种确定的反应过程，当整个过程达到动态的平衡状态时，金属的溶解与沉积速率相等，在金属电极和电解质溶液界面上就会形成稳定的双电层。双电层两侧的电位差，就称为平衡电极电位。平衡电极电位是一种可逆电位，也就是说该过程的物质交换和电荷交换都是可逆的。平衡电极电位与金属种类、溶液中的离子浓度、温度等有关，可以借助能斯特方程进行计算。

以铁电极为例，如 Fe 金属电极在 Fe^{2+} 活度为 $\alpha_{Fe^{2+}}$ 的电解质溶液中发生如下电极反应的平衡电极电位可以表示为：

$$Fe - 2e^- \Longleftrightarrow Fe^{2+} \tag{2-1}$$

$$E_{Fe/Fe^{2+}} = E^{\ominus}_{Fe/Fe^{2+}} + \frac{RT}{2F}\ln\alpha_{Fe^{2+}} \tag{2-2}$$

式中　　$E_{Fe/Fe^{2+}}$——金属离子活度为 $\alpha_{Fe^{2+}}$ 时金属的平衡电极电位；

$E^{\ominus}_{Fe/Fe^{2+}}$——金属离子活度为 1 时金属的电极电位（标准电极电位）；

R——气体常数，取 8.31；

T——热力学温度，K；

F——法拉第常数，取 96500；

$\alpha_{Fe^{2+}}$——溶液中金属离子的活度。

一些常见电极反应的标准电极电位如表 2.1 所示。在标准氢电极中，氢离子得到电子转变为氢分子的电化学反应，在标准状态下对应的电极电位，被人为规定为 0。表 2.1 中其他电极反应的电位均为相对于标准氢电极（SHE）的电位。氧气得到电子转变为氢氧根离子电化学反应的电极电位为 $+0.401V_{SHE}$。在标准状态下，铁、锌、铝、镁等金属发生溶解反应的标准电极电位均负于 $0V_{SHE}$ 和 $+0.401V_{SHE}$，这也说明了自然界中普遍存在的氧气和氢离子作为去极化剂，是造成腐蚀的主要原因。以氢的去极化过程为阴极反应的腐蚀常称为析氢腐蚀，析氢腐蚀发生的条件是电解质溶液中必须有氢离子，而且金属的电极电位必须负于氢离子的还原电位；以氧的去极化过程为阴极反应的腐蚀常称为吸氧腐蚀，吸氧腐蚀发生的条件是电解质溶液中必须有溶解氧，而且金属的电极电位必须负于上述的氧气还原电位。

钢质油气长输管道常用管材的化学成分如表 1.1 和表 1.3 所示，管材主要由铁原子构成。当管道经过一些特殊地段（如化工厂、污水沟等）时，土壤中可能含有较多的 Cu^{2+} 或硫酸盐还原菌等，Cu^{2+} 作为去极化剂得到电子，也有可能导致管道的电化学腐蚀。硫酸盐还原菌通过代谢产物促进氢的去极化过程，也会促进腐蚀的发生。只有金属的电位比去极化剂发生还原反应的电位负时，金属的腐蚀才能自发进行，否则金属不会发生腐蚀。因此，根据电极反应的电位，可以来判断腐蚀发生的方向及腐蚀发生的可能性。但腐蚀是否一定会发生及发生速度的快慢，还应取决于反应的动力学过程。关于反应动力学过程中极化和去极化的概念，在后面还会进行更详细的介绍。

表 2.1　标准电极电位表

电极	电极反应	$E^{\ominus}/V_{SHE}$
$Ca^{2+}\mid Ca$	$Ca^{2+}+2e^-\rightleftharpoons Ca$	-2.866
$Mg^{2+}\mid Mg$	$Mg^{2+}+2e^-\rightleftharpoons Mg$	-2.363
$Al^{3+}\mid Al$	$Al^{3+}+3e^-\rightleftharpoons Al$	-1.662
$Zn^{2+}\mid Zn$	$Zn^{2+}+2e^-\rightleftharpoons Zn$	-0.7628
$Cr^{3+}\mid Cr$	$Cr^{3+}+3e^-\rightleftharpoons Cr$	-0.744
$S^{2-}\mid S$	$S+2e^-\rightleftharpoons S^{2-}$	-0.51
$Fe^{2+}\mid Fe$	$Fe^{2+}+2e^-\rightleftharpoons Fe$	-0.4402
$Cr^{3+},\ Cr^{2+}\mid Pt$	$Cr^{3+}+e^-\rightleftharpoons Cr^{2+}$	-0.408
$H^+\mid H_2,\ Pt$	$H^++e^-\rightleftharpoons 1/2\,H_2$	0.000
$Cu^{2+},\ Cu^+\mid Pt$	$Cu^{2+}+e^-\rightleftharpoons Cu^+$	$+0.153$
$Cu^{2+}\mid Cu$	$Cu^{2+}+2e^-\rightleftharpoons Cu$	$+0.337$
$OH^-\mid O_2,\ Pt$	$1/2\,O_2+H_2O+2e^-\rightleftharpoons 2OH^-$	$+0.401$
$Cu^+\mid Cu$	$Cu^++e^-\rightleftharpoons Cu$	$+0.521$
$Fe^{3+},\ Fe^{2+}\mid Pt$	$Fe^{3+}+e^-\rightleftharpoons Fe^{2+}$	$+0.771$
$Cr^{3+},\ Cr_2O_7^{2-},\ H^+\mid Pt$	$Cr_2O_7^{2-}+14H^++6e^-\rightleftharpoons 2Cr^{3+}+7H_2O$	$+1.33$
$Cl^-\mid Cl_2,\ Pt$	$Cl_2+2e^-\rightleftharpoons 2Cl^-$	$+1.3595$

　　在测试电极电位的过程中，我们只能将待测体系与氢标电极或其他电极组成一个完整的腐蚀电池。通过测试整个腐蚀电池系统的电动势，得到待测体系的相对电极电位，其电极电位的绝对值实际上是无法得到的。而且从实用意义来看，真正决定电极反应方向和速度的往往只是电位的变化量而不是其绝对值本身，追求测试其真实的绝对值也是没有必要的。因此，在实际测试过程中，往往需要引入参比电极进行测试，通过测试参比电极与被测电极组成原电池的电动势，得到被测电极系统的电极电位。常用的参比电极类型、电位及其温度变化系数如表 2.2 所示。在油气长输管道阴极保护系统的相关现场测试中，饱和硫酸铜参比电极的应用最为广泛。在海水中或者氯离子含量较高的土壤中，也常用到银—氯化银参比电极。锌在大多数土壤环境中的阳极极化程度都很小，也可用作参比电极使用，主要应用于低温冻土等饱和硫酸铜参比电极使用受限的环境中。埋地的长效锌参比电极周围采用膨润土回填，体系中不含有电解质溶液，不会发生低温下溶液冻结的情况。饱和甘汞电极、氧化汞电极等其他类型的参比电极，则更多地应用于实验室测试，在油气长输管道的现场测试过程中应用较少。

表 2.2　常用的参比电极

名　称	体系	E/V[①]	$(dE/dT)/(mV/℃)$
氢电极（SHE）	$Pt,\ H_2\mid H^+\ (a_{H^+}=1)$	0.0000	—
饱和甘汞电极（SCE）	$Hg,\ Hg_2Cl_2\mid$ 饱和 KCl	0.2415	-0.761

续表

名　称	体系	$E/V^{①}$	$(dE/dT)/(mV/℃)$
标准甘汞电极	Hg，Hg_2Cl_2｜1mol/L KCl	0.2800	−0.275
0.1mol/L甘汞电极	Hg，Hg_2Cl_2｜0.1mol/L KCl	0.3337	−0.875
银-氯化银电极（SSC）	Ag，AgCl｜饱和 KCl	0.290	−0.7
氧化汞电极	Hg，HgO｜0.1mol/L KOH	0.165	—
硫酸亚汞电极	Hg，Hg_2SO_4｜1mol/L H_2SO_4	0.6758	—
铜/硫酸铜电极（CSE）	Cu｜饱和 $CuSO_4$	0.316	+0.9
锌参比电极（ZRE）	Zn	−0.8	—

① 25℃条件下，相对于标准氢电极（SHE）的电极电位。

　　铜/饱和硫酸铜参比电极的结构示意图如图2.1所示。市售产品的结构都大同小异，包括一个塑料套管，套管内填充有饱和的硫酸铜溶液。棒状或片状的金属铜电极浸泡在溶液中，形成一个半电池体系。套管底部是一个可渗透性膜，在测试过程中与土壤接触，形成电解质通路。目前常采用多孔陶瓷制作可渗透性膜，以往用到的材料还包括木头、陶瓷、塑料、半透膜等不同材质，对应的溶液渗透速率也都不相同。

　　每种参比电极都有其固定的使用温度范围。而且使用温度的变化可能对现场测试结果产生很大的影响。以饱和硫酸铜参比电极为例，其温度偏移系数为+0.9mV/℃。在30℃的温差范围内，测试结果中就会有27mV左右的偏差，尤其对于阴极保护电位准则（如$850mV_{CSE}$准则）附近的电位测试结果，就会产生较大的影响，甚至影响最终的评价结果。在低温冻土

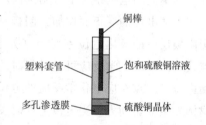

图2.1　铜/硫酸铜参比电极结构示意图

环境中或在冬季进行室外测试时，为防止溶液凝固，还常在常规铜/硫酸铜参比电极的基础上，在溶液中加入乙二醇等防冻介质，制成防冻型的铜/硫酸铜参比电极。在使用该种参比电极前，建议使用者还应评估乙二醇的加入对参比电极电位可能造成的偏移影响。在一些低温冻土地区，也常采用锌参比电极作为长效参比电极，如图2.2所示。

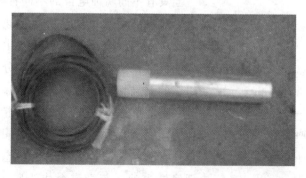

图2.2　锌长效参比电极

二、混合电极电位

前面提到的电极电位都是在假设电极表面仅发生一种电化学反应的前提下给出的。在一个金属电极表面，可能只发生一种电化学反应，但更多的情况则是同时发生多个电化学反应。金属电极表面的部分位置发生阳极反应，部分位置发生阴极反应，电极本身就可能存在多个腐蚀微电池。我们实际测试得到的电极电位，也是多个不同的阴阳极位置电位综合平均后的结果，常称为混合电极电位。因此，现场测试的混合电极电位与表 2.1 中给出的电化学反应电位并不是完全等同的，在使用过程中应根据实际情况，注意区分这两个概念的差异。未加特殊说明的情况下，现场测试的电位都应该看作是一种混合电极电位。

在了解了电化学反应的电位后，进一步来看电极电位与电化学反应电位的关系。在一个电极上，若只发生一种电极反应，且处于平衡状态时，电极电位就等于该电化学反应的平衡电位。但是，实际上一块孤立的金属材料（该电极与外界无电流流通）上发生电化学腐蚀时，阳极反应和阴极反应是在同一个电位下进行的，该电位就是不同电化学反应互相耦合后的混合电位，在腐蚀电化学中也称为腐蚀电位。以一个孤立金属电极上同时进行阳极反应和阴极反应两个电化学反应为例，其电位耦合原理如图 2.3 所示。

在不同的电位条件下，阴阳极反应的速率及所产生的电流密度各不相同。阳极反应电流密度随电位的变正而增加，阴极反应电流密度随电位的变正而减小。在极化的作用下，阴阳极反应的极化电位差变小（关于极化概念的详细介绍详见 2.3 节）。在图 2.3 中，A 点代表阴极电化学反应可逆进行时的平衡电位，C 点代表阳极电化学反应可逆进行时的平衡电位。A 点对应电化学反应的电位明显正于 C 点对应电化学反应的电位，该电位差就是腐蚀发生的驱动力。当电极上同时发生上述两个反应时，在整个氧化还原反应电化学亲和势降低的驱动下，阳极反应和阴极反应会相互促进，平衡电位较高的电极反应按阴极反应的方向进行，平衡电位较低的电极反应按阳极反应的方向进行。当达到稳定状态时，两个方向反应进行的速度相当，与外界不存在额外的电流交换。在这种情况下，电极电位会耦合到 B 点，即电极所表现出的混合电位。在整个腐蚀反应过程中，释放的化学能全部以热能的形式耗散，不产生有用功。

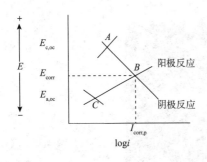

图 2.3　电极混合电位耦合原理

当具有不同腐蚀电位的不同种类金属相互接触时，又会形成电偶腐蚀电池，从而加速腐蚀。阳极反应和阴极反应在两种金属表面单独发生，理想情况下具有明显的界面，能够将整个体系区分为阳极和阴极。由于组织的差异性，管道本体与焊缝位置之间存在的电位差，有时可达 0.275V。在这种情况下，焊缝位置就会作为阳极而优先发生腐蚀。不同年代施工的新、旧管道连接到一起时，由于表面状态的差异，也会形成电偶腐蚀电池，新管道会作为阳极而优先发生腐蚀。

即使同一种金属的组织、表面状态都足够均匀，但当其同时处于不同类型的电解质环境时

（如土壤中氧浓度不同，输送介质的温度、压力、流速不同等），也会造成金属表面各点电位的差异。为了便于判断不同金属短路时，哪种金属优先发生腐蚀，常会用到金属电动序，如表2.3所示，表中电位均为相对于饱和硫酸铜参比电极的电位。

表 2.3　不同金属在土壤中的腐蚀电位

金属类别	电位/V_{CSE}
高纯镁	-1.75
镁合金（6%Al，3%Zn，0.15%Mn）	-1.60
锌	-1.10
铝合金（5%Zn）	-1.05
纯铝	-0.80
低碳钢（表面光亮）	-0.50 到 -0.80 之间
低碳钢（表面锈蚀）	-0.20 到 -0.50 之间
铸铁	-0.50
混凝土中的低碳钢	-0.20
铜	-0.20

从表2.3中可以看出，油气长输管道系统中的常见金属材料，在土壤中相对于饱和硫酸铜参比电极的电位，都具有较明显的差别。当不同金属短接到一起时，电位较负的金属往往作为阳极，表面发生阳极反应，即腐蚀过程；电位较正的金属作为阴极，表面发生阴极反应，金属受到保护，不发生腐蚀。表2.3中的数据可作为油气长输管道系统中选择牺牲阳极和最佳接地体材质的重要依据。表面光亮的低碳钢在土壤中的电位为$-0.50V_{CSE}$到$-0.80V_{CSE}$之间。为保护其免受腐蚀，表2.3中能够作为其牺牲阳极使用的材料包括高纯镁、镁合金、锌等。铝合金、纯铝在土壤中钝化效果明显，作为牺牲阳极在土壤中的使用较少。铜在土壤中的电位约为$-0.20V_{CSE}$，若其与低碳钢短路，不仅不会起到阴极保护的效果，反而会加速管道的腐蚀。实际工程案例中，采用铜接地极与站内钢质埋地管道连接，导致管道腐蚀泄漏的案例也曾发生过。在一些油气输送站场常用到的接地模块材料，其材质主要为碳。从腐蚀的角度来说，碳也会与埋地管道构成电偶腐蚀电池，对管道造成有害影响。

第二节　腐蚀电池

一、腐蚀电池的构成

在了解了金属电极电位的概念及其产生原因后，进一步来看腐蚀电池的构成。一个完整的腐蚀电池包括阳极、阴极、电子通路和电解质回路等4个基本要素，缺一不可。如图

2.4 所示，短路的铜和铁浸泡在水溶液中，就构成一个简单的腐蚀电池。参考表 2.3 中的电位数据，在该腐蚀电池中，铜的电位正于铁的电位，铁是阳极、铜是阴极。连接铁和铜的导线构成腐蚀电池中的电子通路，水溶液构成腐蚀电池的电解质回路。水在不同温度下会发生不同程度的电离，生成氢离子（H^+）和氢氧根离子（OH^-）。这两种离子在异种金属电位差所形成电场的作用下，通过定向移动用于传导腐蚀电流。

在一个腐蚀电池的不同部位会同时发生氧化反应和还原反应。以图 2.4 中的腐蚀电池为例，在铁的表面（阳极）发生阳极反应，铁原子失去电子，从固体的金属状态转变成为溶液中的离子状态（Fe^{2+}、Fe^{3+}），并可进一步与溶液中的其他离子反应生成络合离子或氧化物（$Fe_x(CN)_y$、$Fe_x(OH)_y$ 等），金属材料不断遭受腐蚀破坏。在铜的表面（阴极）发生阴极反应，去极化剂（此例中主要为氧气）得到电子，发生

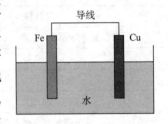

图 2.4 铜和铁构成的腐蚀电池

还原反应，生成氢氧根离子，溶解到水中。正如本章第一节中所提到的，常见的去极化反应主要为析氢反应和吸氧反应两种，反应过程如下所示：

$$\text{析氢反应：} 2H^+ + 2e^- \Longleftrightarrow H_2 \tag{2-3}$$

$$\text{吸氧反应：} O_2 + 2H_2O + 4e^- \Longleftrightarrow 4OH^- \tag{2-4}$$

在酸性环境中，以氢离子的还原为主。在近中性或碱性环境中，水分子和氧气（空气中的氧气或者土壤中的溶解氧）也可能得到电子，发生还原反应。当电极电位足够负时（如 $-1.2V_{CSE}$），水分子也可以直接得到电子，在电解作用下生成氢气和氢氧根离子。

$$2H_2O + 4e^- \Longleftrightarrow H_2 + 2OH^- \tag{2-5}$$

在了解了阳极、阴极表面发生的电化学反应后，下面进一步对电子回路和电解质回路进行介绍。能够导电的物体称为导体，又可分为电子导体和离子导体两大类。电子导体的导电是通过电场作用下，材料内的电子或带正电荷的电子空穴的定向移动形成的。除金属导体外，还包括半导体。离子导体的导电是通过电场作用下，带正电荷或带负电荷的离子在电解质溶液内的定向移动形成的。土壤作为一种特殊的电解质溶液，就属于这类导体。在一个腐蚀电池中，既需要有电子导体，也需要有离子导体。电子导体构成电子通路，离子导体构成电解质回路。单独有电子回路和电解质回路都不构成腐蚀电池。若将图 2.4 中的水替换为惰性气体或在金属件填充完全绝缘的材料，其他条件不变，如图 2.5 所示。假设铁和铜单独与该介质接触时，完全不腐蚀。此时，即使将铁和铜通过导线连接，也不会构成腐蚀电池，电化学腐蚀不会发生。

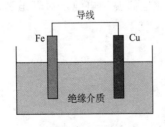

图 2.5 铁和铜之间填充绝缘介质
（不构成腐蚀电池）

同样地，若将图 2.4 中连接铁和铜的导线断开，其他条件不变，如图 2.6 所示。此时只有电解质回路，没有电子通道，也不会构成腐蚀电池，电化学腐蚀也不会发生。更严格地来说，两种金属（铁和铜）表面可单独发生腐蚀，即在每个金属表面可以存在单独的"小阳极"和"小阴极"，

构成微观腐蚀电池，使金属各自发生自然腐蚀。但不存在电子在两种金属导体（铁和铜）之间的转移，即铜和铁之间不构成宏观的电偶腐蚀电池。若将图2.6中的水进一步替换为图2.5中的绝缘介质，如图2.7所示。使得铁和铜单独与该介质接触时，完全不腐蚀。在这种条件下，则不存在任何腐蚀电池。总之，阳极、阴极、电子通路和电解质回路是构成腐蚀电池的4个基本要素，缺少任何一个因素，电化学腐蚀都不会发生。

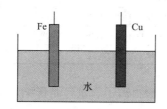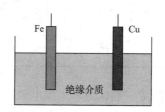

图2.6　铁和铜之间没有导线短路　　　　图2.7　铁和铜之间填充绝缘介质
　　　　（不构成腐蚀电池）　　　　　　　　　　　且电子通道断开

二、油气长输管道经过的土壤类型

为方便运输，工厂预制的每段油气长输管道一般为12m。不同管段之间通过现场焊接，连接到一起。为满足工艺及输送安全的要求，管道沿线每隔一段距离会设置阀室和站场，以实现紧急截断、加压、加热、分输、计量等功能。站外管道与站内管道之间多设有绝缘设施，以防止将雷击、故障电流等大电流冲击效果引入到站场内部，造成危害。同时，在输油气站场内部多设有大规模的接地系统，为减少干线管道阴极保护电流的流失，在长输管道干线与输油气站场内埋地管道之间、输气管道干线与阀室放空区之间也需要安装绝缘接头，使站内外管道、站外管道与放空区管道独立为两个相互绝缘的系统，分别设计单独的阴极保护系统。

在两个输油气站场之间的管道往往都是电连续的，即存在电子通路。电连续的管段长度约为百十公里。但管道途径土壤性质的差异（温度差异、氧气含量差异、离子浓度差异等）和管道表面状态的差异（成分差异、组织结构差异、表面状态差异、受力状态差异等）都可能影响管道表面的电化学反应过程，在管道的不同位置分别形成阳极和阴极，构成不同类型的宏观腐蚀电池和微观腐蚀电池。在应力状态、微生物、站内不同类型金属短接等各种因素的协同作用下，管道的腐蚀过程也更趋复杂和多元化，包括应力腐蚀开裂、腐蚀疲劳、细菌腐蚀等各种腐蚀失效形式。

在土壤性质的差异方面，一般认为土壤是由各种颗粒状矿物质、有机物质、水分、空气、微生物等组成的固、液、气三相混合物。土壤中的水分和离子含量也使得土壤多具有一定的导电性。固、液、气三相相互联系、相互制约，共同决定了土壤对金属的腐蚀性。表2.4中给出了我国6个不同采样地点处，土壤含水量、pH值、各类离子含量、全盐量和导电率等的变化情况。土壤性质存在明显差异，由此造成碳钢的腐蚀速率也差异很大，为0.03～0.12mm/a不等。

表 2.4　不同采样地点的土壤特性

土壤样品编号	含水量/%	pH 值	阴离子/%				全盐量/%	电导率/mS
			NO_3^-	Cl^-	SO_4^{2-}	HCO_3^-		
1#	3.98	8.37	0.0134	0.2671	0.4399	0.007	1.0916	3.02
2#	25.5	8.02	0.0116	5.34	0.4963	0.0199	9.0864	21.8
3#	23.23	4.46	0.0006	0.0015	0.0009	0.001	0.0055	0.022
4#	3.57	8.63	0.0183	0.1841	0.5736	0.0109	1.185	3.23
5#	18.36	6.14	0.0076	0.0021	0.0101	0.0132	0.096	0.15
6#	22.86	8.45	0.0369	0.01	0.0126	0.0833	0.227	0.52

工程实际中一般认为，土壤电阻率，氯离子、硫酸根离子含量等是影响埋地管道腐蚀的主要因素。国内现行的油气长输管道方面的土壤腐蚀性评价指标也主要涵盖了这些因素。GB/T 21447—2008《钢质管道外腐蚀控制规范》中对土壤腐蚀性分级标准的规定如下："土壤腐蚀性的测定可采用原位极化法和试片失重法，一般地区也可采用工程勘察中常用的土壤电阻率"，具体的分级指标示例如表 2.5 和表 2.6 所示。在部分管道运营企业和检测单位现行的内部控制标准中，也将土壤的电阻率、采集土样的分析化验结果（土壤pH 值、氧化还原电位、极化电流密度、质量损失等），作为了土壤腐蚀性评级的重要指标。通过现场测试土壤电阻率，采样后实验室测试土壤理化性质，来分析土壤的腐蚀性。相关的评价指标如表 2.7 所示。由于土壤的各项参数与腐蚀过程的关系较复杂，部分研究人员也尝试采用神经网络、贝叶斯网络等方法建立其之间的关系，用来预测管道在不同使用年限范围内的腐蚀失效概率。但在油气管道行业腐蚀控制的工程实际中尚未大规模应用。

表 2.5　土壤腐蚀性分级

等级	极轻	较轻	轻	中	强
电流密度（原位极化法）/（$\mu A/cm^2$）	<0.1	0.1~3	3~6	6~9	>9
平均腐蚀速率（试片失重法）/[g/（$dm^2 \cdot a$）]	<1	1~3	3~5	5~7	>7

表 2.6　一般地区土壤腐蚀性等级

等级	强	中	弱
土壤电阻率/$\Omega \cdot m$	<20	20—50	>50

表 2.7　样品土壤腐蚀性分级评价标准

腐蚀性等级	pH 值	氧化还原电位 / mV	视电阻率 /$\Omega \cdot m$	极化电流密度/（mA/cm^2）	质量损失 / g
微	>5.5	>400	>100	<0.02	1
弱	5.5~4.5	400~200	100~50	0.02~0.05	1~2
中	4.5~3.5	200~100	50~20	0.05~0.2	2~3
强	<3.5	<100	<20	>0.2	>3

注：腐蚀等级中，只出现弱腐蚀，无中等腐蚀或强腐蚀时，应结合评价为弱腐蚀；腐蚀等级中，无强腐蚀，最高为中等腐蚀时，应结合评价为中等腐蚀；腐蚀等级中，有一个或一个以上为强腐蚀时，应结合评价为强腐蚀。

第三节　极　化

极化指的是在外加电流作用下，电极电位和电化学反应电位偏离平衡电位的现象。这一过程也是阴极保护技术得以实现的基础，通过外加电流的变化，电极的电位发生变化，电极反应的速度和腐蚀电流密度也相应发生变化。孤立电极与外界没有电流交换时，电极电位为自然腐蚀电位。该自然电位实际已经偏离了阳极电化学反应和阴极电化学反应的平衡电位，电化学反应朝一个方向不可逆地进行。实际电位与各自电化学反应平衡电位的差值为"过电位"，反应了偏离平衡的程度。如本章中第二节所述，当多个具有不同腐蚀电位的金属之间短路时，单个金属自身的电极电位也会偏离其初始的自然腐蚀电位，为进行区分，此时的电位偏移程度用极化量来表示。外加电流为阳极电流时，电极表面发生阳极极化；外加电流为阴极电流时，电极表面发生阴极极化。按极化产生的原因，还可将其分为浓差极化、电化学极化、电阻极化等三种类型。若两种或两种以上的极化原因共同发挥作用时，也称为混合极化。

一、极化的控制步骤

（一）浓差极化

在腐蚀电池工作过程中，假如电化学反应进行得很快，而电解质中物质输送进行的较迟缓，就可能造成反应物从溶液向电极表面补充的滞后，或生成物从电极表面向溶液深处扩散的滞后。反应物或生成物在电极表面的浓度和溶液本体中的浓度之间出现差异，形成浓度梯度，由此造成的电位偏移情况，就称为浓差极化。以金属阳极的电化学溶解过程为例，若进入溶液的金属离子不能及时地通过迁移、扩散或对流的方式离开金属表面，就会使阳极表面的金属离子浓度（a_1）升高，从而与本体溶液中的金属离子浓度（a_2）产生差异。这种由浓度差异所造成的电极电位偏移情况可以利用能斯特方程进行计算：

$$E_{a_1} = E_0 + \frac{RT}{nF}\ln(a_1) \tag{2-6}$$

$$E_{a_2} = E_0 + \frac{RT}{nF}\ln(a_2) \tag{2-7}$$

$$\eta_a = E_{a_1} - E_{a_2} = \frac{RT}{nF}\ln(\frac{a_1}{a_2}) \tag{2-8}$$

式中　E_0——阳极电化学反应在标准状态下的平衡电位；

　　　a_1——阳极表面的金属离子浓度；

　　　E_{a_1}——对应 a_1 浓度条件下，阳极电化学反应的电位；

　　　a_2——溶液本体中的金属离子浓度；

　　　E_{a_2}——对应 a_2 浓度条件下，阳极电化学反应的电位；

在阳极反应过程中，由于 $a_1 > a_2$，所以 $\eta_a > 0$，即电位向正方向移动。

去极化剂在阴极区吸收电子而不断被消耗掉，由于去极化剂的迁移、扩散或对流过程较慢，难以有效补充到金属表面时，电极表面的去极化剂浓度 a_3 就会低于溶液本体中的去极化剂浓度 a_4，也会在金属表面造成极化。根据能斯特方程式也可以计算这种阴极表面浓度差异造成的电极电位偏移情况：

$$E_{a_3} = E'_0 + \frac{RT}{nF}\ln(a_3) \tag{2-9}$$

$$E_{a_4} = E'_0 + \frac{RT}{nF}\ln(a_4) \tag{2-10}$$

$$\eta' = E_{a_3} - E_{a_4} = \frac{RT}{nF}\ln(\frac{a_3}{a_4}) \tag{2-11}$$

式中　E'_0——阴极电化学反应在标准状态下的平衡电位；

　　　a_3——阴极表面的去极化剂物质浓度；

　　　E_{a_3}——对应 a_3 浓度条件下，阴极电化学反应的电位；

　　　a_4——溶液本体中的去极化剂物质浓度；

　　　E_{a_4}——对应 a_4 浓度条件下，阴极电化学反应的电位；

在阴极反应过程中，由于 $a_3 < a_4$，所以 $\eta' < 0$，即电位向负方向移动。

在油气长输管道的工程实践中，阴极表面由于浓差引起的极化要比阳极浓差极化大得多。而且随着腐蚀电流的增加，电极反应过程中释放的电子或吸收的电子增加，电极表面和溶液本体之间的物质浓度差异也愈大，所造成的浓差极化效果也愈明显。吸氧腐蚀过程中，由于氧气迁移较慢而造成的极限电流密度，就是浓差极化的典型案例，也是影响腐蚀过程的控制步骤。物质在电解质溶液中的传质过程主要包括对流、扩散和电迁移等三种形式。离电极表面越近，物质的对流速度越小。考虑到氧气本身不带电荷，其电迁移过程也基本可以忽略。氧气在电解质溶液中的传质过程主要靠扩散来完成，并基本满足菲克扩散定律。为了简化分析过程，只考虑一维扩散的条件。根据菲克第一定律，氧气通过单位截面积的扩散流量与浓度梯度成正比，即：

$$J = -D(\frac{dC}{dx})_{x\to0} \tag{2-12}$$

式中　J——扩散流量；

　　　D——扩散系数；

$(\frac{dC}{dx})_{x\to0}$——电极表面附近溶液中氧气的浓度梯度，负号表示扩散方向与浓度增加的方向相反。

随着扩散过程和电极表面氧气去极化的电化学反应的进行，电极表面的氧气浓度在一段时间内会不断发生变化。当达到稳态时，$(\frac{dC}{dx})_{x\to0}$ 为常数，即电极表面的氧气浓度 C' 和本体溶液中的氧气浓度 C_0 都不再发生变化。随着电流的增加，电极表面的氧气浓度 C' 减小。考虑一种极端的情况，$C' = 0$。在这种情况下，电极表面电极反应的速度大于氧气扩散的速度。扩散到电极表面的氧气，在短时间内就可以被完全消耗掉。氧气的扩散速度达到最大值，阴极反应的电流密度也达到最大值，可以用 i_L 表示，称为极限扩散电流密度，可以按以下公式进行计算：

$$i_L = \frac{nFDC_0}{\delta} \qquad (2-13)$$

式中　i_L——极限扩散电流密度；

　　　n——单位反应物发生电化学反应对应的电子数；

　　　F——法拉第常数，取 96500；

　　　D——扩散系数；

　　　C_0——本体溶液中的反应物浓度；

　　　δ——扩散层厚度。

极限扩散电流密度与氧气在溶液本体中的浓度 C_0、氧气的扩散系数 D 成正比，与扩散层厚度 δ 成反比。

管道在土壤中腐蚀过程的阴极反应主要为氧气的去极化反应。土壤中氧浓度含量、温度、溶解盐含量、搅拌程度和孔隙度都会影响氧气的去极化过程。随着土壤中溶解氧浓度的增加，极限扩散电流密度增加，腐蚀速度也会增加；随着温度升高，氧的扩散系数增加，腐蚀速度增加。但温度增加也会使得溶解氧浓度降低，腐蚀速度降低。一般认为，铁在水中的腐蚀速度在 80℃ 时达到最大值；随着溶液中的溶解盐含量增加，溶液电阻降低，腐蚀速度增加。但若进一步增加溶解盐含量，氧的溶解度降低，腐蚀速度反而降低。一般认为，铁在 3% 的 NaCl 溶液中腐蚀速度最大；搅拌增加或土壤孔隙度增加，都可以提高氧气的透过性，由此导致氧气在土壤中的扩散速度增加，腐蚀速度增加。

（二）电化学极化

电化学极化也称为活化极化。与浓差极化不同，电化学极化是指电极反应总过程受电化学反应速度控制，由于电荷传递反应缓慢而引起的极化。在这种条件下，电化学反应的反应物和反应产物都可以及时补充到电极表面或从电极表面扩散开，电极表面的电解质与本体溶液并不存在明显的浓度差别。电极表面的电化学活化状态是控制腐蚀过程发生的控制步骤。电化学极化在阴、阳极电化学反应过程中均可发生。根据电化学极化曲线中电位与电流密度的对应关系与特征，又可分为弱极化区、过渡区和强极化区。在强极化条件下，电极反应的反应速度与电化学极化过电位满足如下塔菲尔直线关系：

$$\eta = \pm \beta \lg \frac{i}{i_0} \qquad (2-14)$$

式中　η——电化学极化产生的过电位；

　　　β——电化学反应极化曲线中的塔菲尔直线斜率；

　　　i——以电化学反应过程的电流密度；

　　　i_0——电化学反应的交换电流密度，与电化学反应本身性质有关。

"＋"表示阳极极化过程中随电流密度增加，电位正移；"－"表示阴极极化过程中随电流密度增加，电位负移。电极过程电位的大小除取决于极化电流外，还与交换电流密

度 i_0 有关。一般来说，交换电流密度越小，可能产生的过电位越大，耐蚀性越好。交换电流密度越大，可能产生的过电位越小，则电极反应的可逆性越大，基本可保持稳定平衡。i_0 是某特定氧化还原反应的特征函数，与电极成分、溶液温度有关。氢电极的电化学极化曲线如图 2.8 所示，在腐蚀电流密度 i 发生较大变化时，过电位 η 变化很小，就是与 i_0 有关。i_0 的大小还与电极的表面状态有关，当金属电极中含有微量的 As、Sb 离子时，也会显著降低析氢反应体系的交换电流密度值。

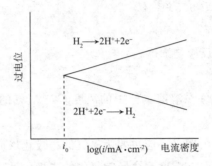

图 2.8　氢电极的电化学极化曲线

（三）电阻极化

电极表面发生电化学反应的过程中，可能在表面形成钝化膜或腐蚀产物膜，使得腐蚀电池的回路电阻改变，从而产生的极化现象称为电阻极化。在整个腐蚀电池中，若电解质回路电阻较大，也会使得阳极和阴极的电位差中，有一部分会消耗在电解质中，这一部分电压降也常称为 IR 降。

当管道周围土壤的电阻率较高时，阳极和阴极初始电位差中的一部分，就会消耗在电解质回路中，使得实际的腐蚀电流降低。同样地，管道周围土壤电阻率较高时，管道可能接收的阴极保护电流大小也降低。在综合考虑两方面因素的情况下，就需要针对不同大小的土壤电阻率制定对应的阴极保护评价标准。如 ISO15589－1 标准中就规定：当土壤电阻率＞$100\Omega \cdot m$ 时，阴极保护准则可以由 $-850mV_{CSE}$ 调整为 $-750mV_{CSE}$；当土壤电阻率介于 $100\Omega \cdot m$ 和 $1000\Omega \cdot m$ 之间时，阴极保护准则可以由 $-850mV_{CSE}$ 调整为 $-650mV_{CSE}$。

当管道表面形成致密的膜层结构时，也会产生类似高电阻率土壤包覆的效果。以海底管道为例，在阴极保护的作用下，管道表面会形成一层致密的钙质沉积膜，主要成分为碳酸钙，有时还含有部分氢氧化镁。这层致密的膜层结构对于海底管道的阴极保护具有重要作用。一方面可以阻碍阳极和电解质扩散到电极表面，另一方面也使得整个回路的电阻明显增加。在极化初期可能需要较大的阴极保护电流密度来形成该沉积膜。但沉积膜一旦形成，后续的阴极保护电流需求量就会大大减少。对于已经投运较长时间的管道，若管道表面已经形成部分锈层或腐蚀产物，其对阴极保护电流的需求量与新建管道也是有明显区别的。

（四）混合极化

在实际腐蚀过程中，不同的极化作用可能会同时发挥作用。经常在一个电极上同时存在电化学极化和浓差极化。或者不同的极化机理在腐蚀发生的不同阶段各自发挥主要作用。

图 2.9 是钢质材料在不同 pH 溶液中发生腐蚀时，阴极反应类型随溶液 pH 值、外加电位变化情况的示意图。当溶液是 pH 值介于 0 到 3 之间的强酸性溶液时，阴极反应过程以氢的去极化过程为主，如图中 e~f 之间的曲线表示。在给定的不同电位条件下，腐蚀电流密度随溶液 pH 的降低而增加。在溶液 pH 值介于 4 到 5 之间时，阴极反应过程由氢的去极化（或水的去极化）和氧的去极化共同构成。而且主要的去极化剂随给定电位的变化而变化。在 c~d 的范围内，给定电位较正，扩散到电极表面的氧气不会立即被消耗掉，该范围仍为氧还原反应的活化控制阶段，电流密度随电位的变化关系基本满足直线关系，斜率即为氧气还原反应的塔菲尔斜率。在 d~e 的范围内，氧气的扩散速度已经无法满足电极表面电化学反应的速度，该范围为氧还原反应的浓差极化控制阶段，对应的腐蚀电流密度即为氧的极限扩散电流密度。在 e~f 的范围内，电位进一步负移，氢或者水作为新的去极化剂参与到阴极反应过程中，阴极反应过程再次表现为活化控制阶段，电流密度随电位的变化关系基本满足直线关系，斜率即为氢离子或水还原反应的塔菲尔斜率。

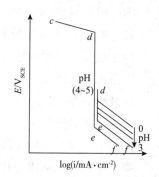

图 2.9　不同溶液 pH 值条件下的阴极极化曲线

二、腐蚀电池的控制步骤

以上提到的极化都是针对单个电极的单个电化学反应过程而言的。在实际的腐蚀体系中，阴、阳极上都有可能同时产生极化，往往使问题更加复杂化。阴极和阳极在构成一个腐蚀电池后，阴极极化、阳极极化、电阻极化等哪种极化效果占主导作用，成为腐蚀过程的控制步骤，也会因情况而异。下面主要针对有关腐蚀过程的阳极极化和阴极极化过程来进一步分析研究。

产生阴极极化和阳极极化的原因不尽相同，具体来看，阴极、阳极反应过程中的电化学极化、浓差极化和电阻极化可以分别表述为以下几种情况。对于阳极反应，金属离子由于水化作用，从基体转移到溶液中，并形成水化离子。其反应过程可以表示为：

$$M + nH_2O \rightarrow M^{2+} \cdot nH_2O + 2e^- \tag{2-15}$$

（1）只有阳极附近所形成的金属离子不断地离开的情况下，该过程才能顺利地进行。如果金属离子进入溶液的速度小于电子由阳极进入外导线的速度，则阳极上就会有过多的正电荷积累，引起电极双电层上的负电荷减少，阳极电位向正的方向移动，产生阳极极化。

（2）金属溶解时，在阳极反应过程中产生的金属离子首先进入阳极表面附近的溶液中，如果进入溶液中的金属离子向外扩散得很慢，结果就会使得阳极附近的金属离子浓度逐渐增加，阻碍金属继续溶解（腐蚀），必然使阳极电位往正的方向移动，产生阳极极化。

（3）若金属表面上形成了保护膜或腐蚀产物膜，阳极过程受到阻碍，使得金属的溶解速度显著降低，此时阳极电位会剧烈地向正的方向移动。表面的保护膜或腐蚀产物膜，增加了腐蚀电池整个回路电阻，也会引起明显的电阻极化。

如图 2.10 所示，是一种典型具有钝化特性金属的极化曲线。电位位于活化区范围内时，阳极溶解过程主要为电化学活化步骤控制反应过程，随着电位的变正，阳极电流密度增加；当电位升高到稳定钝化区的范围内时，阳极电流密度很小，而且随着电位的变正，阳极电流密度基本不变，这主要是由于金属表面生成了稳定而致密的钝化膜，阻止基体金属的进一步腐蚀。在该区域内，阳极溶解过程主要为电阻极化控制反应过程。

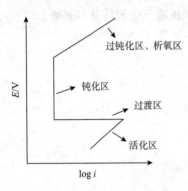

图 2.10　钝化金属的典型阳极极化曲线

由上述可见，产生阳极极化对于防止腐蚀是有利的，阳极极化可以阻止阳极反应的进一步进行。反之，如果去除阳极极化，就会使得阳极过程（腐蚀）加速进行。因此，这种消除阳极极化的过程，称为阳极去极化。例如，搅拌溶液使阳极产物形成沉淀或形成络离子等，都可以加速阳极去极化过程。阳极极化会减缓金属腐蚀，而阳极去极化能加速金属腐蚀。阳极极化程度的大小，直接影响到阳极过程进行的速度。通常可以利用极化曲线来判断阳极极化程度的大小。极化曲线的纵坐标为阳极电位，横坐标为阳极电流密度。由曲线的倾斜程度可以看出极化的程度。曲线愈平坦，阳极极化程度愈小；反之，曲线斜度愈大，极化程度也愈大，这表示阳极过程的进行愈加困难。一般而言，金属在活性状态下，阳极极化的程度不大，这时阳极极化曲线比较平坦；如果金属达到钝态，则阳极极化的程度很高，极化曲线的倾斜度也就很大。

对于阴极反应，去极化剂（氧气、氢离子、水等）得到电子，发生还原反应。导致阴极极化的主要原因如下：

（1）阴极过程是去极化剂得到电子，发生还原反应的过程。若由阳极转移到阴极的电子过多，但由于某种原因，阴极放电的反应速度进行得很慢。在阴极表面就会积累过剩的电子，使阴极电位负移，即产生阴极极化。例如，金属在酸性溶液中，腐蚀电池的阴极过程主要是氢离子放电的过程：

$$H^+ + e^- \longrightarrow H \qquad\qquad (2-16)$$

$$H + H \longrightarrow H_2 \qquad\qquad (2-17)$$

如果在一定条件下，氢离子放电过程缓慢，由阳极转移过来的电子就会在阴极堆积，使阴极的电位向偏负方向移动。

（2）阴极附近反应物或生成物扩散较慢也会引起极化。例如，氧或氢离子到达阴极的速度不满足电化学反应速度的需要，随着电极表面反应物质的消耗，本体溶液中的氧或氢离子补充不上去，就会引起极化；作为阴极反应产物的氢氧根或氢气离开阴极表面的速度慢，也会直接影响阴极反应过程的进行，使阴极电位向更负的方向移动。

消除阴极极化的过程叫做阴极去极化。与阳极去极化一样，阴极去极化也可以通过不断消耗阳极转移过来的电子，进一步促使阳极过程的顺利进行，使金属不断地溶解，发生腐蚀。最常见的阴极去极化过程有两种：氢离子得到电子生成氢原子或氢分子、氧得到电子生成氢氧根离子。前者主要发生在一般负电性金属在酸性溶液中的腐蚀过程；而后者主要发生在大部分金属在大气、土壤及中性电解质溶液中的腐蚀过程。

从以上的原因分析中可以看出，在实际的腐蚀电池中，许多因素都可能对阴阳极的电化学反应过程产生影响，使得阴极反应、阳极反应不同程度地偏移其平衡电位。为了判断哪个过程对腐蚀行为起控制作用，就需要根据阴阳极反应的极化曲线形状来进行实际判断。在腐蚀倾向一定的前提下，腐蚀电池的腐蚀电流（或腐蚀速率）大小，主要可能受阴极反应过程、阳极反应过程和电子流动阻力等 3 个环节的影响，阻力最大的环节就是该腐蚀过程的控制步骤。图 2.11 所示是 4 种不同的控制类型。

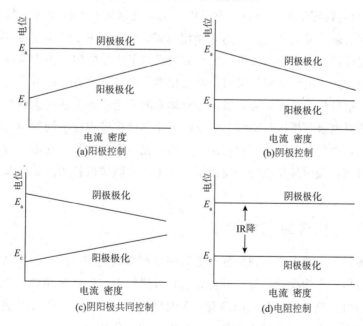

图 2.11 四种不同的腐蚀控制步骤类型

图 2.11（a）为阳极反应为控制步骤的反应类型。在阳极反应为控制步骤的腐蚀电池中，阳极反应过程极化曲线的塔菲尔斜率（电位随电流密度变化的程度）明显大于阴极反应过程极化曲线，腐蚀电池的腐蚀电位和腐蚀电流密度主要受阳极反应过程的影响。阳极反应是整个腐蚀电池的控制步骤。

图 2.11（b）为阴极反应为控制步骤的反应类型。在阴极反应为控制步骤的腐蚀电池中，阴极反应过程极化曲线的塔菲尔斜率明显大于阳极反应过程极化曲线，腐蚀电池的腐蚀电位和腐蚀电流密度主要受阴极反应过程的影响。阴极反应是整个腐蚀电池的控制步骤。

图 2.11（c）为阴阳极反应共同控制的反应类型。在阴阳极反应共同控制的腐蚀电池中，阴阳极反应过程极化曲线的塔菲尔斜率相当，腐蚀电池的腐蚀电位和腐蚀电流密度由阴阳极反应过程共同影响。

图 2.11（d）为电阻控制的反应类型。在电阻控制的腐蚀电池中，阴阳极反应的塔菲尔斜率都比较平缓，但回路电阻比较大。腐蚀电池阴阳极之间的电位差，主要用于克服回路电阻。腐蚀电池的腐蚀电位和腐蚀电流主要受回路电阻的影响。

第四节　电化学阻抗谱分析

20 世纪 40 年代，Randle 等通过分析等效电路，应用交流阻抗谱技术仿真了电化学腐蚀过程中含有电荷传递电阻、电解质电阻、双电层电容的阻抗谱图。这是首次在电化学分析过程中应用交流阻抗谱技术，为交流阻抗谱技术在电化学领域中的发展奠定了基础。20 世纪 70 年代，荷兰物理学家 Sluyters 等应用交流阻抗谱研究电极系统的特性，使得交流阻抗谱有了一个更新的发展方向——电化学阻抗谱。随着近年来阻抗谱测量仪器的发展，电化学阻抗谱测试技术已经在腐蚀电化学研究中得到了广泛应用。作为腐蚀电化学研究中常用的一种实验方法，电化学阻抗谱可以对电化学反应过程的各个细节进行表征。通过采用小振幅的正弦信号作为输入信号，既不会对体系的原始状态造成很大影响，还可以在很宽的频率范围内对电极系统进行测量，以反映电化学反应过程在不同频率范围内的详细过程和细节。此外，电化学阻抗谱不仅可用于分析电化学腐蚀过程，在涂层性能的评价方面也应用广泛。目前，美国甚至已经制定出了采用电化学阻抗谱技术测试防腐涂层性能的相关标准。

一、交流阻抗谱的基础知识

交流阻抗测量原本是电学中研究线性电路网络频率响应特性的一种方法，通过输入小振幅的正弦波电信号作为扰动信号，并测量、计算黑箱对应的传输函数，也称为频响分析法。为了使大家对交流阻抗的测试原理有一个大概的了解，本节首先介绍输入正弦波电信号在通过不同的电气元件时，输出电流、输出电压的变化情况。

对于一个稳定的线性系统 M，如以一个角频率为 ω 的正弦波电信号（电压或电流）X 为激励信号（在电化学术语中亦称作扰动信号）输入该系统，则相应地从该系统输出一个角频率也是 ω 的正弦波电信号（电流或电压）Y，Y 即是响应信号。Y 与 X 之间的关系可以用下式来表示：

$$Y = G(\omega) \cdot X \tag{2-18}$$

如果扰动信号 X 为正弦波电流信号，Y 为正弦波电压信号，则称 G 为系统 M 的阻抗。如果扰动信号 X 为正弦波电压信号，Y 为正弦波电流信号，则称 G 为系统 M 的导纳。正弦交流电流流经纯电阻元件时，电阻两端的电压与流经电阻的电流是同频同相的正弦交流信号；正弦交流电流经纯电感元件时，电感两端的电压与流经的电流是同频率的正弦量，但在相位上电压比电流超前 $\pi/2$；正弦交流电流经纯电容元件时，电感两端的电压与流经的电流是同频率的正弦量，但在相位上电流比电压超前 $\pi/2$。

电阻、电容、电感等元件的图示表示方法如表 2.8 所示。每个元件都有两个端点，分别为输入端和输出端。不同元件之间通过端点进行连接，还可以构成复合元件。

表 2.8　不同电子元件的图示方法

元件名称	参数	图示方法
电阻	R	
电容	C	
电感	L	

采用复阻抗 Z 表示不同电路元件对电流的阻碍和移相作用。如：电阻用 R 来表示，单位是欧姆（Ω）。它的阻抗和导纳只有实部，没有虚部，可以表示为：

$$Z_R=R,\ Y_R=1/R \tag{2-19}$$

电容用 C 来表示，单位是法拉第（F）。它的阻抗和导纳只有虚部，没有实部，可以表示为：

$$Z_C=-j\,(1/wC),\ Y_C=jwC \tag{2-20}$$

电感用 L 来表示，单位是亨利（H）。它的阻抗和导纳只有虚部，没有实部，可以表示为：

$$Z_L=jwL,\ Y_L=-j\,(1/wL) \tag{2-21}$$

在复阻抗的条件下，阻抗不仅具有阻碍电流的作用，而且具有移相的作用，这就需要用复平面图来反映体系的阻抗性能。交流阻抗谱的测试结果常可采用 Nyquist 图或 Bode 图这两种形式进行表征。在 Nyquist 图中，横坐标表示复阻抗的实部，纵坐标表示复阻抗的虚部，图中的每一点代表单一频率下的复阻抗大小，应表示为实部和虚部的和。在 Bode 图中，横坐标表示频率的变化，纵坐标分别表示复阻抗模值和相位角随频率的变化。后面将会给出更多有关交流阻抗图谱的实例。

二、典型的交流阻抗谱

根据前面几节针对电化学反应过程的介绍，由于极化作用，当流经电极系统的电流变化时，电极系统的电位也随之相应变化。同样的，当电极系统的电位变化时，流经电极系统的电流也随之变化。与常规的电气元件类似，正弦波的扰动信号施加到电极系统上时，也会对输入信号的大小和相位产生影响。通过分析计算得到不同频率下的阻抗和导纳，就可以用于确定反应过程的细节。当输入一系列具有不同角频率 ω 的扰动信号时，就可以对应的测得一系列的频响函数，就是电化学阻抗谱（简称 EIS）。EIS 是频率域的测量，电化学反应过程中的快速响应步骤由阻抗谱中的高频部分所反映，电化学反应过程中的慢速响应步骤则由阻抗谱中的低频部分来反映。还可以从阻抗谱中显示的弛豫时间常数的个数及其数值大小，获得各个步骤的动力学信息、电极表面状态变化的信息、电极过程中有无传质过程的影响等多方面的信息。

实际分析过程中，针对电化学交流阻抗谱的分析，还常会用到等效电路的方法。一方面，可以根据测量得到的 EIS 图谱，确定 EIS 的等效电路或数学模型，在结合其他电化学方法测试结果的基础上，推测电极系统中包含反应步骤的反应动力学及其反应机理；另一方面，如果已经建立了一个合理的数学模型或等效电路，还可以进一步确定数学模型或等效电路中有关参数、元件的参考值，从而量化电化学反应过程的动力学参数。在构造等效电路过程中，也经常会涉及表 2.8 中提及的 3 种线性元件——电阻、电容和电感，利用其特性近似表征电化学反应过程中的各个反应步骤。不同的线性元件通过一定的串并联方式，可以组成不同类型的复合元件，表征不同类型的电化学反应过程。

在电化学阻抗谱中等效电路是一个重要概念。等效电路是指用常见的电学元件来表征所测电化学体系外在表现的方法，其遵循的原则是等效电路的阻抗行为与模拟体系的阻抗行为尽量等同。例如。当小幅的交流信号对三电极体系进行扰动时，电解质溶液、电极本身、电极反应引起的阻力都可以看成电阻元件。在电解质溶液、阴阳电极之间，电子的运动具有方向性，可以看成是电容充电放电过程，等效为双电层电容。电极表面的吸附等现象常可采用电感来表示。这样整个电极体系就可以看成一个电路。当电化学系统的阻抗谱与这个等效电路的阻抗谱一样时，这个电路就可以称之为电化学系统的等效电路。以下介绍几种常见的电化学阻抗谱图形及其对应的等效电路形式。

对于较理想的电化学反应过程，测得的电化学阻抗谱通常只有一个时间常数，Nyquist 图上只用一个容抗弧来表示。但随着电极表面状态的复杂化，若除了电极电位 E 以外，还有其他表面状态变量 X_i，阻抗谱图就会变得比较复杂。电极表面状态变量个数愈多，阻抗谱图就愈复杂。如不可逆电极反应的时间常数往往不止一个，在 Nyquist 图上就会对应出现多个容抗弧，或出现感抗弧等情况。当电极过程受物质传质过程控制时，还可能出现对应于扩散电阻的 Warburg 阻抗。以下就典型的图谱特征和等效电路做一简单介绍，但常用的等效电路模型并不局限于以下几种，还需要根据实际情况进行修改和确定。

（一）R（CR）类型的等效电路

具有如图 2.12 所示特征的 Nyquist 图可以采用 R（CR）类型的等效电路进行模拟。等效电路的图示如图 2.12 所示。其中 R_u 表示溶液电阻，即 Nyquist 图中从坐标原点到 A 点的距离。C 表示双电层电容，根据 Nyquist 图中的特征频率 ω^* 和电阻可以计算其阻抗。Z_F 表示电极过程的法拉第阻抗，对应 Nyquist 图中 AB 之间的距离。

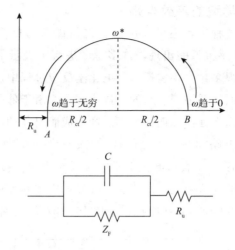

图 2.12　Nyquist 图及其对应的 R（CR）型等效电路

（二）R(C(R(RC)))类型的等效电路

当金属表面存在特性吸附、腐蚀产物膜、钝化膜或外防腐层的条件下，其交流阻抗谱还可能表现为 2 个容抗弧的形式，如图 2.13 所示。通过交流阻抗谱不仅可以反映电极与溶液之间界面反应过程的电容值，用于分析金属表面的腐蚀过程，还可以反映金属表面覆盖层的电阻和电容值，用于分析表面覆盖层性能的优劣。一种典型的应用于分析具有两个容抗弧时间常数的等效电路如图 2.13 所示。该电路中的 R_s 表示溶液电阻，CPE_1 表示电化学反应过程的电容，CPE_2 表示金属表面的防腐层、钝化膜或腐蚀产物等对应的电容，R_t 表示电化学反应过程中的法拉第电阻，R_c 表示金属表面的防腐层、钝化膜或腐蚀产物膜对应的电阻。

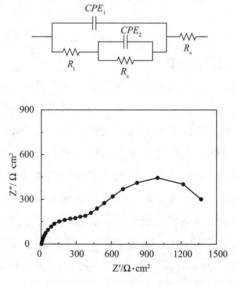

图 2.13　Nyquist 图及其对应的 R（C（R（RC））型等效电路

（三）R(CR(RL))类型的等效电路

在交流阻抗谱的测试过程中，还可能出现阻抗值虚部为负值的情况，即表现为感抗弧，如图 2.14 所示。关于感抗弧的出现，许多学者进行了大量的研究，提出了许多可能性。引起感抗弧的原因有很多，主要包括：①电化学反应过程中形成的中间产物引起的感抗成分；②吸附在电极表面的缓蚀剂引起的感抗成分；③由于催化剂的催化效应引起的感抗成分；④钝化的金属表面点蚀诱导期中由于点蚀形成而引起的感抗成分等。含有感抗弧的交流阻抗谱对应的等效电路如图 2.14 所示。在该电路中 R_s 表示溶液电阻，CPE 表示电化学反应过程对应的电容，R_t 表示电化学反应过程对应的法拉第电阻，R_L 表示感抗弧所对应实际反应过程引起的反应阻抗，L 表示感抗弧对应实际反应过程引起的感抗。等效电路中 R_L 和 L 的大小主要与 Nyquist 阻抗谱中位于横坐标下方部分的感抗弧大小有关。

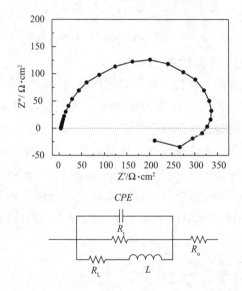

图 2.14　Nyquist 图及其对应的 R（CR（RL））型等效电路

（四）扩散过程引起的阻抗 W

在不可逆的电极过程中，往往由于实际反应电流密度比电极反应的交换电流密度大得多，使得电极表面附近反应物的浓度会与本体溶液中的浓度有明显的差别，因此在溶液中就有一个反应物从溶液本体向电极表面扩散的过程。在一定条件下，该过程还可能成为电化学反应过程的速度控制步骤，并在电化学阻抗谱上反映出来。同样的，如果电极反应速度高，也会涉及电极反应产物从紧靠电极表面溶液层向溶液本体进行扩散的过程。这种由于扩散过程引起的法拉第阻抗与电极形状、电极表面传质过程有着密切关系，其推导过程也较复杂。这里只选择最常见的平面电极半无限扩散过程引起的 Warburg 阻抗进行介绍。

典型的具有 Warburg 阻抗的 Nyquist 图如图 2.15 所示。它的特点是紧接着高频段的容抗弧是倾斜角为 $\pi/4$ 的 Warburg 阻抗直线。一种应用于分析该电极过程的等效电路如图 2.15 所示。其中 R_u 表示溶液电阻，即 Nyquist 图中从坐标原点到 R_L 点的距离。C 表示电极表面的双电层电容，根据 Nyquist 图中的特征频率 ω^* 和电阻可以计算其容抗大小。

R_t 表示电极过程的法拉第阻抗，W 对应 Nyquist 图中的 Warburg 阻抗直线。

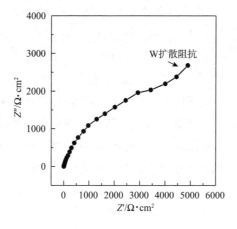

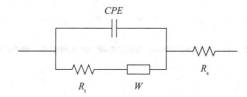

图 2.15　Warburg 阻抗及其对应的等效电路

目前，电化学交流阻抗谱在腐蚀研究领域应用很广泛。主要可应用于测量极化电阻和界面电容，研究防腐层的破坏过程，缓蚀剂的缓蚀机理，金属阳极溶解、钝化及孔蚀过程和机理等。国内外的许多研究学者采样该种方法研究了各种不同等级管线钢在不同环境中的腐蚀电化学情况，并已在相关文献中发表了大量文献。管线钢在不同类型土壤中的电化学反应机理已基本清晰。关于感抗弧和阻抗 W 更多详细内容的介绍，有兴趣的读者可以参考其他专业书籍。

三、应用实例

采用等效电路的这种方法可以对埋地管道进行简单的建模分析，将埋地管道的腐蚀过程更加形象的展现出来。使读者对埋地管道的腐蚀过程有一个形象的认识。以下列举两个相关的应用实例。

（一）等效电路在交流干扰腐蚀分析中的应用

国外学者 Nielsen 在研究交流干扰可能对管道造成腐蚀的过程中，将土壤中的埋地管道进行了更加细致的等效电路建模，如图 2.16 所示。在管道和远方大地之间，有交流电源为管道提供交流电流，模拟管道上耦合的交流干扰电压。直流电源为管道提供直流电流，模拟管道沿线安装的阴极保护系统。在管道表面的不同位置，分别分布有不同的阳极和阴极。阳极过程主要表现为 V_{B1} 代表的电化学反应过程，阴极反应主要表现为 V_{B2} 代表的电化学反应过程，可能发生的阴极反应过程主要包括氧气去极化、氢离子去极化、水分子去极化 3 种类型。

$$V_{B1}: \text{Fe} \rightleftharpoons \text{Fe}^{2+} + 2e^-$$

$$V_{B2}: 4\text{OH}^- \rightleftharpoons 2\text{H}_2\text{O} + \text{O}_2 + 4e^-$$

$$V_{B2}: \text{H}_2 \rightleftharpoons 2\text{H}^+ + 2e^-$$

$$V_{B2}: \text{H}_2 + 2\text{OH}^- \rightleftharpoons 2\text{H}_2\text{O} + 2e^-$$

E_{01} 和 E_{02} 分别表示阳极反应和阴极反应的平衡电位。根据我们前面几节介绍的内容，在没有施加阴极保护的条件下，不同位置的电位相互耦合，最终表现为埋地管道的自然电位，其相对于各个反应本身的平衡电位都有所偏离。图中为每种反应的正反两个方向都设置了相关的电学元件，如：二极管表示反应进行的方向，分为正向和逆向两种；W_{1c} 表示 V_{B1} 反应按照阴极反应的方向发生时，由于物质扩散过程引起的扩散阻抗；W_{1a} 表示 V_{B1} 反应按照阳极反应的方向发生时，由于物质扩散过程引起的扩散阻抗；W_{2c} 表示 V_{B2} 反应按照阴极反应的方向发生时，由于物质扩散过程引起的扩散阻抗；W_{2a} 表示 V_{B2} 反应按照阳极反应的方向发生时，由于物质扩散过程引起的扩散阻抗；C_1 和 C_2 分别表示 V_{B1} 和 V_{B2} 两种反应过程中，电极表面的电容特性。R_s 表示管道对远方大地的电阻，类似于前述等效电路中的溶液电阻。

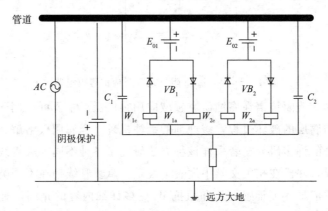

图 2.16　交流腐蚀等效电路示意图

按照 Nelson 等的理论，在交流干扰的正半周范围内，图中对应 V_{B1} 阳极反应方向的二极管导通，反应按照阳极反应的方向进行，即发生腐蚀。在交流干扰的负半周范围内，图中对应 V_{B1} 阴极反应方向的二极管导通，反应按照阴极反应的方向进行，即发生表面的沉积。V_{B2} 所对应阴极反应方向也可能同时发生。当溶解反应的总电流大小大于沉积反应的总电流大小时，管道就会产生净的金属损失，即表现为发生了交流腐蚀。虽然针对交流腐蚀的机理，许多科学家都提出了不同的机理，意见并不一致。该机理也存在一定的局限性，但这种借助等效电路来分析实际问题的思路却是值得借鉴的。

（二）交流阻抗谱在研究材料腐蚀机理方面的应用

采用交流阻抗谱和等效电路的方法，还可以用于分析材料在不同腐蚀环境中的耐蚀性能及腐蚀机理。某高强度钢在不同 pH 值及氯离子浓度溶液中的交流阻抗谱如图 2.17 所示。由图 2.17（a）可以看出，该高强度钢在 pH$=0\sim3$ 的酸性溶液中的阻抗谱由一个高频的容抗弧和一个低频的感抗弧组成，这是合金钢在强酸性介质中典型的阻抗谱。高频的容抗弧和试样表面的电子转移过程密切相关，随着 pH 值的升高，容抗弧的半径明显变大，表现为试样在相应溶液中的耐蚀性增加。低频的感抗弧主要是中间产物在试样表面的吸附造成的，这种中间产物既可能来源于铁的腐蚀，也可能来源于氢离子还原产生的氢原子。

许多学者研究并提出的 Fe 在酸性溶液中的电化学腐蚀机理可以表示为：

$$Fe + H_2O \rightleftharpoons [FeOH]_{ads} + H^+ + e^-$$

$$[FeOH]_{ads} \rightleftharpoons [FeOH]^+ + e^-$$

$$[FeOH]^+ + H^+ \rightleftharpoons Fe^{2+} + H_2O$$

析氢反应在钢铁表面的发生往往也要经历以下三个阶段：

$$Fe + H^+ \rightleftharpoons (FeH^+)_{ads}$$

$$(FeH^+)_{ads} + e^- \rightleftharpoons (FeH)_{ads}$$

$$(FeH)_{ads} + H^+ + e^- \rightleftharpoons Fe + H_2$$

上述反应过程中的中间产物 $[FeOH]_{ads}$、$(FeH^+)_{ads}$ 和 $(FeH)_{ads}$ 在试样表面的吸附都是阻抗谱中出现低频感抗弧的可能原因。

由图 2.17 (b) 可以看出，该高强度钢在 pH=4 的酸性溶液中的阻抗谱中没有低频感抗弧，而是出现了两个容抗弧。高频容抗弧对应电化学反应过程，低频容抗弧是由试样表面出现的腐蚀产物膜引起的；在 pH=4.5 和 pH=5 酸性溶液中的阻抗谱只有一个容抗弧，在低频出现的扩散弧说明钝化膜能够有效地阻止反应粒子的扩散，显著提高了材料的耐蚀性。

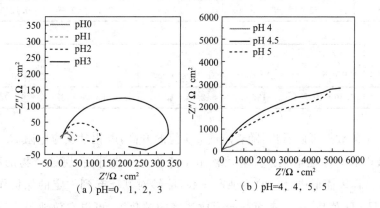

图 2.17 某钢在不同 pH（pH=0～5）的 0.5 mol/L（Na$_2$SO$_4$＋H$_2$SO$_4$）溶液中的交流阻抗谱

采用图 2.18 中的等效电路分别对图 2.17 中的交流阻抗数据进行模拟，拟合结果如表 2.9 所示。图 2.18 (a) 对应该材料在 pH=0～3 的酸性溶液中的交流阻抗谱。其中 R_s 表示溶液电阻，R_t 表示电荷转移电阻，CPE 表示试样表面形成的双电层电容，L 表示感抗，R_L 表示吸附的中间产物对电极过程的阻碍作用；图 2.18 (b) 对应该材料在 pH=4 的酸性溶液中的交流阻抗谱，图中 CPE_1 表示试样表面电化学反应的双电层电容，CPE_2 表示试样表面腐蚀产物膜对应的电容，R_c 表示腐蚀产物膜对电化学反应过程的阻碍作用；图 2.18 (c) 对应该材料在 pH=4.5～5 酸性溶液中的交流阻抗谱，C_f 表示钝化膜对应的电容，R_f 表示钝化膜对电化学反应过程的阻碍作用，W 表示钝化膜阻碍反应物扩散所引起的扩散阻抗。

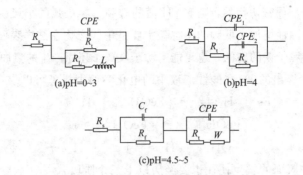

(a)pH=0~3　　　　　　　　(b)pH=4

(c)pH=4.5~5

图 2.18　拟合交流阻抗谱用到的等效电路

表 2.9　交流阻抗的拟合结果

pH	$R_s/\Omega \cdot cm^2$	$Y_0/\Omega^{-1} \cdot s^n \cdot cm^{-2}$	n	$R_t/\Omega \cdot cm^2$	$L/H \cdot cm^2$	$R_L/\Omega \cdot cm^2$
0	0.4274	6.67×10^{-4}	0.9678	32.56	639.6	144.1
1	2.45	6.48×10^{-4}	0.8877	46.9	480.5	101.6
2	3.108	5.26×10^{-4}	0.8267	120.1	1529	252.3
3	4.156	4.81×10^{-4}	0.8145	339.6	8527	828

pH	$R_s/\Omega \cdot cm^2$	$Y_{10}/\Omega^{-1} \cdot s^n \cdot cm^{-2}$	n	$R_t/\Omega \cdot cm^2$	$Y_{20}/\Omega^{-1} \cdot s^n \cdot cm^{-2}$	n	$R_c/\Omega \cdot cm^2$
4	3.128	2.75×10^{-4}	0.8651	365.1	3.11×10^{-3}	0.7243	1272

pH	$R_s/\Omega \cdot cm^2$	$C_f/F \cdot cm^{-2}$	$R_f/\Omega \cdot cm^2$	$Y_0/\Omega^{-1} \cdot s^n \cdot cm^{-2}$	n	$R_t/\Omega \cdot cm^2$	$Y_W/\Omega^{-1} \cdot s^{-0.5} \cdot cm^{-2}$
5	2.895	1.40×10^{-3}	1366	2.34×10^{-4}	0.7924	1374	1.08×10^{-3}

由表 2.9 中的数据可以看出,随着溶液 pH 值的升高,电化学反应电阻 R_t 变大,表示材料在相应溶液中的耐蚀性增强。随着溶液 pH 值的进一步升高,腐蚀产物的稳定性增加。当 pH=4 时,试样表面形成稳定的腐蚀产物膜,能够对基体起到一定的保护作用。当溶液 pH 值大于临界 pH 值后,试样表面开始形成致密的钝化膜,可以有效地阻止反应粒子的扩散,对基体起到很好的保护作用。

第五节　常见腐蚀类型

　　管道腐蚀的分类方法有很多,可以按照腐蚀机理划分,也可以按照管道所处的环境、腐蚀的形态等划分。按照腐蚀机理分,腐蚀过程主要包括化学腐蚀、电化学腐蚀和物理腐蚀。油气长输管道领域涉及较多的主要是电化学腐蚀。按照管道所处的环境分,可以分为管道外壁的大气腐蚀、埋地管道外壁的土壤腐蚀、管道内壁由于输送介质造成的腐蚀。在海底敷设的管道还会受到海水、海泥等造成的腐蚀影响。按照腐蚀形态分,腐蚀类型又可划分为全面腐蚀、局部腐蚀(如:屏蔽防腐层下的腐蚀,杂散电流干扰造成的点蚀、电偶腐蚀等)、应力腐蚀开裂、腐蚀疲劳、磨损腐蚀、冲刷腐蚀等。油气长输管道上典型的内腐蚀、外腐蚀、应力腐蚀开裂照片如图 2.19 所示。下面仅介绍长输管道中常存在的一些腐蚀及其影响因素。

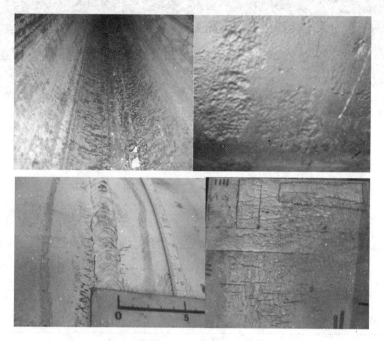

图 2.19　油气长输管道典型的腐蚀照片

一、地上管道的大气腐蚀

　　管道外壁的大气腐蚀主要针对地上管道而言,如跨越段架空管道、输油气站场内的部分地上管道等,如图 2.20 所示。管道沿线金属材质的附属设施,如测试桩、固态去耦合器外护箱、跨越段管道的金属支撑、斜拉钢筋等,也常因大气腐蚀而在表面形成锈蚀。大气环境中的水蒸气、污染性气体、微小颗粒物等是造成和加速大气腐蚀的主要因素。金属暴露在大气中,表面会形成薄液膜,氧气很溶液穿过薄液膜到达金属表面,导致金属的腐蚀。随着温度和湿度的周期性变化,大气腐蚀过程还容易受到干湿循环过程的影响,从而加速腐蚀。

　　一般认为,当空气中的相对湿度超过 80% 时,腐蚀速率会迅速上升。大气中含有的 SO_2、SO_3、氮的氧化物、盐含量等增加也会加速管道的腐蚀。针对大气腐蚀性的分类,可以按照环境构成,根据大气潮湿时间(金属表面被能导致大气腐蚀的吸附物或电解质液膜覆盖的时间,一般可用温度大于 0℃ 和相对湿度大于 80% 的时间来进行估计)和污染物(如二氧化硫、氯化物等)含量进行划分。也可以根据标准金属试样测量的腐蚀速率结果进行分类。根据环境构成对大气腐蚀性进行分级,一般可将大气腐蚀性等级分为 5 类,如表 2.10 所示。根据标准金属(碳钢、锌、铜、铝)的第一年腐蚀速率值,也可以对大气腐蚀性程度进行分级,如表 2.11 所示。

图 2.20 油气站场内的地上管道、跨越段管道

表 2.10 根据环境构成对大气腐蚀性分级

级别	腐蚀性
C1	很低
C2	低
C3	中等
C4	高
C5	很高

表 2.11 根据金属腐蚀速率确定大气腐蚀等级

等级	标准金属的腐蚀速率 r_{corr}[①②③④⑤]				
	单位	碳钢	锌	铜	铝
C1	g/(m² · a)	$r_{corr} \leqslant 10$	$r_{corr} \leqslant 0.7$	$r_{corr} \leqslant 0.9$	忽略
	μm/a	$r_{corr} \leqslant 1.3$	$r_{corr} \leqslant 0.1$	$r_{corr} \leqslant 0.1$	
C2	g/(m² · a)	$10 < r_{corr} \leqslant 200$	$0.7 < r_{corr} \leqslant 5$	$0.9 < r_{corr} \leqslant 5$	$r_{corr} \leqslant 0.6$
	μm/a	$1.3 < r_{corr} \leqslant 25$	$0.1 < r_{corr} \leqslant 0.7$	$0.1 < r_{corr} \leqslant 0.6$	—
C3	g/(m² · a)	$200 < r_{corr} \leqslant 400$	$5 < r_{corr} \leqslant 15$	$5 < r_{corr} \leqslant 12$	$0.6 < r_{corr} \leqslant 2$
	μm/a	$25 < r_{corr} \leqslant 50$	$0.7 < r_{corr} \leqslant 2.1$	$0.6 < r_{corr} \leqslant 1.3$	—
C4	g/(m² · a)	$400 < r_{corr} \leqslant 650$	$15 < r_{corr} \leqslant 30$	$12 < r_{corr} \leqslant 25$	$2 < r_{corr} \leqslant 5$
	μm/a	$50 < r_{corr} \leqslant 80$	$2.1 < r_{corr} \leqslant 4.2$	$1.3 < r_{corr} \leqslant 2.8$	—
C5	g/(m² · a)	$650 < r_{corr} \leqslant 1500$	$30 < r_{corr} \leqslant 60$	$25 < r_{corr} \leqslant 50$	$5 < r_{corr} \leqslant 10$
	μm/a	$80 < r_{corr} \leqslant 200$	$4.2 < r_{corr} \leqslant 8.4$	$2.8 < r_{corr} \leqslant 5.6$	—

① 分类标准是根据用于腐蚀性评估的标准试样腐蚀速率的确定。

② 以 g/(cm² · a) 表达的腐蚀速率已被换算为 μm/a 并且进行四舍五入。

③ 材料的说明见 GB/T 19292.4。

④ 铝经受局部腐蚀,但在表中所列的腐蚀速率是按均匀腐蚀计算得到的。最大点蚀深度是潜在破坏性的最好指示,但这个特征不能在暴晒的第一年后就用于评估。

⑤ 超过上限等级 C5 的腐蚀速率表明环境超出本标准的范围。

为防止地上管道的大气腐蚀,管道表面一般都涂覆有外涂层,且多为复合涂层结构。如:环氧富锌底漆、环氧云铁底漆、氟碳面漆、聚氨酯漆及与其配套的中间漆等。为满足工艺生产及站场可视化管理的需要,在不同工艺用途的管道上涂覆的氟碳面漆还会调制成不同的颜色。工艺管道一般为黄色面漆,放空管道一般为红色面漆,排污管道一般为黑色面漆。目前,国内对站场管道涂层方面并没有设定专门的国家或行业标准,仅有一些企业标准可供参考,如 Q/SY 1186－2009《油气田及管道站场外腐蚀控制技术规范》等。站场内地上管道的涂层保护仍是目前管道防腐工程的薄弱点,特别是针对诸如阀门等异形件的防腐施工,仍未得到有效的解决。

二、埋地管道外壁的土壤腐蚀

埋地管道外壁的土壤腐蚀是本书中阴极保护工程所涉及的重点。如第二章第一节所述,土壤是一种天然的电解质,管道在土壤中,由于表面状态的差异或各段管道所处土壤中环境因素的差异,都会形成各种宏观和微观的腐蚀电池。在管道表面的不同位置形成阳极和阴极,宏观腐蚀电池的两极间还可能相距数公里。而且土壤中的微生物和杂散电流也可能加速管道外壁的腐蚀。厌氧性硫酸盐还原菌是一种典型的微生物腐蚀菌种,可通过将硫酸盐离子还原,促进阴极去极化。在硫酸盐还原菌腐蚀的现场,土壤颜色往往发黑,且有硫化氢臭味,就是硫酸根离子的还原产物。

埋地管道的外壁腐蚀主要为电化学腐蚀。管道成分的不均匀性、组织结构的不均匀性、表面状态的不均匀性、受力状态的不均匀性等,以及环境温度的差异、环境中氧含量的差异、金属离子浓度的差异等,都会在管道表面形成腐蚀电池,造成管道外壁的电化学腐蚀。腐蚀过程是管道和环境间相互作用的结果。

管道材料方面,以 X70 钢为例,其化学成分中除含有铁外,还含有其他各类合金化元素:C 0.045％、Si 0.26％、Mn 1.48％、S 0.001％、P 0.017％、Ni 0.16％、Mo 0.23％、Nb 0.033％、Cu 0.21％。部分有害元素如 S、P 等在 X70 钢内部聚集形成夹杂,就可能形成微观腐蚀电池,甚至成为裂纹开裂的起始位置;管道在焊接过程中,焊缝位置的组织结构与管道本体往往具有明显差异,这种组织结构的差异也会形成腐蚀电池,特别是在现场补口施工不达标的条件下,焊缝与腐蚀性介质直接接触,腐蚀更易发生;管道表面膜情况也会影响腐蚀电池的形成,将一条新管道与旧管道连接时,往往新管道更易发生腐蚀,就是由于旧管道表面的腐蚀产物膜对其继续腐蚀有一定的阻碍作用,其相对于新管道表现为阴极;管道表面存在受力不均匀时(如弯头、机械划伤、凹陷等),在应力集中的位置表现为阳极,也更易发生腐蚀。

环境方面,温度、土壤含水量、含氧量、含盐量、pH 值、电阻率等都会影响环境的腐蚀性。在输油管道的加热炉附近、输气管道压缩机出口 10km 范围内的输送介质温度往往较高,也更容易发生腐蚀。

金属材料在中碱性土壤中的腐蚀主要为氧的去极化腐蚀过程,需要有氧气和水的共同参与。土壤的含水量对腐蚀过程具有双重影响。一般而言,随着土壤含水量的增加,有利于土壤中各种盐分的溶解,土壤电阻率降低,土壤腐蚀性增强。但当土壤中含水量进一步增加时,反而会使得土壤中的空隙被堵塞,透气性变差,溶解氧浓度降低,腐蚀速率反而降低。在含水量极低的情况下,如含水量在10%甚至5%以下时,不管其含盐量情况及电阻率如何,其腐蚀速率都很低;而在水饱和的情况下,氧气的扩散过程受阻也会阻碍腐蚀的发生。有研究表明,在其他条件相同的情况下,含水量在10%～25%时,腐蚀速率最高,而且在20%左右时常出现腐蚀速率的峰值。

氧气是管道在土壤中腐蚀的主要去极化剂。随着氧浓度的增加,氧在土壤中扩散速率的增加,腐蚀速率都会增加。此外,土壤中氧气浓度的差异还会形成氧浓差腐蚀电池,在氧含量较高的位置常表现为阴极,氧含量较低的位置常表现为阳极。氧浓差腐蚀电池也是造成管道出入土端腐蚀、管道穿越公路铁路两侧位置腐蚀的重要原因。氧气浓度还会影响微生物腐蚀发生的可能性,厌氧微生物(如硫酸盐还原菌等)更倾向于生活在含氧量较低的环境中。从这个角度来看,黏性较大的土壤可能比透气性好的土壤腐蚀性更强。

土壤中的含盐量也是影响腐蚀过程的重要因素。一方面,土壤中的盐分溶解到水中形成电解液,是构成腐蚀电池必不可少的。而且含盐量越高,回路电阻越低,腐蚀速率越高。另一方面,离子种类也会影响腐蚀过程。阳离子对腐蚀过程的影响一般较小,但部分阳离子(如 Mg^{2+}、Ca^{2+} 等)与阴极反应过程中生成的 OH^- 离子、土壤中的 CO_3^{2-} 离子等结合,会在管道表面形成沉积物,对管道起到部分保护作用。阴离子对腐蚀过程的影响一般较大。如 SO_4^{2-}、Cl^-、CO_3^{2-}、HCO_3^- 等都可能促进腐蚀的发生。Cl^-、SO_4^{2-} 离子含量较高时会导致管道表面的点蚀,CO_3^{2-}/HCO_3^- 溶液与管道的应力腐蚀开裂过程也有密切关系。Cl^- 是腐蚀性极强的阴离子,特强腐蚀性土壤中的 Cl^- 含量大都在0.1%以上;强腐蚀性土壤的 Cl^- 含量大都在0.01%～0.04%;中等腐蚀性土壤中的 Cl^- 含量在0.01%以下。同样地,特强腐蚀性土壤中的 SO_4^{2-} 含量大都在0.2%以上;强腐蚀性土壤的 SO_4^{2-} 含量大都在0.06%以下;中等腐蚀性土壤中的 SO_4^{2-} 含量在0.03%以下。在通常含水量条件下的弱腐蚀性土壤中的 SO_4^{2-} 含量都很低(0.003%)。与 Cl^- 和 SO_4^{2-} 相比,HCO_3^- 离子对碳钢的腐蚀性较弱,反而能够促进碳钢的钝化。

土壤pH值也会影响埋地管道的腐蚀过程,此处的pH并不是指土壤本体的pH值,而是指管道表面附近土壤对应的pH值。CO_2 在土壤中的溶解、阴极保护的实施都会改变管道表面土壤的pH值大小。我国大多数土壤的pH值在6.5～8.5之间,最低的为鹰潭土壤的4.6,最高的为大庆苏打盐土的10.3。一般来说,随着土壤pH值变小,土壤中的氢离子浓度增加,发生析氢反应的可能性增加,析氢反应的过电位降低,管道的腐蚀速率也会增加。在施加阴极保护的条件下,管道表面的阴极反应会使附近土壤的pH值升高,也是降低管道腐蚀速率的一个主要原因。

土壤电阻率是表征土壤导电能力的重要参数,它与土壤的含水量、含盐量、pH值等多项参数都有关系,因此在工程中常直接用来对土壤腐蚀性进行分级。我国范围内的土壤电阻率差异极大,最低的大港滨海盐土只有0.28 Ω·m,最高的鹰潭红壤以及一些干旱荒漠土则在 1000 Ω·m 以上。大多数区域都在 100 Ω·m 左右。土壤电阻率越低,腐蚀电池的回路电阻降低,腐蚀速率往往会增加。尤其在管道表面形成宏观腐蚀电池时,土壤电阻率的大小对腐蚀的影响更加明显。在评估阴极保护效果和交流干扰腐蚀可能性时,也需要综合考虑土壤电阻率的影响。在阴极保护的工况下,土壤电阻率低的管段往往更易接收阴极保护电流,岩石等高土壤电阻率介质反而会对阴极保护电流造成屏蔽影响。交流电流密度是目前评估交流腐蚀可能性的一个重要参数,在同等交流电压的条件下,土壤电阻率较大管段上可能产生的交流电流密度较小,交流腐蚀的可能性也比较低。

我国各地区的土壤环境差异很大,其对各类金属腐蚀速率的影响也很不相同。与表2.11 中的分类方式类似,基本可以根据碳钢的最大腐蚀速率将其划分为四个腐蚀等级。最大腐蚀速率在 $6\sim8g/(dm^2\cdot a)$ 以上的为特强腐蚀性土壤;在 $4\sim7g/(dm^2\cdot a)$ 的为强腐蚀性土壤;在 $2\sim4g/(dm^2\cdot a)$ 的为中等腐蚀性土壤;在 $2g/(dm^2\cdot a)$ 以下的为弱腐蚀性土壤。

除土壤腐蚀性造成的管道自然腐蚀外,杂散电流干扰引起的管道外壁腐蚀也日趋严重。特别是随着公共走廊的建设,埋地管道和输电线路、电气化铁路、城市内轨道交通的并行、交叉关系逐渐增加并日趋复杂。高绝缘性防腐层的广泛使用,也会使得杂散电流更可能集中在小的防腐层缺陷处集中释放,导致腐蚀速率急剧增大,在短时间内即可腐蚀穿孔。交直流干扰加速管道腐蚀的作用机理类似于电解,在杂散电流的流出处形成阳极区并发生腐蚀,在杂散电流的流入处形成阴极区。据统计,在我国运行时间较长的东北原油管道系统 2000 余公里埋地钢质管道中,投运后受到城市轨道交通、矿山运输系统所造成直流干扰的管段约为5%。管道投产后 20 余年内,共发生腐蚀穿孔事故约 40 起,其中 80% 是由直流干扰腐蚀造成的。穿越某石棉矿区的管道埋地三年后就发生了干扰腐蚀穿孔,腐蚀速率在 2.0～2.5mm/a;穿越某直流电气化铁路密集地区的管道,埋地仅半年就发生了腐蚀穿孔,腐蚀速率在 10～12mm/a。交流干扰腐蚀在近几年的检测过程中也屡见不鲜。有些管道刚刚埋地运行 1 年,表面就已经形成了深度大于 1mm 的点蚀坑。此外,交流干扰不仅腐蚀管道,对运营管理人员、测试人员的安全也会构成威胁,现行的国内外标准中一般将 15V 规定为对人体的安全电压。对于超过 15V 的交流电压,就需要在测试过程中采取额外的保护措施。

三、油气长输管道的内壁腐蚀

内壁腐蚀也是油气长输管道常见的一种腐蚀类型。油气长输管道内的积水及微量的二氧化碳、硫化氢是主要的腐蚀性介质,其含量越高,管道内壁的腐蚀往往越严重。管道内壁积水的位置往往最易发生腐蚀。而积水的位置与管道的走向、高程变化有密切关系。国内外关于油气长输管道内腐蚀直接评价的标准(如:NACE SP0206、NACE SP0208、NACE SP0110、SY/T 0087.2 等)在进行油气长输管道的内腐蚀评价时,都是结合管道高程数据,利用多相流软件计算最可能出现积水的管段位置,在开挖后对该位置的内腐蚀情况进行检测和评估。

管道内输送的介质可能包含气、水、烃、固等多种不同的相,是一种多相流。由于流动方向的改变和各相流速的差异,不同相在管内的分布和结构特征不同,表现为不同的流型。其中,油品中的水包括游离水和乳化水两种,在常温下用简单的沉降法短时间内就能从油中分离出来的称为游离水。很难用沉降法从油中分离的称为乳化水。单以气液两相流在管内的分布和结构特征来看,目前比较公认的水平管流型就包括气泡流、塞状流、分层流、波状流、冲击流、环状流 6 种。气泡流是指气体以气泡形式聚集在管子上部,以与液体相等或略低于液体的速度向前运动;塞状流是指小气泡合并成大气团,在管路上部同液体交替地流动,气团间的液体内还存在一些小的气泡;分层流是指气液均为单独的连续相,两相之间具有明显的界面;波状流是指当气体流速增高时,在气液两相界面上形成与前进方向相反的波浪;气体流速进一步增加时,波浪加剧,高达管顶的波峰形成液塞,阻碍气流的通过;当气体流速增加到可以携带液滴,并以较高流速在紧挨管壁的环状液层中心通过时,形成环状流。不同的流型变化对管道内腐蚀介质的分布产生影响,也会影响腐蚀过程的发生。严重的多相流腐蚀往往发生在管道内壁的某些特定位置。

多相流的冲刷也会使腐蚀过程更加复杂。在电化学腐蚀和冲刷磨损的协同作用下,对管道内壁造成的破坏往往比单纯的腐蚀或单纯的磨损都要大得多,而且腐蚀过程可能涉及流体力学、材料力学、流体中各相的自身性质等多方面的影响。一方面,多相流体流动的力学作用会导致金属材料的损失和减薄;另一方面,流动过程还可以促进腐蚀电池的传质过程,使反应介质或腐蚀产物更快地到达或离开金属表面,加速电化学腐蚀的过程。冲刷过程对金属表面腐蚀产物膜的破坏,也会促使金属表面加速腐蚀。

含有湿的二氧化碳或/和硫化氢的油气通常称为酸性油气,也会加速管材的腐蚀。二氧化碳腐蚀是石油工业中的一种主要腐蚀形式,也称为甜气腐蚀,其导致的失效在石油工业所有腐蚀类型中约占 28%,尤其在油井、油田集输管线中较为常见。一般来说,干燥的二氧化碳对碳钢的腐蚀性极为轻微。当二氧化碳溶于水中,形成碳酸后,则会造成管材的局部点蚀、癣状腐蚀和台地状腐蚀。同样地,硫化氢溶解到水中,使水溶液呈酸性,也会加速腐蚀。阴极反应过程中生成的氢原子扩散到管材内部,还可能诱发氢致开裂等失效形式。因此,油气井开采出来的原油、天然气等都需要经过一定的净化处理,进行脱水、脱二氧化碳、脱硫化氢等处理后,才能够进入油气长输管道进行输送。对出矿原油和天然气技术要求的一些参考性指标,如表 2.12 和表 2.13 所示。

表 2.12　出矿原油技术要求

项目	原油类别		
	石蜡基 石蜡-混合基	混合基 混合-石蜡基 混合-环烷基	环烷基 环烷-混合基
水含量(质量分数)/% 不大于	0.5	1.0	2.0
盐含量/(mg/L)	实测		
饱和蒸汽压/kPa	在储存温度下低于油田当地大气压		

表 2.13　天然气技术要求

项目		质量指标			
		Ⅰ	Ⅱ	Ⅲ	Ⅳ
高位发热值/ (MJ/m³)	A组	>31.4			
	B组	14.65～31.4			
总硫(以硫计)含量/(mg/m³)		≤150	≤270	≤480	>480
硫化氢含量/(mg/m³)		≤6	≤20	实测	实测
二氧化碳含量(体积分数)/%		≤3		—	
水分		无游离水			

随着近年来新型能源和煤化工技术的发展,对环境污染较大的传统能源被替代的趋势越来越明显。全世界范围内许多国家和地区,都在尝试采用现有的油气长输管网,开发天然气与氢气或天然气与煤制气的混输工艺。2014 年,全球的风能装机总容量已经达到369.55GW。但风能利用效率受天气制约明显,储存也较困难。许多国家都在尝试利用风能电解水生成氢气,将氢气作为能源载体在管道中进行传输,以提高风能的利用率。利用现有的天然气管网输送氢气等新能源载体,可以带来极大的经济和社会效益。据估算,与新安装专门用于输送氢气的管道相比,基于原有天然气管道采用的混合输送工艺,最高可以节约68%的投资。但这种混输工艺也会带来很多问题和挑战,其中一个主要的问题就是引入氢气后,由于氢渗透造成管材性能的劣化。许多专家学者分析了利用现有天然气管道输送氢气时存在的问题,指出管道线路的主要问题就是氢脆。以 X80 管线钢为例,其在纯氮气氛围中进行拉伸实验时,断面收缩率为 77.8%。但随着气氛中氢气含量的增加,断面收缩率明显降低。当氢气的体积分数达到 20% 时,断面收缩率仅为 65.4%。而且拉伸断口形貌发生了由韧性断裂到准解理式脆性断裂的明显转变。因此,在对已建天然气管道添加氢气进行混合输送前,都需要对管道的材质、运行工况进行适应性分析,以确保管道在服役期间的安全可靠性。

四、油气长输管道的外壁应力腐蚀开裂

油气长输管道的输送环境常具有高温高压的特点,而且管道本身处于复杂的应力状态。在应力和腐蚀环境的共同作用下,应力腐蚀开裂也是管道常见的一种失效形式,在美国和加拿大发生过多起类似事故。20 世纪 60 年代末,美国路易斯安那州一运行 20 年的输气管道上第一次发现了应力腐蚀开裂(SCC),断裂类型为沿晶断裂,属高 pH 值的 SCC。自此,以美国、加拿大为主的世界各研究机构针对 SCC 发生的原因、影响因素等进行了大量研究。至 20 世纪 70 年代,关于高 pH 值环境下 SCC 机理的研究已趋成熟。20 世纪 80 年代,加拿大 TransCanada 公司所属管线上第一次出现穿晶型的 SCC 事故,加拿大国家能源局为此曾开展了两次听证会,在随后调查过程中形成了"加拿大应力腐蚀开裂调查报告"等经典文献。有数据报道,截至 1996 年,美国输气管道失效事故中有 1.5% 是由于 SCC 造成的。比例虽

低,但 SCC 一旦发生,往往造成灾难性的后果。

根据现有理论,SCC 可分为高 pH 值(pH=9)SCC 和近中性(6<pH<8)SCC 两种。宏观上,两种 SCC 裂纹具有共同的特点:管道外壁的微裂纹多以团簇形式出现,同一区域的微裂纹可达数百条;裂纹方向多为轴向,高 pH 值 SCC 裂纹多分支;微裂纹扩展联合后形成长裂纹,裂纹长度达到临界值后,管道发生失稳断裂。两种 SCC 裂纹的差别在于:高 pH 值 SCC 裂纹侧面往往没有腐蚀现象,而近中性 pH 值 SCC 裂纹侧面多腐蚀现象。图 2.21 所示为 2013 年加拿大某公司在其所属管道上发现的近中性 SCC 裂纹,裂纹萌生于 MnS 夹杂处,裂纹方向为轴向。

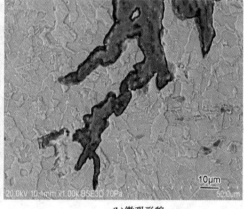

(a)宏观形貌   (b)微观形貌

图 2.21 应力腐蚀裂纹形貌

含 SCC 裂纹管道的生命周期具有明显的"浴盆曲线"特征,如图 2.22 所示。从裂纹的萌生、稳定扩展到失稳扩展,可以分为四个典型阶段:

阶段 1:在剥离涂层下形成裂纹萌生所需的特定电解质环境。高 pH 值 SCC 裂纹形成的典型环境为高 pH 值的浓 CO_3^{2-}/HCO_3^- 溶液;近中性 pH 值 SCC 裂纹形成的典型环境为近中性的稀 CO_2 溶液。具体的形成过程将在后面进行详细阐述。

阶段 2:裂纹的萌生阶段。在应力和腐蚀环境的共同作用下,敏感管道的外表面会在短时间内集中形成团簇状的微裂纹。

阶段 3:裂纹的稳定扩展阶段。在应力和腐蚀环境的作用下,微裂纹不断萌生、扩展和联合。在该阶段,细长的裂纹更容易扩展和联合,对管道完整性的威胁也更大。轴向尺寸和周向尺寸接近的裂纹多处于静止的状态,不易扩展和联合。

阶段 4:裂纹的失稳扩展阶段。在应力和腐蚀环境的作用下,大裂纹相互联合。当裂纹尖端的应力强度因子超过材料的断裂韧性后,裂纹失稳扩展导致管道失效。

SCC 的发生需要同时满足敏感材料、拉应力和特征腐蚀环境 3 个条件,缺一不可。确定 SCC 的产生条件,将有助于筛选 SCC 可能产生的敏感区域进行重点监测。

敏感材料方面,总结以往的 SCC 事故可以发现:在多种管径(114~1067mm)、多种壁厚(3~9mm)的不同等级钢材(X35~X70)上都发生过 SCC。加拿大国家能源管道协会曾资助

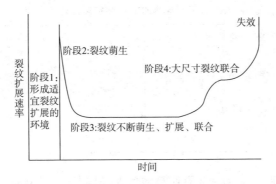

图 2.22 应力腐蚀裂纹扩展的"浴盆曲线"

的一个项目,研究了近中性 SCC 与材料之间的关系。通过对大量失效管道的研究发现,SCC 裂纹密集区域的残余应力、微观硬度和表面粗糙度,都和其他位置有明显的区别。SCC 裂纹多萌生于管道的外表面,而且裂纹的萌生主要取决于工作应力与屈服应力的比值。因此,材料的屈服强度和表面状态是两个重要因素。管道屈服强度高,抵抗局部塑性变形的能力强,裂纹更不易萌生。管道表面存在氧化皮时,SCC 敏感性增加;管道表面经过喷丸处理后,SCC 敏感性降低。材料组织的均匀性也会影响 SCC 裂纹的萌生。Surkov 的研究发现,非金属夹杂会明显影响 SCC 裂纹的萌生,前面提到的 NOVA 公司发现的 SCC 裂纹就是在 MnS 夹杂处形核长大的。Beavers 针对 TCPL 公司运营管道的研究表明,在焊缝附近的热影响区内,晶粒粗大,更容易发生 SCC。裂纹在焊缝热影响区的扩展速度也要比其他区域高 30%。

应力方面,管道 SCC 的应力来源包括:管线内压引起的周向应力、管线的局部弯曲或轴向拉伸所产生的次生应力、残余应力和应力集中等。影响 SCC 裂纹萌生和扩展的因素包括:应力大小和应力波动程度。一般认为,存在一个应力的临界值 σ_{th},只有当应力超过 σ_{th} 时,SCC 才会发生。而且随着应力水平的增加,裂纹由萌生到失效断裂的时间越短。以 TCPL 公司在 1996 年前发现的 7 例在役管道的 SCC 事故为例,内压产生的平均周向应力均大于管材屈服强度的 70%。而且随着周向应力的增加,SCC 裂纹明显增加:周向应力为 75% 的管材屈服强度时,每公里存在 14 处 SCC 裂纹的密集区;周向应力为 67% 的管材屈服强度时,每公里仅存在 0.5 处 SCC 裂纹的密集区。这 7 次 SCC 事故的平均应力水平为 70% 的管材屈服强度,平均裂纹扩展速度 $2×10^{-8}$ mm/s。应力波动程度也会影响 SCC 裂纹的萌生和扩展,针对同一材料在同一介质中,当应力波动系数 $R=0.5$ 时,SCC 的临界应力 σ_{th} 值仅为屈服强度的 69%;当应力波动系数 $R=0.85$ 时,SCC 的临界应力 σ_{th} 值为屈服强度的 72%。

腐蚀环境方面,SCC 多发生在剥离涂层下的特定腐蚀环境中。除单层 FBE 防腐层外,聚乙烯、聚氯乙烯胶带、煤焦油瓷漆和沥青类涂层下均发生过 SCC。一方面是由于 FBE 涂层具有很好的电流透过性;另一方面可能是与 FBE 涂层目前实际的应用年限还比较短有关。截止目前为止,SCC 的发生与土壤中化合物的种类、含量间并没有发现明确的对应关系。但在排水差、含厌氧细菌、土壤电阻率高(易于屏蔽阴极保护电流)的地方 SCC 更易发生。表 2.14 给出了两种 SCC 的特征腐蚀环境。

表 2.14　两种 SCC 的特征腐蚀环境

高 pH SCC	近中性 SCC
pH>9； 浓的 CO_3^{2-}/HCO_3^- 溶液； 敏感电位区间：$-0.67\sim-0.82V_{CSE}$（随温度变化）； 对温度敏感	6<pH<8； CO_2 的稀溶液； 敏感电位区间：$-0.76\sim-0.79V_{CSE}$； 对温度不敏感

　　两种 SCC 的特征腐蚀环境之间有明显的差别，但都是从管道周围实际的土壤环境发展演变而来的。近中性 pH 值 SCC 环境与周围土壤环境的差别较小，由土壤中的 CO_2 溶解到剥离涂层下的土壤溶液中形成，剥离涂层对阴极保护电流的屏蔽作用将溶液的 pH 值维持在近中性范围内；高 pH 值 SCC 环境与周围土壤环境的差别较大，其形成机理主要包括阴极保护浓化和蒸发浓化两种。加拿大 NOVA 研究中心针对剥离涂层下高 pH 值 SCC 环境的形成机理进行了研究，分析了特征腐蚀环境产生的过程。针对阴极保护浓化机理，在实验室采用图 2.23 的装置进行了模拟。采用两个电解池，电解池之间为现场取得的剥离涂层样品制成的渗透膜，对管道试片进行恒电流极化并测试模拟溶液成分和 pH 值的变化。阴极保护电流透过剥离涂层后，使管道一侧溶液的 pH 值升高，CO_2 溶解到溶液中后形成浓 CO_3^{2-}/HCO_3^- 溶液。但实验得到的 pH 值比现场数据更偏碱性，研究者采用实际阴极

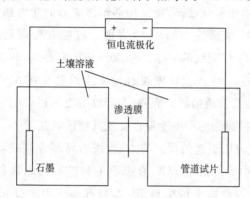

图 2.23 阴极保护浓化机理的实验室模拟装置

保护水平的季节性差异进行了解释。夏季土壤干燥，能够到达管道表面的阴极保护电流变小。浓度差异导致离子扩散，剥离涂层下溶液的 pH 值变小，当降落到 SCC 的敏感区间范围内，就会发生 SCC。因此，埋设在出现季节性干旱环境中的管道，更容易发生 SCC。

　　针对蒸发浓化的机理主要采用计算机进行了模拟，气相中的 CO_2 浓度会影响溶液的 pH 值。尤其在管壁温度较高的位置，如压缩机下游 16km 范围内，水分的蒸发导致溶液的浓化，也会通过下列反应使 pH 值升高。

$$CO_3^{2-}+H^+\longrightarrow HCO_3^-$$
$$HCO_3^-+H^+\longrightarrow H_2CO_3$$
$$H_2CO_3\longrightarrow CO_2+H_2O$$

　　为减少应力腐蚀开裂对管道可能造成的危害，在阴极保护方面应严格控制保护电位，慎用 100mV 极化准则，避免管道电位位于应力腐蚀开裂发生的敏感电位区间范围内。此外，美国机械工程师协会（ASME）和美国腐蚀工程师协会（NACE）还专门制定了筛选应力腐蚀开裂敏感管段的相关准则，制定了应力腐蚀开裂直接评价的相关标准。当下列条件同时满

足时,该段管道即为 SCC 敏感区域。

①管道工作应力大于 60％的管材屈服强度;

②管道工作温度＞38℃;

③管道位于压缩机下游 20km 范围内;

④管道运行年限不少于 10 年;

⑤管道外防腐层类型不是 FBE 防腐层。

在应力腐蚀开裂裂纹的检测方面,国内外也进行了很多尝试。目前 SCC 裂纹的检测主要有水静压实验、SCC 直接评价(SCCDA)和内检测 3 种检测方法。水静压实验需要停输进行,而且实验具有破坏性,发现的 SCC 裂纹扩展破坏后只能进行换管处理;NACE 已经形成了 SCCDA 检测的标准四步法程序,通过开挖能够实现对管壁的直观检测,但对开挖点的选择需要对各影响因素进行深入分析,选择不准确可能造成资源的浪费,目前主要作为内检测结果的开挖验证手段使用;国外在裂纹的内检测方面做了大量工作,目前得到广泛应用的主要为超声波内检测器。按照传感器类别,超声波内检测器可以分为 3 类:piezoelectric 传感器、电磁超声波传感器和激光耦合超声波传感器(laser-coupled)。piezoelectric 传感器在气线中使用时需要引入液体耦合剂,EMAT 和激光耦合超声波传感器均不需要液体耦合剂,但激光耦合超声波传感器更容易受到管壁表面状态的影响。但有关超声波内检测器在裂纹检出能力、现场适用性方面,仍有待进一步的发展。

参考文献

[1]曹楚南. 腐蚀电化学原理. 北京:化学工业出版社,2008

[2]曹楚南,张鉴清. 电化学阻抗谱导论. 北京:科学出版社,2002

[3][美]A. W. 皮博迪,R. L. 比安切蒂. 管线腐蚀控制. 吴建华,许立坤 译. 北京:化学工业出版社,2004

[4]杨德均,沈卓身 主编. 金属腐蚀学. 北京:冶金工业出版社,1999

[5]严大凡,张劲军 编. 油气储运工程. 北京:中国石化出版社,2013

[6]陈敬和,何悟忠,李绍忠. 抚顺地区管道直流杂散电流干扰腐蚀及防护的探讨. 管道技术与设备,1999,(6):13—16

[7]Y. B. Hu, C. F. Dong, M. Sun, et. al. Effects of solution pH and Cl$^-$ on electrochemical behaviour of an Aermet100 ultra — high strength steel in acidic environments. Corrosion Science,2011,53: 4159—4165

[8]Bo Meng, Chaohua Gu, Lin Zhang, et. al. Hydrogen effects on X80 pipeline steel in high pressure natural gas/hydrogen mixtures. International Journal of Hydrogen Energy,2016,http://dx. doi. org/10. 1016/j. ijhydene. 2016. 05. 145

[9]NACE TG327, AC corrosion state—of—the—art: corrosion rate, mechanism, and mitigation requirements,NACE,2010.

[10]L. V. Nielsen, P. Cohn, AC corrosion and electrical equivalent diagrams, 5th International Congress

(CEOCOR)，2000，Bruxelles

［11］David L. Culbertson. Use of intelligent pigs to detect stress corrosion cracking in gas pipelines，NACE annual corrosion conference in 2013，NACE，2013，Houston

［12］Jeffrey Xie，Katy Yazdanfar，Katherine Ikeda. Unusual corrosion and stress corrosion cracking on a pipeline，NACE annual corrosion conference in 2013，NACE，2013，Houston

［13］J. A. Beavers，J. T. Johnson，R. L. Sutherby. Materials factors influencing the initiation of near－neutral pH SCC on underground pipelines，4th International Pipeline Conference Proceedings，ASME，2000，New York

［14］J. A. Beavers，C. L. Durr，S. S. Shademan. Mechanistic studies of near－neutral pH SCC on underground pipelines，Proceedings of the 37th International Symposium on Materials for Resource Recovery and Transport，CIM，1998，Montreal

［15］T. R. Jack，B. Erno，K. Krist，et. al. Generation of near－neutral pH and high pH SCC environment on buried pipelines，NACE annual corrosion conference in 2000，NACE，2000，Houston

［16］Parkins R. N.. A review of stress corrosion cracking of high pressure gas pipelines，NACE annual corrosion conference in 2000，NACE，2000，Houston

［17］GB/T 21447—2008 钢质管道外腐蚀控制规范

［18］Q/SY 1186—2009 油气田及管道站场外腐蚀控制技术规范

［19］GB/T19292.1—2003 金属和合金的腐蚀 大气腐蚀性分类

［20］SY/T 0087.2 钢质管道及储罐腐蚀评价标准－埋地钢质管道内腐蚀直接评价

［21］ISO 15589－1－2015 Petroleum，petrochemical and natural gas industries－cathodic protection of pipeline systems－part 1：on－land pipelines

［22］NACE SP0206－2006 Internal Corrosion Direct Assessment Methodology for Pipelines Carrying Normally Dry Natural Gas

［23］NACE SP0208－2008 Internal Corrosion Direct Assessment Methodology for Liquid Petroleum Pipelines

［24］NACE SP0110－2010 Wet Gas Internal Corrosion Direct Assessment Methodology for Pipelines

［25］ASME B31.8S－2001 Managing system integrity of gas pipelines

［26］NACE SP0204－2008 Stress corrosion cracking（SCC）direct assessment methodology

第三章　油气长输管道及其腐蚀特点

  油气储运是石油工业中一项特定的系统工程,是指石油和天然气的储存与运输。其中,油主要包括原油、成品油,气主要指天然气。但随着新技术、新能源的发展,煤制气、氢气等新型能源形式也可能通过油气长输管道进行运输,从而丰富了气所代表的含义。在石油工业内部,油气储运是连接勘探生产、炼化、销售等各环节的纽带。狭义上的油气储运系统主要是指由专业管道公司运营的油气长输管道及油罐、储气库等储存设施。广义上的油气储运系统除此之外,还应包括油田采集矿场的油气集输及处理管道、各转运枢纽的储存和装卸设施、管道沿线或运输终点的油库、炼油厂和石化厂内部的油气输送管道、储存设施等。

  管道是目前将油气进行长距离输送的主要形式,其作为运输工具的历史,最早可以追溯到公元 221～263 年的蜀汉时期,我国四川、重庆地区就有采用楠竹管道输送卤水来制盐的记载,到 17 世纪就开始用楠竹输送气体。原油管道的输送历史则最早起源于美国,1859 年 8 月美国打出了第一口油井,1865 年 10 月修建了第一条管径 50mm、长 9756m 的管道,把开采出来的原油从油田输送到火车站。随着制管技术和焊接技术的发展,油气管道在 20 世纪初得到了初步发展,并已初具规模。在第二次世界大战后的 50 年代中到 60 年代末,随着各国经济的恢复及工业化发展速度的加快,石油天然气工业发展迅猛,各国对油气能源的依赖程度日益加大,油气管道建设得到飞速发展。战后 50 年全世界已建油气长输管道 166 万公里。其中,美国在其管道发展的最高峰的 1960 年,一年就建成了 22600km 的输气管道。我国的油气长输管道建设大概开始于 20 世纪 50 年代,在 1958 年建设了第一条长距离输油管道,1963 年建设了第一条长距离输气管道。随后管道行业发展迅速,预计到"十三五"末,我国将建成投产约 16×10^4 km 的油气长输管道,形成中俄、中亚、中缅、海上 LNG 等四大主要的油气进口通道,并保证足够规模的储备量。

  油气长输管道及其附属设施自采用之初就一直受到腐蚀问题的困扰,各国的专家学者也都进行了大量的研究。内腐蚀造成的失效事故约占 1.6%。此外,在国家推进海洋资源开发的背景下,海底管道腐蚀的研究也愈发重要。截至目前,各管道运营公司也采用了大量腐蚀相关的监检测技术手段,以保证油气长输管道的安全可靠运行。但在部分微观缺陷,如应力腐蚀开裂裂纹的检测方面仍有不足,微生物腐蚀等特殊腐蚀类型的机理也尚不清楚,都需要进一步的研究。

  本章第一节介绍油气长输管道的分类,主要从输送介质上将其分为天然气管道、原油管道及成品油管道。三类管道的站外干线部分并无太大区别,站内部分的工艺设计、设备、规模、温度分布等差异较大,对腐蚀过程及阴极保护的应用效果也有部分影响。第二节主要介绍油气长输管道的构成,主要包括管道及其附属设施(如:防腐层、阴极保护站、排流系统、阀室、不同类型的站场等)的构成。第三节介绍现有管道构成中可能形成的腐蚀电池,影响腐蚀发生的主要因素和特点。

第一节　油气长输管道的分类

按照管道长度和经营方式的差异,油气管道常可分为企业内部管道和油气长输管道两类。企业内部的管道主要包括油田内部连接油井与计量站、联合站的集输管道,炼油厂及油库内部的管道等,其长度一般较短,而且不设独立的经营系统,由企业内部单独设置的管理部门组织运营和维护。油气长输管道则是指将油气田的原油输送至炼油厂、码头或铁路转运站,将炼油厂的成品油输送至各销售终端、油库的管道,其管径一般较大,管径范围在200~1220mm。管道长度一般可达几百甚至数千公里。管道沿线还设有各种辅助和配套工程,并由专门的管道运营企业独立组织运营。随着油气资源的开发逐渐向海洋扩展,从敷设位置看,油气输送管道也已不仅局限于陆上管道,还包括连接各海上井口平台以及输送油气到油轮、陆上终端处理站的海底管道。

按照输送介质的不同,油气长输管道可以分为输油管道、输气管道、LNG管道等多种类型;按照输送油品的种类,输油管道还可以划分为原油管道和成品油管道。成品油油品种类较多,其输送工艺也比原油要更加复杂。为了提高管道利用率和输送效率,大型的成品油输送系统往往是面向多个炼厂和多个用户,在管道沿线的多点输入和输出油品,输送油品种类、批量也有较大变化。因此,成品油的输送常采用多种油品在管道中顺序输送的工艺方式,在同一管道内,按一定顺序连续地输送几种不同的油品。由于经常周期性地变化输油品种,在成品油顺序输送管道的首站和末站往往要建造较多的油罐,以调节供油、输油与用油之间的不平衡,并针对不同油品之间的混油过程建立完善的控制、检测、调节和处理工艺。

输气管道的输送介质是以天然气为代表的各种燃气,为了提供新能源的利用率,氢气、煤制气也常需要通过现有的天然气管网进行输送。一个完整的天然气供气系统通常由油气田矿场集输管网、天然气净化处理厂、长距离干线输气管道或管网、城市输配气管网、储气库(地下储气库或地面储罐)等几个子系统构成,这些子系统分工不同,但又相互连接成一个统一的系统。油气田采集的天然气气质不同,可能含有较多的二氧化碳、硫化氢等腐蚀性气体。为了保证输气管道线路、设备及天然气用户的用气设施安全、可靠运行,同时使天然气的燃烧产物满足环保要求,对进入干线输气管道的天然气气质往往都有较高的要求。一般都要求水蒸气、重烃组分、硫化氢、有机硫、总硫、二氧化碳的含量尽可能低,并且尽可能将固体和液体杂质清除干净。油气田矿场集输管网主要用于连接各气井与天然气净化处理厂。长距离干线输气管道的任务是把经脱硫净化处理的天然气输送到城市门站、大型工业用户或储气库。城市输配气管网主要由各城市所属的燃气集团负责运营,将城市门站的天然气分输到市内的各个用气终端。

在某些特定条件下,管道运输天然气并不是最经济的方式,以液化天然气(LNG)形式进行天然气储运可能比气态天然气更经济。天然气经净化处理(脱除二氧化碳、硫化氢、重烃、水等杂质)后,在常压下深冷至$-162℃$,就可以由气态转变为液化天然气,其密度约为气态的600倍。据估算,在年输气量为$100\times10^8 Nm^3$的前提下,当陆上管道输送距离超过4000km、或海底管道输送距离超过2000km时,利用LNG运输船运输同样距离所需要的成本(包括天然气液化和再气化的成本)将低于管道运输成本。因此,天然气的远距离跨洋运输通常都是以液态形式完成的,所采用的运输工具主要是专用的大型LNG运输船。但以LNG作为供气系统的气源时,在其进入干线输气管道或城市输配气管网之前还需要采用再气化装置将其重新气化。LNG气化站凭借其建设周期短以及能迅速满足用气市场需求的优势,已逐渐在我国东南沿海众多经济发达、能源紧缺的中小城市建成,成为永久供气设施或管输天然气到达前的过渡供气设施,相关供气技术也在不断发展和完善。

第二节 油气长输管道的构成

油气长输管道系统一般由干线管段、首站、中间站、末站、清管站、干线截断阀室、线路上各种障碍(水域、铁路、地质障碍等)的穿跨越段等部分组成。根据现场实际情况的不同,其实际结构和输送流程也略有差异,不一定包括所有的部分。部分站场也采用合建的方式,兼具多项功能。按照其在整个系统中的所属区域划分,油气长输管道系统主要由站场和干线线路两大部分构成。按照其功能不同,站场主要包括输油泵站、输油加热站、天然气分输站、压气站、LNG气化站等多种类型。可实现的功能包括加压、加热、分输、计量、气化等。为调节输量、倒换流程、应对突发事故,输油站场内往往还设有储油罐、泄压罐、污油罐等各类储罐设施。线路部分位于各输送站场之间,包括沿线的管道及其附属设施。为保证管道安全、可靠运行,对管道运行过程进行实时监测、控制和远动操作,管道沿线多设有由通信系统(伴行光缆)与仪表自动化系统共同构成的SCADA系统,可以对管道运行参数进行全方位的监测。

一、站场部分

(一)输油站场

输油站内的各类生产设施众多,属于高危、易燃易爆场所,而且国内大都为有人值守站。为了在安全的前提下保证正常生产过程,国内外都制定了相关的标准,针对站场内各类设施的平面布置进行了详细的规定。一般来说,输油站主要包括生产区和生活区两部分。生产区内又可分为主要作业区与辅助作业区。其中,主要作业区包括:输油泵区、加热炉区、油罐区、阀组区、清管区、计量间、站控室等。辅助作业区包括:供电系统、输油管道的自控与生产调度及日常运行管理等所需的通讯系统、供热系统、供/排水系统、消防系统、机修间、油品化验室、办公室等。生活区主要为驻站员工的宿舍、食堂、文体活动设施等,往往为单独建筑,并与生产区隔开一段距离。

输油站场的主要功能是给油品加压、加热，或进行收油和转油操作。在首站、末站及具有分输功能的站场往往还设置有单独的计量功能。油品在输送工程中，由于摩擦、地形高差等原因，油品压力会不断下降，就需要在中途设置中间输油泵站，给油品增压，提高输送能量。对于凝点及黏度较高的原油或重质燃料油，为了提高其流动性，也还常需要进行加热输送。各输油泵站之间的连接方式主要有两种方式：旁接储罐的输送方式、密闭输送方式。旁接储罐的输送方式是指上站来的输油干线与下站输油泵的吸入管线相连的同时，并联着一个旁接罐。旁接罐可以起到调节两站间输量差额的作用。密闭输送方式也称为泵到泵的输送方式，是指上站来油管线直接与下站输油泵的吸入管线相连，全线构成一个密闭、统一的水力系统，输送效率高且更便于统一管理。随着近年来自动化控制和保护措施的发展，实际生产过程中应用较广泛的主要为密闭输送方式。

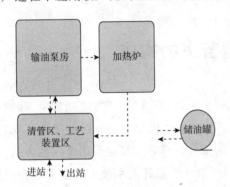

图 3.1　典型的原油热泵站场生产区布置示意图

图 3.1 所示是一个典型的热泵站场生产区部分布置示意图，原油进站后经过进站阀组区，经加热炉加热、输油泵加压后，返回出站阀组区，并输送至出站管道。为调节输量、保证输送安全，站内还设有 1 座单独的储油罐，储油罐与站内各工艺设备之间均有埋地管线连接，以实现原油的储存和泄放。

输油泵是原油和成品油泵站的核心设备，输油泵的作用主要是给油品加压，为其流动提供动力。目前常用的输油泵主要为离心泵，其结构如图 3.2 所示。离心泵具有排量大、运行平稳、易于维修等优点，在油气长输管道上得到了广泛的应用。

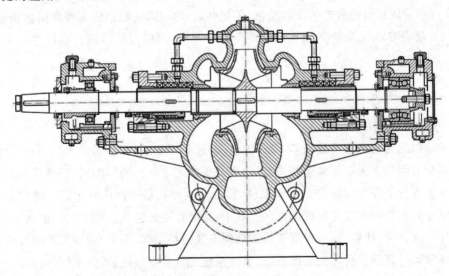

图 3.2　离心泵的内部结构示意图

输油泵安装在站内搭建的输油泵房内,往往设有多台输油泵机组及其配套的供电和控制装置,主要用于给油品加压。根据相关的工艺条件,各输油泵机组之间的连接可采用串联方式,也可采用并联方式。给油泵安装在罐区和生产区之间,由罐区向输油泵供油,以满足其正压进泵的要求。一种典型的加压输送工艺流程如图3.3所示,原油泵站内加热炉、换热器的来油经输油泵加压后可直接出站输送到站外管道。输油泵及其部分附属设施多为地上布置,连接各输油泵之间的汇管、输油泵与工艺区其他设备之间的少量连接管道,则多采用埋地敷设的方式。

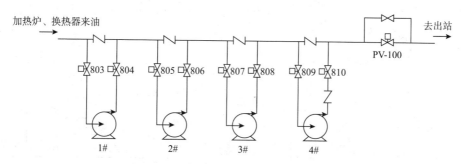

图 3.3　输油泵区加压输送工艺流程图

加热炉也是原油、成品油输送站场的常用设备。特别在高黏度原油的输送过程中,为了提高其流动性,在管道沿线的部分站场内往往需要设置专门的加热系统。按油流是否通过加热炉炉管,还可以将站场内的加热系统分为直接加热炉和热媒加热炉两种类型。直接加热炉的加热方式是在油流通过加热炉炉管的过程中,直接将热量输送给需要加热的介质。热媒加热炉是一种间接加热方式,油流并不直接通过加热炉炉管,而是将导热硅油等热媒介质通过间接加热炉升温后,再在换热器中将能量转移给需加热的介质。图3.4所示是某原油输送站场热媒加热炉相关的工艺流程图。加热输送油品的温度较高,对管道的腐蚀也会更加严重。而且为了提高能量的利用效率,管道外部也常设有伴热系统和保温层。保温层下的腐蚀则是该类管段的一种常见腐蚀形式,而且保温层浸出液中的腐蚀性离子也可能加速腐蚀的发生。在长输管道的工艺设计中,输油泵和加热炉也可以设计安装在同一个站场内,并合称为热泵站。

油罐也是输油站场内的常见设备,常安装在站场内单独设置的油罐区。在输油管道的首、末站及中间站都可能设计有油罐。其中,首、末站的油罐主要用于调节来油、收油与管道输量的不均衡,所需的罐容量往往较大。中间站设置的旁接油罐主要适用于"旁接油罐"方式的原油输送工艺,用以平衡进出站的输量差。在采用密闭工艺输送的中间站内,则设置有供水击泄放用的小容量泄压罐。在具有过滤、分离功能的部分输油站场,往往还设有地上或埋地的污油罐,用以接收各设备分离到排污管线的污油。储罐与站内其他工艺区的连接主要通过各类不同管径的地上或埋地管线来实现。在储罐材质方面,目前我国应用最多的主要为立式圆筒形钢质储罐,包括拱顶罐、浮顶罐、内浮顶罐等多种类型,罐体和罐底板均由钢板焊接而成。灌顶可分为固定的球形顶和可在罐内液面上浮动的浮顶两种。浮顶罐的浮顶

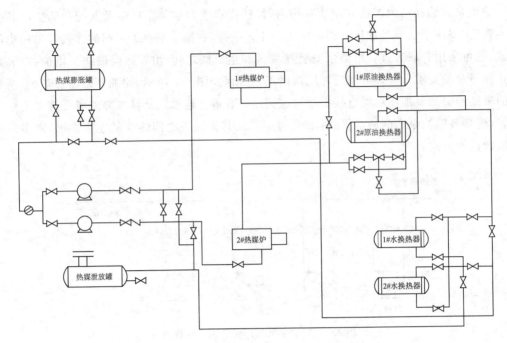

图 3.4　热媒炉加热输送的工艺流程图

由浮盘和密封装置组成,可以极大地减少油料蒸发损耗及对大气的污染,降低储罐火灾的危险性,更适合于建造大型储罐。为了保证储罐的生产安全,储罐周围还常设有一系列的附件及附属设施,如:进出油结合管、呼吸阀、量油孔、放水孔、梯子平台、人孔、阻火器、空气泡沫产生器、储罐冷却水喷淋系统、消防系统等。

　　油气长输管道站场往往具有不同的输送工艺流程,为了实现在不同工艺流程间的切换,站内多设有专门的阀组区,主要由埋地汇管和阀门组成。在重要设备的出入口也都设有专用的阀门。目前应用于油气长输管道的阀门种类很多,常用的阀门包括截断阀、单向阀、泄压阀、减压阀、调节阀、安全阀等多种类型。阀门的驱动方式也包括手动、电动、气动、液动、电-液联动、气-液联动等多种类型。为方便手工操作,除部分阀门位于阀井外,阀门的布置多为地上布置。工程实际中常用的多为 Shafer 气液联动阀。

　　清管区也是输油站场工艺区的重要组成部分,主要用于发送和接收清管器。特别是对于黏度较高的原油,在其输送过程中,会在管道内壁析出结蜡层。为了保证输量和输送效率,就需要对管道进行定期的清管作业,以清除管道中的水、液态烃、机械杂质和铁锈,管道内壁的石蜡、油砂等沉积物。此外,在管道施工完成后或进行内检测前,也常需要进行清管作业,以验证管道变形情况和通过能力。清管站以往会在管道沿线进行单独设置,但由于清管作业往往是间歇进行的,为了便于清管站的操作与管理,目前通常将其与其他站场合建在一起。考虑到一次清管作业的时间和清管器推进速度的限制,两个清管站之间的距离不能太长,一般在 100~150km 左右。清管器收发装置,主要由清管器发送球筒、接收球筒及相应的控制系统组成,如图 3.5 所示。检测管道变形和腐蚀状况的内检测器也需要通过清管区的收发装置发送与接收。

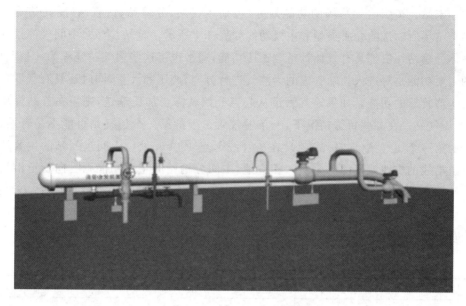

图 3.5　清管器收发装置效果图

　　除上述的主要功能区外,输油站内往往还设置有部分专门的附属区域和设施。站控室是站场的监控中心,安装有自控系统远程终端、可编程控制器等主要控制设备。可以实时监测线路及站场内的工艺生产情况,在突发情况下进行紧急切断,并与上游调度系统进行快速联系和响应。计量间用于管输油品的交接计量,主要采用容积式流量计。计量系统由流量计、过滤器、温度及压力测量仪表、标定装置和通向污油系统的排污管等组成。在输送高黏度原油时,往往还需要对油品进行预处理。预处理设施一般多设于首站,包括原油热处理、添加化学剂等多种方式。为了实时监测站内工艺管道运行情况,站内地上管道上往往还安装有系列的压力、温度监测仪表,压力仪表与管道本体的材质也多有差异,但在工程上对管道大气腐蚀产生的影响还相对较小。

　　原油管道的输送终点为各地的炼化厂,相对比较集中。而成品油管道在途经沿线不同区域时,为满足当地生产、生活的用油需求,还多设有分输站场。成品油分输站场的构造与原油泵站基本类似,生产区主要包括分输泵房、阀组区、计量区、污油罐、泄压罐等区域。污油罐主要用于收集不同设备处理过程中产生的污油。泄压罐主要用于流程工艺变化、突发事故条件下的紧急泄压,其体积一般较大型的储罐小。以我国某成品油输送管道为例,每座分输站内都设有 1 座 5 m³ 的地下污油罐,1 座 100 m³ 的泄压罐(半径 2570 mm)。站内的主要设施都有专门的埋地管道与污油罐和泄压罐连接,构成了密集的站内管网。为了满足分输要求,成品油管道站场内还设计有专门的分输工艺,用以分输到各城市支线线路。

(二)输气站场

　　输气站场是输气管道工程中各类工艺站场的总称,其主要功能包括接收天然气、过滤分离、增压、分输、储气调峰、接收和发送清管器等。按照输气站场所处的位置划分,包括首站、中间站和末站。按照输气站场的功能划分,包括压气站、分输站、清管站、配气站等多种类型。各类站场所输送的介质类型和主要功能如表 3.1 所示。首站、末站、中间气体接收站及中间气体分输站一般都具有气体计量与调压功能,通常也将这些输气站统称为计量调压站。首站的主要功能是对进入长输管道的天然气进行分离、调压和计量,同时还具有气质检测控制和发送清管球的功能。如果输气管道从起点开始就需要加压输送,则需在首站设压缩机组,成为压气站。在某些特殊情况下,一条输气管道上的第一个压气站可能不是首站,例如陕京线的第一个压气站(榆林站)就设在离管线起点 100km 处。中间进气站的主要功能是收集管道沿线的支线或气源的来气。相应地,中间分输站的主要功能则是向管道沿线的支线或终端用户供气。一般在中间接收站或分输站均设有天然气调压和计量装置。末站是油气长输管道的终点,具有分离、调压、计量的功能。末站若同时兼有为城市供气系统配气的功能,也可以称之为城市门站。

表 3.1 不同输气站场的主要功能

序号	站场类型	输送介质	主要功能
1	输气首站	净化气	来气过滤分离、计量,越站及清管器发送
2	输气末站	净化气	来气过滤、调压、计量,清管器接收,越站及分输
3	清管分输站	净化气	干线来气分离、分输过滤、调压、计量,干线及支线清管器接收、发送,越站及正反输功能
4	干线截断分输站	净化气	干线来气截断,分输过滤、调压、计量,越站及正反输功能
5	清管站	净化气	来气分离,清管器接收、发送,越站及正反输功能
6	压气站	净化气	清管器收发、分离,增压后输往下游

在输气站场的设计过程中,其平面布局常采用区块化的设计,各种输气功能都配备有专门的模块设计和标准的工艺流程。在具体实施过程中,可根据全站工艺流程的要求,将功能相同的设备布置在同一区块内。为减少输气站场的现场安装工作量、提高施工速度与施工质量、节省投资,近年来国内外也一直在推广模块化的施工技术,在站场的施工建设中大量使用快装机组和撬装区块。图 3.6 为某天然气分输站场的区块化设计效果图,生活区和生产区分别位于不同的区域。生活区内设有倒班休息室、站控室等,生产区内可进一步划分为进出站阀组区、工艺装置区、排污池。为了满足站内生活区的用气需求,输气站内大都设有自用气撬,将生产区与生活区中的厨房、发电机机房等用气位置进行连接。自用燃气管道管径一般都小于 60mm,而且自用燃气管道末端远离生产区,处于区域阴极保护的末端。若站内接地系统采用铜、接地模块等正电性材料,也常会发生电偶腐蚀。国内某些输气管道站场就曾发生过多起自用燃气管道腐蚀泄漏导致的事故,也逐渐引起了人们对区域阴极保护系统的重视。

图 3.6　天然气分输站场的区块化设计效果图

　　压缩机组是压气站的重要设备,单独安装在压缩机房内,包括电力驱动和燃气驱动两种类型。为了保证进入压缩机气体的洁净,还需要在天然气的输送过程中进行过滤、分离,主要的设备包括立式分离器和卧式分离器两种类型,如图 3.7 所示,其分离效率大都在 97％到 99％之间。

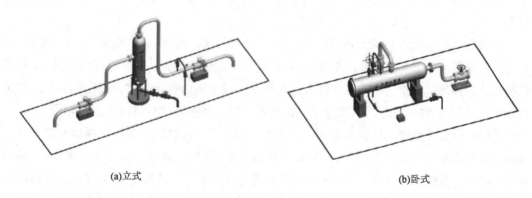

(a)立式　　　　　　　　　　　　　　　(b)卧式

图 3.7　过滤分离器

　　天然气分输站场的生产区主要包括过滤分离器区、清管区、阀组区、调压计量区、放空区和排污区等区域。过滤分离器区设有立式分离器或卧式分离器,分离出的杂质经排污管道进入排污区。清管区、阀组区、调压计量区的作用与输油站场基本类似。放空区是输气站场内所特有的区域,主要用于在特殊条件下,放空管道中的天然气,避免事故发生。站内主要设备都有单独的高压或低压放空管道与放空汇管连接,放空汇管与放空区立管连接,在立管顶部设有点火装置,可通过燃烧消耗泄放的天然气,如图 3.8 所示。按照输气管道工程设计规范的要求,输气站放空竖管常设在站场围墙外的下风向,并与站场保持足够的距离。放空竖管的直径设计应满足最大放空量的要求。放空竖管的高度应比附近其他建筑物高出 2m 以上,且总高度不应小于 10m。

图 3.8　放空立管

(三)站内接地系统

接地系统是油气站场、阀室、罐区内的重要组成部分。为了避免油气储运设施遭受雷击、静电等危害,站内管道、设备,阀室内的电动阀执行机构,放空区的放空立管,罐区内的大型储罐周围,都必须设置良好的接地系统并定期进行检测,以保证其接地电阻满足规范要求。

接地系统是接地体和接地线的总和,可以用于传导雷击电流、静电电流、故障接地电流,并将其散流到大地中。接地体是指垂直埋入土壤或混凝土基础中作散流用的导体,也称垂直接地体。接地线是指从引下线断接卡或换线处至接地体的连接导体;或从接地端子、等电位连接带至接地体的连接导体,也称水平接地体。用于将接地体与接闪器连接,并形成一个网状结构的联合接地网。从接地系统的功能上看,可分为防雷接地、防静电接地和工作接地等类型。从接地系统的安装位置看,可分为建筑接地、设备接地等。除特殊要求外,目前输油气站场的工程实际建设中,已普遍采用联合接地网的方式。将整个站区内各个区域的接地网都连接起来,以同时实现防雷、防静电和工作接地的功能。为了避免接地网过多消耗站内区域阴极保护电流,国外一些公司也常在管道与接地网之间安装固态去耦合器进行控制。

可以用作接地材料的金属类型很多,如表 3.2 所示。碳钢、铜、不锈钢等材料都可以用作接地材料,其在不同环境中的耐蚀性和适用性也各不相同。目前,我国在油气长输管道站场内使用的水平接地材料主要以镀锌扁钢为主,垂直接地材料包括裸钢管、铜、锌包钢、接地模块等不同类型。接地模块是一种以石墨为基体的接地材料,通过加入粘结剂和硬化剂进行改性。由于其良好的导电性、接地电阻小、耐腐蚀的特点,近几年在油气长输管道站场内得到了一些应用。但从腐蚀的角度看,接地模块和铜的电位都比管线钢要更正,与管道短接后就会造成电偶腐蚀。我国多条管道沿线站场内就曾经发生过类似的事故,铜接地体加速管道腐蚀穿孔后,因天然气泄漏而引发了火灾。以我国某成品油分输站场为例,其站内共安装了约80组接地模块。在该站进行区域阴极保护的实施过程中,接地模块消耗了大量的阴极保护电流,使系统输出大大提高。而且在靠近接地模块的局部位置,管道极化电位始终无法达到$-0.85V_{CSE}$的准则要求。锌包钢与铜、接地模块不同,其电位比管线钢更负。预制成特定棒状尺寸作为接地网使用时,不仅具有接地电阻小的特点,而且可以为管道提供额外的阴极保护电流,在目前的油气站场设计和应用的案例也是越来越多。

表3.2　常用的防雷接地材料及使用条件

材料	大气中使用形式	土壤中使用形式	混凝土中使用形式	耐腐蚀情况		
				适用环境	加速腐蚀环境	耦接后电偶腐蚀
铜	单根导体、绞线	单根导体、有镀层的绞线、铜管	单根导体、有镀层的绞线	大部分环境	硫化物、有机材料	—
热镀锌钢	单根导体、绞线	单根导体、铜管	单根导体、绞线	大气、混凝土、一般腐蚀性土壤	氯化物	铜
电镀铜钢	单根导体	单根导体	单根导体	大部分环境	硫化物	
不锈钢	单根导体、绞线	单根导体、绞线	单根导体、绞线	大部分环境	氯化物	
铝	单根导体、绞线	不适合	不适合	在含有低浓度硫和氯化物的大气中良好	碱性溶液	铜
铅	有镀铅层的单根导体	禁止	不适合	在含有高浓度硫酸化合物的大气中良好	—	铜、不锈钢

二、线路部分

油气长输管道的线路部分主要包括干线管道本身,截断阀室,通过河流、公路、铁路等的穿跨越段管道,及管道沿线的腐蚀控制设施、通讯及自控线路等。

(一)干线管道

干线管道由钢管现场焊接而成,单支钢管长度一般为12m,主要包括螺旋焊缝钢管和直焊缝钢管两种类型。我国东北管网的最初建设过程中,就大量采用了螺旋焊缝钢管,但也遗留了较多的焊接质量问题。尤其在螺旋焊缝与环焊缝搭接的位置,缺陷较多而且缺陷信号较难识别。为了保证焊接质量和管道承压能力,在管道建设施工过程中都制定了详细的现场检验规范。焊接完成后,一般先用超声波探伤仪对所有焊缝进行全周长的100%检验,再用射线照相进行复验。完成全线的连接工作后,为了暴露和检验管线的潜在缺陷,还需在投产前对管道进行清管和试压,并在强度试验合格后进行严密性试验。

为了减少第三方破坏可能对管道产生的影响,我国大部分油气长输管道都采用埋地敷设的方式,并对管道上方的最小覆土层厚度做了规定,如表 3.3 所示。对于不能满足要求的覆土厚度或外荷载过大、外部作业可能危及管道之处,还应采用保护措施。如图 3.9 所示,为沙漠地区常采用的鱼鳞坑和固土植物设计,主要用于保持水土,减少风沙天气及水土流失可能造成的管道暴露。

表 3.3 不同等级地区的最小覆土层厚度 m

地区等级	土壤类		岩石类
	旱地	水田	
一级	0.6	0.8	0.5
二级	0.6	0.8	0.5
三级	0.8	0.8	0.5
四级	0.8	0.8	0.5

图 3.9 管道附近种植的沙棘植物和设置的鱼鳞坑

(二)截断阀室

为了及时进行事故抢修、防止事故扩大,管道沿线每隔一段距离都会设置干线截断阀室。部分阀室可能还兼具有分输功能,用于向其附近的区域分输天然气。GB50251—2015《输气管道工程设计规范》中对干线截断阀室的间距有明确的规定:在任何情况下,其最大间距不得超过 32km;以一级地区为主的管段不宜大于 32km;以二级地区为主的管段不大于24km;以三级地区为主的管段不大于 16km;以四级地区为主的管段不大于 8km。对于大型的管道穿跨越段,在其两端也常设置有额外的截断阀室。截断阀可采用自动或手动阀门,并且应该与管道干线直径相同。与输气站场类似,输气管道沿线的阀室附近,也会设有专门的放空区。考虑到放空区竖管接地系统可能对干线阴极保护系统产生的影响,放空区与阀室内干线管道之间还安装有绝缘接头。阀室内管道、阀门设置的效果示意如图 3.10 所示。

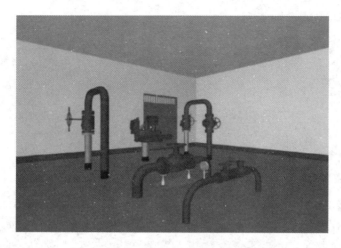

图 3.10 典型阀室内的管道及阀门设置

(三)穿跨越管段

管道途经天然和人工的障碍物,如河流、湖泊、山体、水库、铁路、公路等时,就需要进行穿跨越施工。穿越是指从地下的方式穿过障碍物的方式,穿越管段长度包括穿越障碍物的长度和两侧连接过渡段的长度。跨越是指从障碍物上方架空通过障碍物的方式,跨越段长度包括两个埋地弯头之间的距离。

跨越管段为地上管道,我国的管道跨越工程大都利用输油气管道本身作为支承结构的一部分或主体,再加上其他杆件或缆索,组成各种结构形式,以满足不同跨度的要求。对跨度较小,常年水位变化不大的小、中型河流,可选用支架、吊架、托架或桁架式跨越结构。其特点是施工方便、稳定性好。对大型河流,及不易砌筑墩台基础的深谷等,则选用柔性悬索管桥、悬缆管桥、悬链管桥及斜拉索管桥等结构形式。管拱跨越包括单拱和组合拱两种类型,单拱主要适用于中小型河流及狭窄的河谷跨越;组合拱主要适用于较大的河流跨越。施工过程中,对管拱本身及其地基的施工安装技术要求都比较高。目前,国内外针对大型河流的跨越,一般都不采用管线本身作支承结构,而是将管线放置在专门架设的跨越结构上,如图 3.11 所示。

穿越方式主要包括水平定向钻穿越、顶管穿越、开挖穿越和矿山法隧道穿越等方法。在进行河流、沟渠小型穿越段设计时,应向当地水利部门了解沟渠的设计规划情况,在综合考虑清淤深度、穿越宽度的基础上,设计足够的管道埋设深度和稳管措施,以控制管道上浮;进行铁路穿越段设计时,可采用顶砼套管或涵洞穿越的方式。砼套管的内径不宜小于 1.5m,顶管穿越设计应采用顶管专用混凝土套管;进行公路穿越段设计时,应按照开挖不带套管穿越、开挖带套管穿越、钻孔带钢套管穿越和顶砼套管穿越的推荐顺序,向公路管理部分征求意见;在经济发达、人口稠密地区的低等级公路穿越中,宜采用顶管穿越方式。

根据 GB 50423—2013《油气输送管道穿越工程设计规范》的规定,穿越铁路或二级及以上公路时,应采用在套管或涵洞之内敷设穿越管段,以保证铁路和公路的运输安全。穿越三级及以下公路,管段可采用挖沟的方式直接埋设。当套管或涵洞内充填细土覆盖穿越管段

图 3.11 长输管道沿线的大型河流跨越管段

时,可不设排气管及两端的严密封堵。当套管或涵洞内穿越输气管段是裸露管道时,为防止套管或涵洞内气体聚集,应在两端设置排气管并严密封堵。

管道穿越河流时,应根据工程等级、洪水冲刷深度或疏浚深度,设计合理的埋设深度。管道以定向钻方式进行穿越时,穿越段管道管顶的覆土深度应大于 10 倍的管径。管道以开挖方式进行穿越时,管顶埋深应符合表 3.4 中的规定。当水域中存在船锚、疏浚机具或存在下切截面时,应根据实际加大管道埋深,以防止对管道安全运行的影响。为使水下穿越管道稳定在所要求的位置上,还常设有配重块、石笼、混凝土连续覆盖层等稳管措施。

表 3.4 管沟穿越水域的管顶埋深   m

水域冲刷情况	水域穿越工程等级		
	大型	中型	小型
有冲刷或疏浚的水域,应在设计洪水冲刷线下或规划疏浚线下,取其深者	≥1.0	≥0.8	≥0.5
无冲刷或疏浚的水域,应埋在水床底面以下	≥1.5	≥1.3	≥1.0
河床为基岩,并在设计洪水下不被冲刷时,管段应嵌入基岩深度	≥0.8	≥0.6	≥0.5

常用的管道穿路套管主要有钢质套管和钢筋混凝土套管两种类型,但钢质套管会对阴极保护电流产生屏蔽作用,而混凝土套管在地下潮湿土壤的浸润作用下,仍具有一定的导电性,对阴极保护电流的屏蔽作用有限。因此,实际工程中均推荐使用混凝土套管。采用钢质套管对阴极保护电流产生屏蔽时,可在套管内采用带状或镯式牺牲阳极提供附加的阴极保护。穿越公路时,典型的套管设置如图 3.12 所示。采用钢质套管时,套管与输送管之间需安装高密度聚乙烯制成的绝缘支撑块进行电绝缘。两端进行密封,并在环状空间内采用蜡

或胶体进行填充,以防止电解质在环状空间内积聚后造成管道腐蚀。

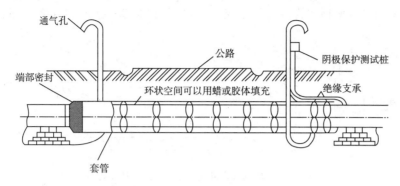

图 3.12 典型的套管绝缘装置

水平定向钻穿越是目前经常采用的一种穿越方式,可以避免大量的开挖工作量。施工过程中采用水平定向钻机,先按照设计轨迹钻出导向孔,再将穿越管段进行回拖以绕过障碍物。水平定向钻穿越段示意图及相应的控制点如图 3.13 所示。图中 a_1 表示入土端直线段的水平长度;a_2 表示入土端曲线的水平长度;b_1 表示入土端直线段的高度;b_2 表示入土端曲线的高度;c_1 表示出土端曲线的水平长度;c_2 表示出土端直线段的水平长度;d_1 表示出土端直线段的高度;d_2 表示出土端曲线的高度;h_1 表示入土端地面与底部直线段的高度;h_2 表示出土端地面与底部直线段的高度;L_1 表示底部直线段的长度;L 表示穿越长度;R 表示曲率半径;$\theta_出$ 表示出土角角度;$\theta_入$ 表示入土角角度。

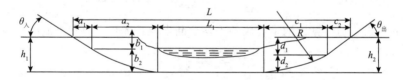

图 3.13 水平定向钻穿越及其控制点信息

跨越管段属地上管段,不属于阴极保护的对象,主要采用外防腐层进行外腐蚀控制。穿越管段与其他干线管段相同,通常采用外防腐层与阴极保护相结合的方式,进行外腐蚀控制。为了便于施工,并将腐蚀控制在同一范围内,穿越段管道通常采用与其他管段相同的防腐层类型。但为了避免施工过程中可能对防腐层产生的损伤,应适当提高防腐层的等级。补口是管道防腐施工中的关键工序,特别是在穿越中,往往会因为拖管或推管(如水平定向钻回拖等)造成补口损伤,应特别注意补口的防腐处理。采用 3PE 作为外防腐层时,补口套两端均应加强一圈密封带来加强牢度,防止补口套脱开。在阴极保护方面,穿越段可以与其他干线管段共用一套阴极保护系统,大型穿越段也可考虑单独的牺牲阳极阴极保护措施。大型穿越段采用牺牲阳极保护时,管段两端都应设置绝缘接头,以减少阴极保护电流流失。为了检测穿越管段的阴极保护状态,防止管段因腐蚀而损坏,大中型穿越段的两端往往都设置有单独的阴极保护测试桩。

为确定施工过程中对外防腐层所造成的损伤,评价外防腐层的绝缘状况,常可采用以下方法测试穿越段管道外防腐层的电阻率。测试过程如图 3.14 所示,通过沿线设置的电流测试桩或相距 10～30m 的探坑,测量管道上各点的通电电位、断电电位和管中电流,分别计算各测量段的平均电位偏移和管内保护电流漏失量,并在此基础上计算出各测量段防腐层的电阻率。

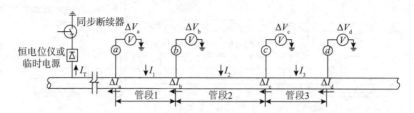

图 3.14　穿越段管道外防腐层电阻率测试示意图

测量过程中,在对测量区间有影响的恒电位仪位置安装同步中断器,并设置合理的通断周期,一般为 12s 通、3s 断。分别在如图所示的 a 点和 b 点测试管道的通断电电位,并计算通断电电位差。以 a 点为例,

$$\Delta V_a = V_{a,on} - V_{a,off} \qquad (3-1)$$

相邻两测量点的电位差比率 K($K = \dfrac{\Delta V_a}{\Delta V_b}$)应在 0.625～1.6 之间,否则应在中间再增加一处或多处测量点。

利用电流测试桩或电流环,测试各测量点处通电和断电状态下的管内电流,并计算其差值。仍以 a 点为例,

$$\Delta I_a = I_{a,on} - I_{a,off} \qquad (3-2)$$

按照以下公式分别计算该测量管段的平均通断电电位差(ΔV_1)和电流漏失量(ΔI_1):

$$\Delta V_1 = \frac{\Delta V_a + \Delta V_b}{2} \qquad (3-3)$$

$$\Delta I_1 = \Delta I_a - \Delta I_b \qquad (3-4)$$

则该段防腐层的电阻和电阻率可分别按式(3-5)和式(3-6)进行计算,结合防腐层电阻率的计算结果,就可以对防腐层的破损程度进行相应评价。

$$R_1 = \frac{\Delta V_1}{\Delta I_1} \qquad (3-5)$$

$$r_u = R_1 \cdot \pi \cdot D \cdot L \qquad (3-6)$$

式中　　R_1——该段管段的防腐层电阻;

r_u——该段管段的平均防腐层电阻率;

D——管道外径;

L——该管段长度。

(四)附属设施

通讯系统、沿线标识、外腐蚀控制系统是油气长输管道沿线的重要附属设施。通讯系统主要用于全线生产调度及系统监控信息的传输,以往采用过微波通信的方式,目前主要以光纤为主。油气长输管道施工过程中,都会在管道附近安装一条伴行光缆。为了避免可能对

光缆造成的损坏,也常采用高密度聚乙烯硅芯管对光缆进行保护。光缆或硅芯管的敷设深度应根据管道埋深及所处地段的土质和环境条件确定,并符合表 3.5 的规定。

表 3.5　光缆(硅芯管)敷设深度要求　　　　　　　　　　　　m

敷设地段及土质		光缆埋深	硅芯管埋深
普通土、硬土		≥1.2	≥1.0
砂砾土、半石质、风化石		≥1.0	≥0.8
全石质、流砂		≥0.8	≥0.6
市郊、村镇		≥1.2	≥1.0
市区人行道		≥1.0	≥0.8
公路边沟	石质	边沟设计深度以下 0.4	
	其他土质	边沟设计深度以下 0.8	
穿越铁路、公路		≥1.2	≥1.0
公路路肩		≥1.0	≥0.8
沟渠、水塘		≥1.2	≥1.0
河流		同水底光缆要求	

① 边沟设计深度为公路或城建管理部门要求的深度。
② 表中不包括冻土地带的埋深要求。对此在工程中应另行分析取定。

管道沿线的标识系统主要包括里程桩、转角桩、交叉和警示牌等各类永久性标志。里程桩一般沿气流前进方向左侧从管道起点至终点,每公里连续设置,也常和阴极保护测试桩结合设置,将管道里程标示在阴极保护测试桩上。管道与公路、铁路、河流和地下构筑物的交叉处两侧一般都设置标志桩或标志牌。对易于遭到车辆碰撞和人畜破坏的管段,也常设有警示牌。

外腐蚀控制系统是管道沿线的一类主要附属设施,也是本书介绍的重点。油气长输管道一般都采用埋地敷设,就会不可避免地遭受外腐蚀的风险。为防止管道的外壁腐蚀,多采用外防腐层与阴极保护联合的方式,对管道进行保护。常采用的外防腐层包括石油沥青、环氧、聚乙烯、3PE 等多种类型。阴极保护方式包括强制电流阴极保护和牺牲阳极的阴极保护两种类型。强制电流的阴极保护系统由恒电位仪(或整流器)、辅助阳极地床、参比电极和连接电缆等组成;牺牲阳极系统由牺牲阳极地床和连接电缆组成。随着近年来杂散电流干扰的普遍化和严重化,管道沿线的排流设施也成为一种特殊的管道腐蚀控制设施,如:极性排流器、强制排流器、固态去耦合器排流设施等多种类型。此外,为了方便对沿线管道电位的测试,管道沿线每隔大概 1km,还设有管道电位测试桩。在大型河流穿越段等部分特殊管段,两侧还常设有管中电流测试桩。

在不同管道位置的电连续性和电绝缘性,是管道阴极保护效果的重要保证。一方面,属于阴极保护范围内的管道之间都应该是电连续的,对于钢质管道的非焊接连接头,则应在接头处安装永久性跨接。输油管路的弯头、阀门、金属法兰盘等连接处的过渡电阻大于 0.03Ω

时,连接处也应用金属线跨接。对有不少于 5 根螺栓连接的金属法兰盘,在非腐蚀环境下,可不跨接,但应构成电气通路。另一方面,在不同的阴极保护系统之间还应保证足够的电绝缘性。如:输油气站场与站外干线管道之间往往都安装有绝缘接头,使站内外管道隔开为两个相对独立的系统。在杂散电流干扰管段、采用不同阴极保护方式的管段之间,也可以通过安装绝缘装置来控制不同管段之间相互的干扰。

一定的绝缘程度是实施阴极保护的前提,否则将耗费大量的阴极保护电流,使阴极保护的实施变得不经济。管道之间的绝缘往往通过绝缘接头或绝缘法兰来实现。绝缘接头又可分为整体型绝缘接头、卡箍型绝缘接头、绝缘活接头、绝缘短管、绝缘管接头、开孔中分式绝缘套等不同类型。整体型绝缘接头和全长螺栓绝缘套管法兰的结构分别如图 3.15 和图 3.16 所示。为了保护绝缘接头,其两端还常设有避雷器、极化电池、固态去耦合器等各种浪涌保护装置。在雷击过程中导通,以释放雷击电流,避免损坏绝缘接头。

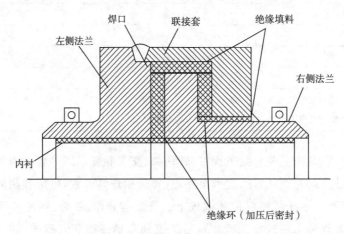

图 3.15　整体型绝缘接头(内压≥1MPa)

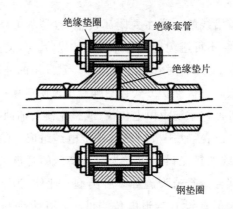

图 3.16　全长螺栓绝缘套管法兰组装图

线路阀室内电动阀的执行机构也往往与接地系统进行连接。为了减少阴极保护电流的漏失,其引压管等位置也做了许多小的绝缘设计。这些小的绝缘结构的失效或漏装,往往会使管道与阀室的接地系统直接短路,漏失阴极保护电流。

三、LNG 输送系统简介

天然气经净化处理(脱除二氧化碳、硫化氢、重烃、水等杂质)后,在常压下深冷至-162℃,由气态变成液态,称为液化天然气(LNG)。LNG 已成为目前无法使用管输天然气供气城市的主要气源或过渡气源,也是许多使用管输天然气供气城市的补充气源或调峰气源。利用 LNG 调峰通常有两种方式。第一种方式是在干线输气管道末端附近建一个与该管线相连的调峰型 LNG 厂,它同时具有天然气液化和再气化装置,还具有足够容量的 LNG 储罐。当管道输气量大于用气量且靠管道本身不能容纳多余的气体时,这些多余的气体可以在 LNG 厂液化并储存起来;当管道输气流量小于用气流量且其本身不能弥补这个差异时,可以将 LNG 厂储存的液化天然气再气化,然后将其补充到供气管网中去。第二种方式是从供气管网以外将 LNG 运到靠近干线输气管道末端的 LNG 储库,当干线输气管道的输气流量不能满足用户需求时,将作为辅助气源的 LNG 再气化并输入到供气管网中去。

当以 LNG 作为供气系统的气源时,在其进入干线输气管道或城市输配气管网之前,还需通过 LNG 气化站的再气化装置将其重新气化。LNG 通过低温汽车槽车运至 LNG 卫星站,通过卸车台设置的卧式专用卸车增压器对汽车槽车储罐增压,利用压差将 LNG 送至卫星站低温 LNG 储罐。工作条件下,储罐增压器将储罐内的 LNG 增压到 0.6MPa。增压后的低温 LNG 进入空温式气化器,与空气换热后转化为气态天然气并升高温度,出口温度比环境温度低 10℃,压力为 0.45~0.60 MPa,当空温式气化器出口的天然气温度达不到 5℃以上时,通过水浴式加热器升温,最后经调压(调压器出口压力为 0.35 MPa)、计量、加臭后进入城市输配管网,送入各类用户。

LNG 储罐是储存 LNG 的重要设备,正常操作时的工作温度为-162.3℃,第一次投用前要用-196℃的液氮对储罐进行预冷。因此,LNG 储罐的设计温度一般都是-196℃。内罐既要承受介质的工作压力,又要承受 LNG 的低温,要求内罐材料必须具有良好的低温综合机械性能,尤其要具有良好的低温韧性,因此内罐材料采用 0Cr18Ni9,相当于美国机械工程师协会(ASME)标准的 304 不锈钢。目前,城市 LNG 气化站的储罐通常采用立式双层金属单罐,其内部结构类似于直立的暖瓶,内罐支撑于外罐上,内外罐之间是真空粉末绝热层。储罐容积有 50m³ 和 100m³ 两种类型,100m³ 储罐应用较多,其内罐内径为 3000mm,外罐内径为 3200mm,罐体加支座总高度为 17100mm,储罐几何容积约 105.28m³。

四、海底管道简介

海底管道主要用于连接各海上井口平台以及输送油气到油轮、陆上终端处理站,是海上油气生产设施中不可缺少的组成部分。海上油气集输和输送主要就是靠海底管道来完成的。我国渤海海域的第一条海底管道是在 1985 年铺设成功的,首次按国际通用标准和做法铺设了一条内管 6in,外管 12in,长 1.6km 的保温海底输油管道。限于当时的条件,这条管道在塘沽基地预制组装,分四段由拖轮在水面浮拖到距离塘沽 50n mile 的油田现场,进行海上连接而成。1987 年,渤海海上工程公司从国外引进了一条小型铺管船,结束了我国无铺管船的历史,采用铺管船的管道铺设速度可以达到 250m/d 到 1000m/d。铺管船在工作过程中,首先是将管道放在海床上,再用水射式挖沟机将管道沉入海床下 1.3～1.5m 进行掩埋,以防止长期的波浪和海流作用。到 20 世纪 90 年代中期,我国已能够铺设长距离、大口径的高压油气输送干线,达到了国际海底管道建设的技术水平。其中南海海域的崖城 13－1 气田到香港的口径 28in、长 778km 的高压输气管道是世界上第二条最长的海底管道。经过十多年的努力和实践,我国完全具备了独立设计、铺设、试运投产海底管道的技术能力和施工装备。随着海洋石油工业的发展,海底管道的长度也将不断增加,技术水平也将进一步提高。

为了确保海底管道的最大的安全性,在对环境数据和资料进行仔细评审的基础上,要认真地选择和确定设计参数。在选取海洋水文设计参数时,通常是把百年一遇的最恶劣的波高和海流作为管道的设计海况,以确保整个设计寿命期间内的海管的安全操作;同样地,确保管道施工安全的海况条件是取铺设施工期间内可能出现的最恶劣的波浪和海流。

常用于制造海底管道的管子类型既有无缝钢管,也有焊接钢管。无缝钢管主要适用于小口径、有特殊要求的海底管道。焊接钢管则可应用于较大口径的管道,最大可达 56in。其设计寿命,一般要求在不加维修的条件下能正常使用 20 年以上。海底管线所处的环境为海水或海泥沉积物,是较强的电解质。钢结构在海泥区平均腐蚀速度为 0.03～0.07mm/a,而局部腐蚀深度达 0.1mm/a 以上。另外,在厌氧条件下,硫酸盐还原菌的活动会使钢管遭受严重的点蚀,其腐蚀速度可以提高到 15 倍。为了确保海底管道在设定的寿命期间内能安全运行,管道系统应充分地防止由输送介质和海水引起的内外腐蚀。

目前针对海底管道的外腐蚀控制措施也主要为外防腐层与阴极保护相结合的方式。工程实践表明,在实际的海水环境中,外涂层能够提供有效的防腐保护。常用于海底管道的外涂层可包括煤焦油瓷漆、沥青瓷漆、环氧树脂、聚乙烯树脂、聚丁橡胶等多种类型。当为海底管道选择外防腐层时,则需重点考虑以下因素:涂覆过程中对环境的影响、粘结力和抗分离能力、耐久性或抗化学、物理和生物损坏的能力、使用温度范围、延伸率或柔性强度和抗冲击能力、与混凝土加重层的相容性等。海底管道的阴极保护系统通常是以牺牲阳极为基础,而外加电流阴极保护系统只是使用在延伸到岸上登陆段的短距离管段上。阳极类型包括铝合金牺牲阳极或锌合金牺牲阳极,阳极形状包括带状阳极或镯式阳极。

为了确保管道铺设后在海床上的稳定性,也常采用混凝土加重层为管道提供负浮力,并保护防腐层和管道本身在安装和运行期免受船锚、拖网等机械损坏。混凝土加重层的成分是水泥、水、沙和骨料。为了要达到设计要求的密度,就需要加入铁矿砂或重晶石之类的重骨料。在使用沿海床面底拖法铺设管道时,混凝土加重层必须能承受在牵引作业时海床与管道接触所产生的磨损。对于输送高黏度、高含蜡、高凝固点原油的海底管道,也有采用双层结构管中管进行输送的案例。通过在两层钢管壁之间填充绝热保温材料,以减少输送过程中的热损失,确保原油的流动性能。外钢管除了具有隔水和保护保温层的作用外,还大大增加了管道的负浮力,常可用于取代混凝土加重层。

第三节　几种主要的腐蚀类型

油气长输管道系统具有复杂的工艺特点,不同设备、管道采用的材质各不相同,管道周围的环境特点也差异很大。再加上管道所承受的复杂应力状态,应力腐蚀开裂、腐蚀疲劳、磨损腐蚀等也成为威胁管道安全和完整性的重要因素。管道沿线常见的几种主要腐蚀类型如表 3.6 所示。

表 3.6　几种主要的腐蚀类型

外壁腐蚀	内壁腐蚀	应力腐蚀	细菌腐蚀
1. 大气腐蚀	1. 干气腐蚀		
2. 土壤自然腐蚀	2. 湿气腐蚀	1. 外壁应力腐蚀开裂	
3. 杂散电流干扰腐蚀	3. 多相流腐蚀	2. 氢致开裂	……
4. 剥离防腐层下的腐蚀	4. 二氧化碳腐蚀	3. 腐蚀疲劳	
5. 电偶腐蚀	5. 硫化氢腐蚀	……	
……	……		

在外壁腐蚀方面,油气长输管道既可能遭受大气腐蚀,还可能遭受土壤腐蚀。管道沿线站场内的管道、跨越段管道多为地上敷设,甚至管道的一些附属设施(如测试桩等)也常直接暴露在大气环境中。为减少大气腐蚀的影响,地上管道表面常采用涂层进行保护,如环氧富锌底漆、环氧云铁底漆、氟碳面漆等涂层类型。在埋地管道部分,主要采用防腐层和阴极保护相结合的方式,对管道进行保护。在一些杂散电流干扰严重的区域,也常安装有专门的排流设施(如极性排流器、固态去耦合器等)。剥离防腐层下的腐蚀是管道的一种特殊腐蚀形态,其腐蚀机理与缝隙腐蚀类似,尤其在聚乙烯补口、3PE 等易造成阴极保护电流屏蔽的管道上较为常见。针对该种腐蚀行为,建议在选用防腐层时尽量选用与阴极保护兼容效果好的防腐层类型(如环氧类防腐层等)。管道沿线不同设备、不同管段、接地系统等所采用的金属材质各有差异,也易诱发电偶腐蚀。尤其在输油气站场中,由于接地系统与管道材质差异,电偶腐蚀导致管道泄漏的事故也是屡有发生。针对该类腐蚀的一种防控措施,就是采用负性材料(与管道电化学性质相比)作为站场的接地系统,不仅可以起到接地安全的效果,而且对管道有附加阴极保护效果。

在管道内壁腐蚀方面,管道内输送介质的差异也会对管道的内壁腐蚀产生影响。特别是介质中二氧化碳、硫化氢、水等腐蚀性介质的存在,对管道腐蚀往往有不利影响。按照管道内输送天然气的含水量,常可将内壁腐蚀分为干气腐蚀和湿气腐蚀两种。在输送多相流流体中,多相流介质对管道的内壁腐蚀更加复杂,还会涉及磨损造成的壁厚损失。输送介质中的二氧化碳、硫化氢等腐蚀性气体,也会加速管道的内壁腐蚀。在抑制管道的内腐蚀方面,较常用的方法主要包括增加管壁厚度、添加缓蚀剂、内涂层等方法。

应力作用下的管道腐蚀失效也是油气长输管道常见的一种失效形式。既包括前面提到的外壁应力腐蚀开裂、氢致开裂，也包括穿越段路面下管道在周期性载荷作用下的腐蚀疲劳等。在一些低温环境下，低温对管道材质的脆化作用也会使得应力腐蚀开裂的机理更加复杂。由于应力腐蚀开裂的发生需要同时满足敏感材料、腐蚀性介质、拉应力等多方面的条件。在避免应力腐蚀开裂方面的措施也与内外壁腐蚀都有交叉，如控制合适的阴极保护电位、添加缓蚀剂等。此外，由于应力腐蚀裂纹形成初期往往为细小的团簇裂纹，定期的监检测对避免开裂事故的发生，也是必不可少的。

近年来，细菌腐蚀在陆上油气长输管道和海底管道中的腐蚀失效事故中也屡见不鲜。常用的腐蚀控制方法主要包括添加杀菌剂、合适的阴极保护等措施。

本书中所介绍的阴极保护技术主要是为了抑制油气长输管道的外壁腐蚀，也可用于保护储罐等储存设施的内壁。阴极保护对于缓解应力腐蚀开裂、细菌腐蚀也是有益的。但防腐层剥离后易屏蔽阴极保护电流，也会在剥离层下形成阴极保护的盲区。因此，对于阴极保护的使用范围及其作用，读者应保持清醒的认识，应具体情况具体分析，不可一概而论。

参考文献：

[1]严大凡，张劲军. 油气储运工程，北京：中国石化出版社，2013

[2]楚金伟，韦晓星，刘青松. 直流接地极附近引压管绝缘卡套放电原因分析. 油气地面工程，2015，34(10)：73—74

[3]API SPEC 5L—2007 Specification for Line Pipe

[4]GB50251 输气管道工程设计规范

[5]GB/T 21246—2007 埋地钢质管道阴极保护参数测量方法

[6]GDP-G-OD-001-2009/A 输油管道工程设计导则

[7]GB 50423—2013 油气输送管道穿越工程设计规范

[8]SY/T 4108—2012 输油气管道同沟敷设光缆（硅芯管）设计及施工规范

第四章　油气长输管道阴极保护

为减小外腐蚀对油气长输管道的影响,保证管道安全可靠运行,国内外的相关标准都已强制性要求:建成投产的管道必须配备有相应的阴极保护系统,即使在施工或建成后未投产的阶段,也需考虑采取临时的阴极保护措施。在管道投运后,还需要对阴极保护系统的运行状况进行定期的监检测,以保证其正常工作。本章主要介绍油气长输管道上常采用的阴极保护措施。

第一节　阴极保护的分类

油气长输管道一般绵延几百甚至数千公里,管道内输送介质的动力随输送距离的增加会逐渐损耗。在管道沿线,每隔一段距离都会设置油气输送站场,给介质加压、加热。为方便表述,站场以外的管道通常被称为干线管道,站场以内的管道通常被称为站内管道。一定的电绝缘程度是实施阴极保护的必要前提。为保证电绝缘,管道在进出站的位置都会设置有绝缘接头或绝缘法兰,将站内外的管道隔离开。针对站内外管道的阴极保护一般也设置为两套独立的阴极保护系统。为保护站外埋地管道实施的阴极保护为干线阴极保护系统,为保护油气管道场、站、库内的埋地管道及设备(储罐底板、接地系统等)实施的阴极保护为区域阴极保护系统。按照提供阴极保护电流方式的不同,又可以分为牺牲阳极的阴极保护和强制电流的阴极保护。针对保护距离较长的干线管道,一般采用强制电流的阴极保护系统,每隔几十公里设置一个阴极保护站以提供阴极保护电流。在站内埋地结构较少的站场或阀室,有时采用牺牲阳极的阴极保护。电流需求量较大时,则单独安装多回路的恒电位仪进行强制电流的阴极保护,在部分末端保护不足的位置,采用牺牲阳极进行补充保护。光致阴极保护技术近几年发展迅速,可适用于地上结构的阴极保护。虽然其尚未在长输管道领域得到应用,这里作为一种新技术展望也进行简要的介绍。

一、牺牲阳极的阴极保护

牺牲阳极的阴极保护是通过牺牲阳极自身腐蚀速度的增加而为被保护结构提供阴极保护电流,降低被保护结构电位而达到电化学保护效果的。常用于保护短距离的埋地管道、储罐内壁、穿越段管道外壁、保温层下管道外壁等,也可用作强制电流系统投用前的临时阴极保护。一个完整的牺牲阳极阴极保护系统如图 4.1 所示,牺牲阳极可以与被保护结构通过电缆直接相连,也可以通过地上的测试桩进行连接。目前,已较少采用直连方式,而更多通过测试桩进行连接,以方便后期的维护和测试。

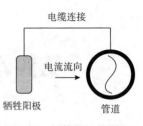

图 4.1　牺牲阳极的阴极
保护系统构成

在油气长输管道方面常用的牺牲阳极主要包括三种:镁及其合金、锌及其合金、铝及其合金等。由于电化学性能的差异,其使用范围也不尽相同。镁及其合金的驱动电压高,常应用于高电阻率的土壤环境中。但因其过快的腐蚀速率,在海水中较少使用;锌及其合金既可应用于土壤环境中,也可应用于海水中。考虑到其驱动电压相对较低,一般仅用于电阻率相对较低的土壤环境中;铝及其合金由于其钝化性能的影响,一般应用于海水环境中,在陆上埋地管道应用的较少。

GB/T 21448《埋地钢质管道阴极保护技术规范》中指出:牺牲阳极主要适用于敷设在电阻率较低的土壤中、水中、沼泽或湿地环境中的小口径管道或距离较短并带有优质防腐层的大口径管道。这主要是由于在牺牲阳极阴极保护系统中,牺牲阳极和被保护结构之间的电位差,是使阴极保护电流流动的驱动力。参考表 4.1 中的数据,不同类型牺牲阳极和钢之间的电位差都在 1.6V 以内。以纯镁和熔炼钢(精)之间的电位差为例,初始驱动电压在 0.95V 到 1.35V 之间,在土壤中可能产生的阴极保护电流大小也相对较小。结合市售的牺牲阳极尺寸进行大致计算,单支牺牲阳极在常见土壤中能够释放的电流大概在几十毫安的范围内。因此,在陆上管道范围内,牺牲阳极目前主要应用于强制电流使用受限或经济性较差的环境中。如:无合适的可利用电源、电器设备不便进行维护保养、临时性保护(在管道埋入地下后,正式阴极保护尚未投运之前对强腐蚀地区的管段采取的腐蚀控制手段。临时性阴极保护牺牲阳极的设计寿命一般为 2 年)、强制电流系统保护的补充、永久冻土层内管道周围土壤融化带、保温管道的保温层下等特殊环境中。

表 4.1　金属的电动序

金属	电位 / V_{CSE}
纯镁	−1.75
镁合金(6% Al,3% Zn,0.15% Mn)	−1.60
锌	−1.10
铝合金(5% Zn)	−1.05
熔炼钢(精)	−0.5～−0.8
熔炼钢(粗)	−0.4～−0.55
铸铁	−0.50
混凝土中的钢	−0.20

不同种类和不同类型的牺牲阳极驱动电压不同,其适用的土壤电阻率范围也不相同。针对陆上管道,GB/T 21448—2008《埋地钢质管道阴极保护技术规范》的推荐如表 4.2 所示。

表 4.2　牺牲阳极种类的应用选择

阳极种类	土壤电阻率/Ω·m
镁合金牺牲阳极	15～150
锌合金牺牲阳极	<15

对于锌合金牺牲阳极,当土壤电阻率大于15Ω·m时,应现场试验确认其有效性;

对于镁合金牺牲阳极,当土壤电阻率大于150Ω·m时,应现场试验确认其有效性;

对于高电阻率土壤环境及专门用途,可选择带状牺牲阳极。

(一)镁合金牺牲阳极

镁合金牺牲阳极既可以加工成棒状形式,也可以加工成带状形式。其常用的化学成分、电化学性能分别如表 4.3 和表 4.4 所示。带状镁锰合金牺牲阳极的规格尺寸如表 4.5 所示。

表 4.3　镁合金牺牲阳极的化学成分

元素类型	标准型主要化学成分的质量分数/%	镁锰型主要化学成分的质量分数/%
Al	5.3～6.7	≤0.010
Zn	2.5～3.5	—
Mn	0.15～0.60	0.50～1.30
Fe	≤0.005	≤0.03
Ni	≤0.003	≤0.001
Cu	≤0.020	≤0.020
Si	≤0.10	—
Mg	余量	余量

表 4.4　镁合金牺牲阳极的电化学性能

性能	标准型	镁锰型	备注
密度/(g/cm³)	1.77	1.74	
开路电位/V	−1.48	−1.56	相对 SCE
理论电容量/(A·h/kg)	2210	2200	
电流效率/%	55	50	
发生电容量/(A·h/kg)	1220	1100	在海水中,3mA/cm² 条件下
消耗率/[kg/(A·a)]	7.2	8.0	
电流效率/%	≥50	40	
发生电容量/(A·h/kg)	1110	880	在土壤中,0.03mA/cm² 条件下
消耗率/[kg/(A·a)]	≤7.92	10.0	

表 4.5 带状镁锰合金牺牲阳极规格及性能

	截面/mm	9.5×19
	钢芯直径/mm	3.2
	阳极带线质量/(kg/m)	0.37
输出电流线密度/(mA/m)	海水	2400
	土壤(50 Ω·m)	10
	淡水(15050 Ω·m)	3

单一的镁合金在海水中腐蚀很快,并不适合在海水中用作牺牲阳极。如表 4.5 中所示,带状镁锰合金阳极在海水中的输出电流密度可以达到 2400mA/m,约是土壤中的 240 倍,淡水中的 800 倍,会使得牺牲阳极的使用寿命大大降低。但最近发展起来的镁-锌复合式牺牲阳极则兼具了镁阳极、锌阳极各自的优点,在海水环境中应用前景良好。其结构如图 4.2 所示。既可利用镁阳极的高驱动电位和大的输出电流来满足管道初始阴极极化大电流的要求。管道表面形成保护膜层结构后,所需的保护电流密度降低,锌阳极较低的电流输出就可以保证足够的极化效果。而且锌阳极的高电流效率还可以起到延长阳极整体使用寿命的目的。其应用效果优于镁、锌混合式方法,具有广阔的应用前景。

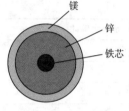

图 4.2 镁-锌复合式牺牲阳极剖面示意图

(二)锌合金牺牲阳极

锌合金牺牲阳极的样式也包括棒状锌合金和带状锌合金两种。棒状锌合金的化学成分、电化学性能分别如表 4.6 和表 4.7 所示。

表 4.6 棒状锌合金牺牲阳极化学成分

元素种类	锌合金主要化学成分的质量分数/%	高纯锌主要化学成分的质量分数/%
Al	0.1~0.5	≤0.005
Cd	0.025~0.07	≤0.003
Fe	≤0.005	≤0.0014
Pb	≤0.006	≤0.003
Cu	≤0.005	≤0.002
其他杂质	总含量≤0.1	—
Zn	余量	余量

表 4.7 棒状锌合金牺牲阳极的电化学性能

性能	标准型、高纯锌	备注
密度/(g/cm³)	7.14	
开路电位/V	−1.03	相对 SCE
理论电容量/(A·h/kg)	820	

性能	标准型、高纯锌	备注
电流效率/%	95	在海水中，$3mA/cm^2$ 条件下
发生电容量/(A·h/kg)	780	
消耗率/[kg/(A·a)]	11.88	
电流效率/%	≥65	在土壤中，$0.03mA/cm^2$ 条件下
发生电容量/(A·h/kg)	530	
消耗率/[kg/(A·a)]	≤17.25	

带状锌合金牺牲阳极的化学成分、电化学性能、规格尺寸分别如表 4.8、表 4.9、表 4.10 所示。在进行牺牲阳极或排流系统接地极的设计时，应根据土壤电阻率分布等现场实际情况，选择合适的阳极规格和长度，以满足对阳极接地电阻的要求。在采用锌带作为排流接地极时，其接地电阻一般应小于 1Ω。

表 4.8　带状锌牺牲阳极的化学成分

序号	元素	质量分数/%
1	Al	≤0.005
2	Cd	≤0.003
3	Fe	≤0.0014
4	Pb	≤0.003
5	Cu	≤0.002
6	其他杂质	—
7	Zn	余量

表 4.9　带状锌合金牺牲阳极在人造海水中的电化学性能

型号	开路电位/V		理论电容量/(A·h/kg)	实际电容量/(A·h/kg)	电流效率/%
	相对 CSE	相对 SCE			
锌合金	≤−1.05	≤−0.98	820	≥780	≥95
高纯锌	≤−1.10	≤−1.03	820	≥740	≥90

表 4.10　带状锌合金牺牲阳极的规格及尺寸

阳极规格	ZR−1	ZR−2	ZR−3	ZR−4
截面尺寸 $D_1 \times D_2$/(mm×mm)	25.40×31.75	15.88×22.22	12.70×14.28	8.73×10.32
阳极带线质量/(kg/m)	3.57	1.785	0.893	0.372
钢芯直径/mm	4.70	3.43	3.30	2.92
标准卷长/m	30.5	61	152	305
标准卷内径/mm	900	600	300	300
钢芯的中心度偏差/mm	−2～+2			

锌阳极牺牲阳极不仅可应用于土壤环境，还可应用于海水、储罐等多种用途。最常用的

合金形式为锌-铝-镉三元合金牺牲阳极,通过在锌中加入铝、镉等元素,可以提高其对铁元素等杂质元素含有量的允许值。参考 GB/T 4950—2002《锌-铝-镉合金牺牲阳极》中的规定,储罐沉积水部位阴极保护用锌合金牺牲阳极的型号和参数如表 4.11 所示,结构型式如图 4.3 所示。埋地管线阴极保护用锌合金牺牲阳极的型号和参数如表 4.12 所示,结构型式如图 4.4 所示。

表 4.11　储罐内防蚀用锌合金牺牲阳极

型号	规格/mm	铁脚尺寸/mm			净重/kg	毛重/kg
	A×(B₁+B₂)×C	D	F	G		
ZC—1	750×(115+135)×130	900	16	8~10	82.0	85.0
ZC—2	500×(115+135)×130	650	16	8~10	55.0	56.0
ZC—3	500×(105+135)×100	650	16	8~10	39.0	40.0
ZC—4	300×(105+135)×100	400	12	8~10	24.6	25.0

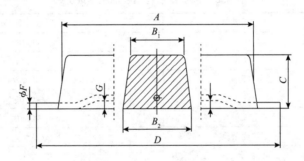

图 4.3　储罐内防蚀用锌合金牺牲阳极结构图

表 4.12　埋地管线用锌合金牺牲阳极

型号	规格/mm	铁脚尺寸/mm				净重/kg	毛重/kg
	A×(B₁+B₂)×C	D	E	F	G		
ZP-1	1000×(78+88)×85	700	100	16	30	49.0	50.0
ZP-2	1000×(65+75)×85	700	100	16	25	32.0	33.0
ZP-3	800×(60+80)×65	600	100	12	25	24.5	25.0
ZP-4	800×(55+64)×60	500	100	12	20	21.5	22.0
ZP-5	650×(58+64)×60	400	100	12	20	17.6	18.0
ZP-6	550×(58+64)×60	400	100	12	20	14.6	15.0
ZP-7	600×(52+56)×54	460	100	12	15	12.0	12.5
ZP-8	600×(40+48)×45	360	100	12	15	8.7	9.0

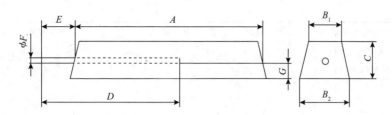

图 4.4　埋地管线用锌合金牺牲阳极结构图

(三)铝合金牺牲阳极

纯铝具有自钝化特性,在土壤中使用时表面会形成一层致密的钝化膜,阻碍铝基体的进一步腐蚀,一般不宜在土壤中作为牺牲阳极使用,但在海水或含有氯离子的环境中则应用广泛。海水中氯离子含量较高,铝不易钝化,铝及其合金在海水中得以应用。按其合金成分的差异,目前常用的铝合金牺牲阳极可以分为五种,包括铝-锌-铟-镉合金牺牲阳极、铝-锌-铟-锡合金牺牲阳极、铝-锌-铟-硅合金牺牲阳极、铝-锌-铟-锡-镁合金牺牲阳极、铝-锌-铟-镁-钛合金牺牲阳极等。主要应用于船舶、海洋平台、海底管道、码头钢桩、储罐内壁的阴极保护等。

在电化学腐蚀过程中,每个铝原子可以失去三个电子,而每个镁原子或锌原子仅能失去两个电子。因此,与镁合金牺牲阳极和锌合金牺牲阳极相比,铝合金牺牲阳极单位重量的发电量最大,约为锌阳极的 3 倍,镁阳极的 2 倍。为了方便铝合金牺牲阳极与被保护结构的连接,市售的铝阳极都配有专门的铁质焊脚,可直接焊接在被保护结构上。以船体阴极保护用的铝合金牺牲阳极为例,又可分为单铁脚焊接式牺牲阳极、双铁脚焊接式牺牲阳极和螺栓连接式牺牲阳极。镯式阳极也是铝合金牺牲阳

图 4.5　镯式铝合金牺牲阳极

极常见的一种结构型式,如图 4.5 所示,常用于海底管段、穿越段管道的阴极保护等。常用镯式铝合金牺牲阳极的规格、重量如表 4.13 所示。在近海结构的一些异形件上,还可以专门定制铝合金的其他形状。

表 4.13　常用镯式铝合金牺牲阳极

内径×宽度×厚度×间隙/mm	每对(含 2 支)重量 / kg	铁芯规格 / mm
$\phi1020\times200\times35\times51$	68	5×50
$\phi819\times60\times30\times51$	13	5×25
$\phi624\times80\times30\times51$	17	5×50
$\phi513\times100\times30\times51$	17	5×50
$\phi487\times200\times45\times51$	41	5×50
$\phi470\times480\times25\times51$	50	5×50
$\phi436\times480\times38\times51$	70	5×50
$\phi420\times413\times45\times51$	69	5×50

内径×宽度×厚度×间隙/mm	每对(含2支)重量 / kg	铁芯规格 / mm
φ385×150×59×51	32	5×50
φ335×505×38×51	56	5×50
φ280×250×45×51	29	5×50
φ252×250×45×51	26	5×50

以 GB/T 4948—2002《铝-锌-铟系合金牺牲阳极》中的规定为例,储罐沉积水部位用的铝合金牺牲阳极规格参数如表 4.14 所示,结构型式如图 4.6 所示。铝合金牺牲阳极的化学成分一般应满足表 4.15 中的规定。当使用单位有特殊要求时,对牺牲阳极的化学成分也可作适当调整,但其电化学性能仍应符合表 4.16 中的规定。

表 4.14 储罐内用铝合金牺牲阳极规格参数

型号	规格/mm A×(B₁+B₂)×C	铁脚尺寸/mm D	F	G	净重/kg	毛重/kg
AC—1	750×(115+135)×130	900	16	8~10	32.0	35.0
AC—2	500×(115+135)×130	650	16	8~10	22.0	23.0
AC—3	500×(105+135)×100	650	16	8~10	15.0	16.0
AC—4	300×(105+135)×100	400	10	8~10	9.7	10.0

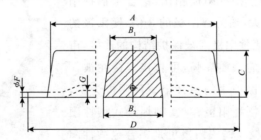

图 4.6 储罐内防蚀用铝合金牺牲阳极结构图

表 4.15 牺牲阳极的化学成分要求

种类	化学成分/% Zn	In	Cd	Sn	Mg	Si	Ti	杂质,不大于 Si	Fe	Cu	Al
A11	2.5~4.5	0.018~0.050	0.005~0.020	—	—	—	—	0.10	0.15	0.01	余量
A12	2.2~5.2	0.020~0.045	—	0.018~0.035	—	—	—	0.10	0.15	0.01	余量
A13	5.5~7.0	0.025~0.035	—	—	—	0.10~0.15	—	0.10	0.15	0.01	余量
A14	2.5~4.0	0.020~0.050	—	0.025~0.075	0.50~1.00	—	—	0.10	0.15	0.01	余量
A21	4.0~7.0	0.020~0.050	—	—	0.50~1.50	~	0.01~0.08	0.10	0.15	0.01	余量

表 4.16　牺牲阳极在海水中使用时应满足的电化学性能要求

项目	阳极材料	开路电位/V_{SCE}	工作电位/V_{SCE}	实际电容量/Ah/kg	电流效率/%	消耗率/kg/(A·a)	溶解状况
电化学性能	1 型	−1.18～−1.10	−1.12～−1.05	≥2400	≥85	≤3.65	产物容易脱落,表面溶解均匀
	2 型	−1.18～−1.10	−1.12～−1.05	≥2600	≥90	≤3.37	

(四)填包料、连接电缆及焊接方式

填包料、连接电缆及电缆与管道的焊接也是牺牲阳极阴极保护系统的重要组成部分,对于保证系统正常运行具有重要作用,以下分别进行介绍。

填包料是为了改善埋地牺牲阳极工作条件而填塞在牺牲阳极四周的导电性材料,目前工程应用主要以石膏粉＋膨润土＋工业硫酸钠组成的混合物为主。填包料可以保持牺牲阳极周围的湿度,降低接地电阻,并减少不溶物质在阳极表面的沉积,使阳极在使用寿命期间内始终保持活化状态。常用的牺牲阳极填包料配方如表 4.17 所示,锌合金牺牲阳极常用于土壤电阻率较低的土壤或海水中,其填包料中一般不含有工业硫酸钠。镁合金牺牲阳极常用于土壤电阻率较高的土壤环境中,通过添加工业硫酸钠可以降低阳极的接地电阻。

表 4.17　常用的牺牲阳极填包料配方

阳极类型	质量分数/%			适用土壤电阻率/(Ω·m)
	石膏粉($CaSO_4＋2H_2O$)	膨润土	工业硫酸钠	
锌合金牺牲阳极	50	50	—	≤15
镁合金牺牲阳极	75	20	5	>15

连接电缆用于在被保护结构和牺牲阳极之间进行电性连接。二者可以通过电缆直接连接,也可以通过测试装置进行连接,以方便通断控制和后续的电位测试。按照标准规定,连接电缆应采用铜芯电缆,测试电缆的截面积不宜小于 4mm²,用于强制电流阴极保护的铜芯电缆截面积不宜小于 16mm²,用于牺牲阳极阴极保护的铜芯电缆截面积不宜小于 4mm²。但考虑到现场施工的便利性,对于确定不需传导电流的测试电缆,可适当减小测试电缆的截面积规格。

铜芯电缆与管道的连接常采用焊接的方式,主要包括铜焊和铝热焊接两种方式。铜焊需要由专门的铜焊机来进行焊接,由磨光机、磁性接地装置、专用焊枪、高能铅酸配电池和充电器组成。焊接质量好,适用于建设期间大批量焊接时使用。在日常运行过程中的小规模焊接施工时,则实际更多采用铝热焊接的方式,利用铝热反应的放热使铜线融化后粘结在管道外壁上,其反应过程和焊接后效果如图 4.7 所示。

与铝热焊相比,铜焊焊接过程中对管道本体的热损害往往较小。铝热焊是利用化学反应所产生的高温液态铜将铜芯电缆熔化并粘结在钢管表面。这就造成了反应过程中所产生的热是不易控制的,过高的温度有可能会对钢管本体产生损害。而铜焊是通过电流对专用

图 4.7　铝热焊接反应过程及焊接后效果

焊接材料进行加热,使其熔化并与专用电缆铜接线连接而达到焊接的目的。通过控制焊接过程中的电流,可以有效地控制焊接过程中的温度。铜焊过程中最高温度为 650℃,从而最大限度地减少对管道的热损害。

铜焊在耐候性方面也要明显优于铝热焊效果。铜焊采用电流使焊材发热熔化,即使在很潮湿的环境下仍然可以保证较高质量的焊接。铝热焊在潮湿环境中使用时,焊剂受潮会导致化学反应不完全,如果焊渣与铜液一起滴落在钢管表面,就有可能造成虚焊。因此,从技术角度上讲铜焊要优于铝热焊。但从经济上讲,铜焊作为较为先进的技术,它的投资较铝热焊要稍高一些。

铝热焊接过程中释放的大量热量是否会对管道造成损伤,国内并没有统一的说法,也未形成相关的操作标准。参照伊朗石油部 IPS-C-TP-820 的"阴极保护施工标准",其针对铝热焊的部分条款摘要如下,供读者参考。

①管道壁厚小于 3mm 时,应采用可靠夹接或者银焊。

②每次铝热焊剂用量不应超过 15g。

③铝热焊点位置与环焊缝距离应大于 200mm。

④铝热焊点位置与直焊缝距离应大于 40mm。

⑤在管道上进行铝热焊时,允许的管道运行压力可采用以下公式进行计算。当实际运行压力大于计算压力时,应慎用铝热焊接的方式。

$$P_P = \frac{2S(t-1.59) \times 0.72 \times 10^3}{D} \tag{4-1}$$

式中　P_P——允许的运行压力大小,kPa;

　　　　S——管道的最小屈服强度,MPa;

　　　　D——管道公称外径,mm;

　　　　t——管道公称壁厚,mm。

⑥运行承压管道的壁厚小于 3.18mm 时,不应采用铝热焊。

⑦高压输气管道的壁厚介于 3.18mm 和 4.78mm 之间时,铝热焊应在气体流动时进行。

⑧铝热焊应避开弯头、三通等高应力位置。

⑨同一位置进行多次铝热焊时,焊点之间间距应不小于 100mm。细铜导线采用 15g 的

焊接模具进行焊接时,可以将导线缠绕在合适大小的铜套管后进行焊接。

⑩进行铝热焊前,应采用超声波测厚仪测试管道壁厚。存在点蚀、层状腐蚀或管道剩余壁厚小于公称壁厚90％时,不得进行铝热焊。

二、强制电流的阴极保护

强制电流的阴极保护,是通过外加直流电源和辅助阳极,迫使电流从土壤流向被保护结构,降低被保护结构电位而达到电化学保护的。一个完整的强制电流阴极保护系统主要由外加直流电源、被保护结构、辅助阳极、参比电极、连接电缆、测试装置等6部分组成。应用于油气输送站场的典型强制电流区域阴极保护系统如图4.8所示。由于油气输送站场内阴极保护对象的复杂性,区域阴极保护系统常采用多个各自独立的阴极保护回路构成,并至少留有一个备用回路。每个独立阴极保护回路的构成基本类似,由直流电源、辅助阳极地床、通电点、馈流点、分流箱、测试点和智能电位采集系统组成。直流电源通常安放在线路阴极保护站的阴极保护间内,且与沿线阀室或站场合建。辅助阳极地床可包括深井阳极地床、浅埋阳极地床、柔性阳极地床等多种形式,通过阳极电缆与直流电源的正极相连,其距离管道的垂直距离一般应足够远,以获得较长的保护距离。通电点和馈流点位置,采用焊接的方式将阴极电缆、零位接阴电缆焊接到管道上,并与恒电位仪对应的接线柱进行连接。分流箱适用于多路阳极供电的情况,可用于单独调节各路阳极的输出情况。测试点和智能电位采集系统沿管道进行设置,干线管道一般每隔1km会设置1处测试桩,以方便进行电位监测和系统维护。

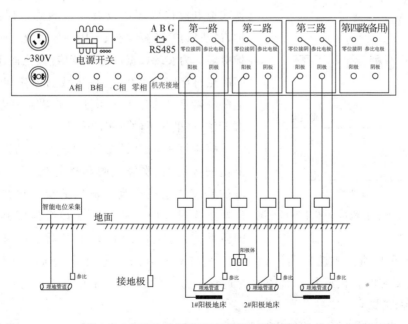

图4.8 典型的强制电流区域阴极保护系统构成

（一）变压、整流、滤波的基本原理

直流电源作为强制电流阴极保护系统的供电设备，是该系统的核心部件，其额定电压、额定电流等参数直接决定了该系统的运行情况和承载能力。在市电等交流电源能够到达的地方，阴极保护用直流电源主要以整流器和恒电位仪为主，工作模式包括恒电压、恒电位和恒电流等三种类型。在偏远地区等交流供电网络没有覆盖的地方，也常采用太阳能电池、风力发电机、热电电池并配合蓄电池作为外加直流电源使用。

根据前面几章介绍的电化学和阴极保护的基本知识，为使管道受到阴极保护，阴极保护电流应为方向不变的直流电。电流方向不随时间而变化，始终由电解质流向被保护结构表面。如果所施加的电流直接采用交流电，则由交流电的性质可见，不仅起不到阴极保护的作用，反而可能加速管道的交流腐蚀。交流电和直流电中电位随时间的变化形式如图4.9所示。我们日常生活或工业生产中用到的市电主要是220V或380V的交流电，电压大小和方向随时间呈正弦波的规律变化。而阴极保护需要用到的直流电，其电压随时间基本不变。为了将工频的交流电转变为直流电，就需要用到整流器或恒电位仪等设备。恒电位仪的功能与整流器基本类似，在恒电位工作模式下，恒电位仪还可以通过零位接阴电缆将管道的电位反馈给恒电位仪，与给定电位进行对比后调整恒电位仪的输出，从而将被保护结构的电位保持为恒定值，因而被称为恒电位仪。

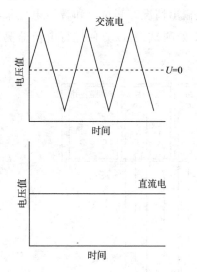

图4.9　交流电和直流电电压波形示意图

交流电依次经过整流器或恒电位仪的变压、整流、滤波电路后，就可以转变为直流电，用于阴极保护系统，为被保护结构提供阴极保护电流。此外，整流器或恒电位仪内部还设有专门的防雷保护、过流保护、过热保护、故障保护、一用一备系统互锁保护等保护电路。为实现数据的远距离传输，往往还预留有专门的点对点或数字接口，用于数据传输和远程监控。这些电路更多的是为了保证整流器或恒电位仪的正常工作，这里并不做过多的介绍。

变压过程是通过变压器来实现的。变压器主要由初级线圈、次级线圈和铁芯（磁芯）组成，利用电磁感应的原理来改变输出的交流电压大小。变压器工作过程中可通过改变初级线圈和次级线圈的匝数，实现电压的升高或降低。经过变压后的特定信号就可以进入整流回路进行整流。整流就是利用特定元器件（如二极管）的单向导电性，把交流电转换成脉冲直流电的过程。常见的整流电路包括半波整流、全波桥式整流等多种形式。

半波整流电路构成如图4.10所示，由一个单向导通的二极管组成。当施加于二极管两端的电压为正向电压且超过其阈值时，二极管导通；当施加于二极管两端的电压为负电压或正向电压小于其导通阈值时，二极管截止。其对应两个周期正弦波信号的整流效果如图

4.11所示。半波整流电路的结构简单,但整流效率低,对输入能量的利用率不足,输出电压的波动也比较大,目前在实际工程中作为整流器中的整流电路已极少应用。但在一些简单的交直流排流设施中,还经常会用到。二极管在工作过程中会产生较多的热量,在应用于简单的排流设施中时,应注意二极管的选型和散热问题。

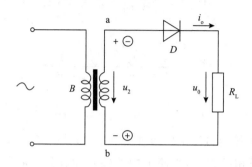

图4.10 一个二极管构成的半波整流电路

桥式全波整流电路如图4.12所示,由四个单向导通的二极管(D_1,D_2,D_3,D_4)桥接成电桥形式,故称为桥式整流。在变压器副边电压的正半周,D_1和D_3导通,D_2和D_4截止。在电压的负半周,D_2和D_4导通,D_1和D_3截止。其对应两个周期正弦波信号的整流效果如图4.13所示,整流后可以得到一个单方向的全波脉动电压和电流。桥式整流电路的输出电压脉动程度比半波整流电路小得多,而且整流效率明显提高,输出电压和电流的平均值也比半波整流电路提高了一倍。因此,桥式整流电路目前已经得到了较广泛的应用。

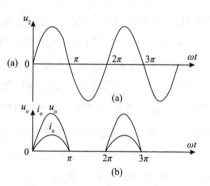

图4.11 半波整流效果示意图

需要注意的是,上述提及的半波整流和全波整流电路都是相对于单相输入信号而言的。对于三相输入信号,也可以设计相应的整流电路,整流电路更复杂,用到的元器件数量也更多,整流效率也会相应提高。

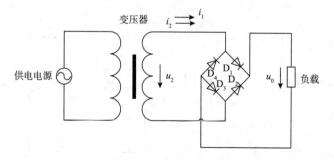

图4.12 四个二极管构成的单相全波整流电路

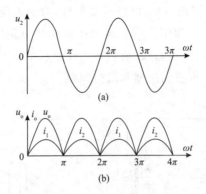

图 4.13　全波整流效果示意图

经整流电路整流后的输出电压主要为直流电压,但其中仍包括了不少的脉动成分,与图4.9中真正的直流电压还相差很大,直流电中这些脉动成分一般被称为纹波。为了减少纹波、获得更稳定的直流电,就需要在整流电路后面设计专门的滤波电路。根据第二章第四节"电化学阻抗谱分析"中的论述,电容、电感或其不同的组合方式对不同频率的交流电、直流电会表现出不同的阻抗。利用这些特性,这些电子元件都可用于设计滤波电路,来滤除原始信号中特定频率的脉动成分。目前常用的滤波电路主要包括无源滤波和有源滤波两大类。无源滤波的主要形式有电容滤波、电感滤波和复式滤波(包括倒 L 型滤波、LC 型滤波、LCπ型滤波、RCπ 型滤波等)。有源滤波的主要形式是有源 RC 滤波,也被称作电子滤波器。下面以电容滤波、电感滤波两种形式为例,简要介绍其滤波效果。

单相交流电经全波桥式整流后,再采用一个电容进行滤波的电路,如图 4.14 所示。通过在整流电路的负载上并联一个电容器,就可以构成电容滤波电路。根据第二章第四节的内容,电容器对电压的阻抗与其频率有关。也可以简单认为:电容器 C 对直流表现为开路,对交流则阻抗很小。这样,电容器 C 并联在负载两端就可以滤除交流成分,使输出到负载的电流主要为直流电流。但实际输出到负载的信号也并非完全的直流,与负载回路的电阻有关。当负载开路,即回路电阻无穷大时,输出为完全的直流信号;当负载回路电阻为 R 时,输出信号中仍会有一定的波纹脉动成分。

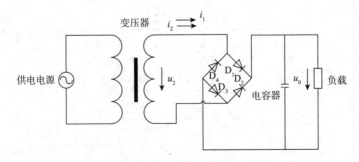

图 4.14　全波桥式整流后电容滤波电路示意图

单相交流电经全波桥式整流后,采用一个电感进行滤波的电路如图 4.15 所示。通过在整流电路的负载上串联一个电感,就可以构成电感滤波电路。根据第二章第四节的内容,电感对电流的阻抗与其频率有关,也可以简单认为:电感 L 对交流开路,对直流阻抗很小。电感 L 串联在负载回路中就可以减小输出电压和电流的波动情况,使输出到负载的电流接近为直流电流。电感滤波的效果与其电感值有关,电感值增加,其滤波效果也更好。但大电感滤波的缺点就在于其体积较大、制造成本也会相应增加。

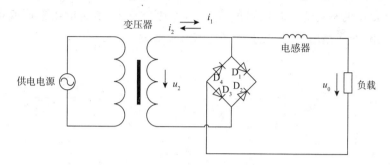

图 4.15　全波桥式整流后电感滤波电路示意图

(二)恒电位仪

恒电位仪在国内的应用较多,目前市场上针对油气长输管道销售的两款主要产品包括:可控硅恒电位仪和高频开关恒电位仪。在油气田油井套管的阴极保护时,也常用到脉冲式恒电位仪,其阴极保护电流向深度范围内的扩散能力更强,保护范围也更大。可控硅恒电位仪利用可控硅技术来实现输出信号的调节,高频开关恒电位仪则利用高频开关电源技术实现输出信号的调节,最终使得被保护结构的电位稳定在恒定值。

可控硅也称为晶闸管,是一种可控的单向导电开关,能够在弱电信号的作用下,可靠地控制强电系统中的各种电路输出情况。可控硅是由两层 P 型(P_1、P_2)和两层 N 型(N_1、N_2)半导体交替构成的 PNPN 型结构,共包括了 3 个 PN 结(J_1、J_2、J_3),如图 4.16 所示。它的三个电极分别为阳极 a、阴极 k 和控制极 g。如果只在阳极 a 和阴极 k 之间加上电压,不管所加电压的极性如何,这三个 PN 结中至少有一个是处于反向偏置的,阳极 a 和阴极 k 之间不会导通,器件处于截止状态。只有同时从控制极 g 输入控制信号,才可以实现对可控硅通断的控制,获得不同大小的输出电压和输出波形。

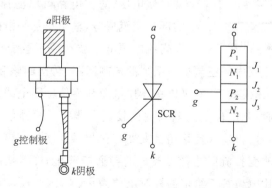

图 4.16　可控硅元件的外形、符号和内部结构

与图 4.10 中一个二极管构成的半波整流电路类似,单个可控硅控制回路输出电压的原

理和效果如图 4.17 所示。设 $u_2 = \sqrt{2}U_2 \sin\omega t$。当 $\omega t = \alpha$ 时,控制极 g 开始加有触发电压 V_g。当 $\omega t = \pi$ 时,交流电压为零,可控硅自行关断。可控硅导通的时长也可用导通角 θ 来表示,$\theta = \pi - \alpha$。在交流电压进入负半周后,可控硅承受反向电压,呈反向阻断状态。因此,在 0 $\sim \alpha$ 期间,可控硅正向阻断;在 $\alpha \sim \pi$ 期间,可控硅导通。通过改变施加触发电压的时刻,就可以改变负载电压的平均值。若控制角 α 增大,导通角减小,负载电压平均值减小。反之,若控制角 α 减小,导通角增大,负载电压平均值就会增大。

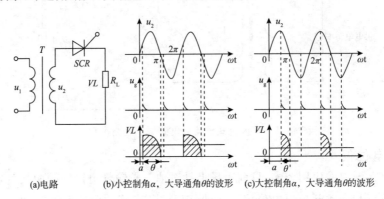

(a)电路 　　(b)小控制角 α,大导通角 θ 的波形 　　(c)大控制角 α,大导通角 θ 的波形

图 4.17　单相半波可控硅整流电路及输出波形图

　　利用可控硅的这种特性,将交流电转变为大小可调直流电的过程就称为可控硅整流,由此制成的整流器称为可控硅整流器。与图 4.12 中四个二极管构成的单相全波整流电路类似,常用的可控硅桥式整流电路如图 4.18 所示。图 4.12 两个臂中的二极管 D_3、D_4 被可控硅 T_1、T_2 所取代。在不同的时刻,从控制极输入控制信号,控制可控硅的通断,就可以获得不同大小的输出电压和输出波形。

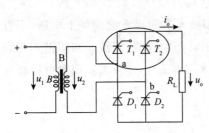

图 4.18 可控硅桥式整流电路图

　　可控硅恒电位仪在输入的交流电源与外部负载之间的电路主要包括变压、整流、滤波、稳压等 4 个部分。变压电路将交流电压转变为符合整流电路需要的次级交流电压;整流电路进一步将交流电压转变为单向脉动直流电压;滤波电路可以滤掉单向脉动直流电压中的部分交流成分,输出更加平滑的直流电压;稳压电路在交流电源电压波动或负载变动时,可以保证输出的稳定电压。此外,恒电位仪内部还包括一系列的控制回路、转换回路和保护回路。如可控硅恒电位仪在恒电位的工作模式下,就可以将参比电缆和零位接阴电缆反馈的电压信号,经阻抗变换后与最初给定的控制电位共同输入到比较放大器中。两种信号经比较放大后,输出与二者之差成正比的信号,再输入到移相触发器。移相触发器根据该信号大小,自动调整触发脉冲的产生时间,以改变整流回路中可控硅的导通与截止时间,从而改变输出电流、电压的大小,直至测试的参比电位等于给定的控制电位为止。

　　高频开关整流器是将交流电输入转变为直流电输出的一种电源模块。通信电源中也常称为开关整流器,一般可提供电压为 $-48V$ 或 $+24V$ 的直流电。高频开关整流器通常由滤波电路、整流电路、功率因数校正电路、直流-直流变换器和输出滤波器等部分组成。交流市电直接由二极管整流后,经功率因数校正电路,功率变换电路,把直流电源变换成高频率的交流电流,再经高频整流成所需的低电压直流电源。因此,高频开关恒电位仪内部往往由一系列的电子元器件,构成复杂的数字电路。与可控硅恒电位仪相比,高频开关恒电位仪往往具有以下优点:

①体积小、重量轻;

②节能效果好,效率约在90%以上;

③功率因数高,一般大于0.92;

④模块可热备份冗余应用,可靠性高;

⑤装有监控模块,与计算机相结合,组成智能化电源,便于集中监控;

⑥噪声低,当开关频率在40kHz以上时,基本上无噪声;

⑦扩容容易,调试简单;

⑧维护方便,易于更换故障模块。

恒电位仪和整流器一般都应用于交流市电获取较容易的地区。但油气长输管道所经过的地理环境复杂,为了满足边远无电地区的电源需求和部分地区的节能要求,也常采用太阳能电池、热电电池、燃气发电机、风力发电机等作为阴极保护电源的供电设备。

以太阳能供电系统为例,太阳能供电阴极保护系统是由光电池方阵、充放电控制器、蓄电池组、恒电位仪等组成,如图4.19所示。光电池方阵主要由单晶硅等光电材料构成,用于将太阳能转变为光能。充放电控制器的功能主要在于防止蓄电池组过充电、过放电,防止系统超压、过流,提供欠压及故障告警等功能,并可提供模拟信号测量、遥测信号接口,实现对设备的远程控制。蓄电池主要用于电能的存储和夜间时给恒电位仪供电。太阳能供电系统在白天有阳光时,光电池将吸收的太阳能转换成电能,供给恒电位仪的同时,给蓄电池组充电,夜晚无阳光时,光电池方阵停止工作,由蓄电池组给恒电位仪供电。在大多数情况下,太阳能电池完全能够满足恒电位正常运行的需要。只是由于太阳能发电量受天气影响波动较大,常需要配置大容量的蓄电池组,设备一次性投资较大。以1989年在国内某输油管道安装的太阳能阴极保护站为例,采用了8块美国制造的ARCO M53型太阳能光电池板并联作为直流发电装置。光电池极板安装在屋顶可调节角度的金属框架上。由40块碱性电瓶(1.2V/块)经串并联后组成蓄电池组,总容量达到2000A·h。系统投运后,太阳能光电池发电效果良好,恒电位仪始终处于稳定的工作状态,在给定$-1.25V_{CSE}$的电位条件下,输出电流5A,输出电压6V。某太阳能极板发电电流随天气情况的变化如表4.18所示。其受天气的影响较大,在阴天时的工作电流均小于晴天时的工作电流。而且太阳板电池工作过程中,蓄电池的充放电电流是否会对管道产生直流干扰,不同人也有不同的看法。因此,太阳能供电的阴极保护系统的使用,是一个涉及多个专业领域的问

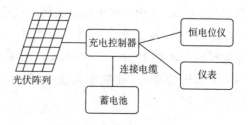

图4.19 太阳能供电阴极保护系统构成示意图

题,在前期设计过程中应综合考虑各类可能的影响效果。太阳能电池的供电系统不仅可以应用于长输管道,还可应用于油气田内对油井套管的阴极保护,在国内外油田内部也多有应用。

表 4.18 不同天气情况下太阳能光电池运行数据

时间与气象		太阳能极板电流/A								总电压/V
日期日期	时刻	1#	2#	3#	4#	5#	6#	7#	8#	
1月21日晴	8:00	1.5	1.5	1.6	1.5	1.5	1.4	1.5	1.4	15.0
	9:00	2.0	2.0	2.1	1.9	1.9	1.9	2.0	1.9	15.5
	10:00	2.5	2.5	2.6	2.5	2.5	2.4	2.5	2.4	16.0
	11:00	3.2	3.2	3.3	3.2	3.2	3.1	3.2	3.1	16.5
	12:00	4.1	4.0	4.1	4.0	4.0	3.9	4.1	4.0	18.0
	13:00	3.5	3.5	3.6	3.5	3.5	3.4	3.5	3.4	17.0
	14:00	3.0	2.9	3.1	3.0	3.0	2.9	3.0	2.9	16.5
	15:00	2.4	2.4	2.5	2.4	2.4	2.3	2.4	2.3	16.0
	16:00	2.0	2.0	2.1	2.0	2.0	1.9	2.0	1.9	15.5
	17:00	1.4	1.4	1.5	1.4	1.4	1.3	1.4	1.3	15.0
1月27日阴	8:00	0.4	0.3	0.5	0.4	0.4	0.2	0.3	0.2	14.0
	9:00	0.9	0.8	1.0	0.9	0.9	0.8	0.9	0.8	14.5
	10:00	1.5	1.4	1.5	1.4	1.4	1.3	1.4	1.3	15.0
	11:00	1.6	1.5	1.6	1.5	1.5	1.4	1.5	1.4	15.0
	12:00	1.8	1.7	1.8	1.7	1.7	1.6	1.7	1.6	15.5
	13:00	1.5	1.4	1.5	1.4	1.4	1.3	1.4	1.3	15.0
	14:00	1.2	1.2	1.3	1.2	1.2	1.1	1.2	1.1	15.0
	15:00	1.1	1.0	1.2	1.1	1.1	1.0	1.1	1.0	14.5
	16:00	0.9	0.8	1.0	0.8	0.8	0.7	0.8	0.7	14.2
	17:00	0.3	0.2	0.4	0.3	0.3	0.3	0.2	0.2	14.0

(三)辅助阳极

目前常用的辅助阳极材料主要包括石墨阳极、钢铁阳极、高硅铸铁阳极、贵金属氧化物阳极、柔性阳极等多种类型。石墨阳极的主要性能如表 4.19 所示。石墨阳极材质较脆、且含有大量孔隙,使用过程中阳极表面的反应主要为析氧反应,析出的氧气还可以进一步与石墨反应,生成一氧化碳、二氧化碳等气体。因此,在析出气体的作用下,石墨阳极消耗较快,而且容易大块剥离脱落。一般都要求经亚麻油或石蜡浸渍后再投入使用。浸渍后的阳极表面电化学活性降低,孔隙中发生反应的可能性减小,可以使石墨阳极的使用寿命延长约 50%。

表 4.19 石墨阳极的主要性能

密度/(g/cm³)	电阻率/(Ω·mm²/m)	气孔率/%	消耗率/[kg/(A·a)]	允许电流密度/(A/m²)
1.7~2.2	9.5~11.0	25~30	<0.6	5~10

钢铁阳极是指角钢、扁钢、槽钢、钢管等制作的阳极或其他用作阳极的废弃钢铁构筑物等。表面的阳极反应主要为铁的溶解,按照法拉第定律结合实际的使用效率,阳极的消耗率约为 9~10 kg/(A·a)。钢铁阳极材料的获取比较简单,曾获得过广泛应用。但由于其消耗率较高,使用寿命较短,近年来已较少使用。只在一些特殊的环境(如:高电阻率地区或小电流、短时间应用的情况)下,仍有一定的使用价值。

高硅铸铁阳极则通过在铸铁阳极中加入硅,其表面在湿润环境下可以生成一层导电的二氧化硅膜,在保证电流输出的前提下还可以提高其耐蚀性,延长使用寿命。高硅铸铁阳极的化学成分如表 4.20 所示,允许的电流密度约为 5~80A/m²,消耗率小于 0.5kg/(A·a)。高硅铸铁阳极中的硅含量是影响其耐蚀性和机械性能的主要因素,硅含量增加,耐蚀性提高,但脆性也会相应增加。此外,通过在高硅铸铁中添加铬元素,还可以制成含铬高硅铸铁阳极,进一步提高其耐蚀性,其化学成分如表 4.20 所示。针对氯离子和硫酸根离子含量较高的土壤环境中,相关标准往往推荐使用含铬高硅铸铁代替普通的高硅铸铁。市售的常用高硅铸铁阳极规格如表 4.21 所示。阳极在制成出厂后,每根阳极均应连接有阳极引出电缆。为了避免阳极尖端的过量消耗,电缆与阳极的连接位置还以位于管状阳极中间为宜。自带的阳极电缆应带有绝缘层和外护套两层保护措施,单芯多股绞合铜导线的截面积不应小于 16mm²。为提高阳极使用寿命,阳极引出电缆与阳极连接处应进行严格密封。阳极引出线与阳极的接触电阻应小于 0.01Ω,拉脱力数值应大于阳极自身重量的 1.5 倍,接头密封可靠,阳极表面应无明显缺陷。

表 4.20 高硅铸铁阳极的化学成分

序号	类型	主要化学成分的质量分数/%					杂质质量分数/%	
		Si	Mn	C	Cr	Fe	P	S
1	普通	14.25~15.25	0.5~1.5	0.80~1.05	—	余量	≤0.25	≤0.1
2	加铬	14.25~15.25	0.5~1.5	0.80~1.4	4~5	余量	≤0.25	≤0.1

表 4.21 常用高硅铸铁阳极规格

序号	阳极规格		阳极引出导线规格	
	直径/mm	长度/mm	截面积/mm²	长度/mm
1	50	1500	10	≥1500
2	75	1500	10	≥1500
3	100	1500	10	≥1500

混合金属氧化物阳极(简称 MMO 阳极)是新近兴起的一类新型阳极,适用于土壤、淡水、盐渍水和海水等多种环境。其重量轻、消耗率低、使用寿命长、性价比高,是目前管道、储

罐阴极保护系统中替代高硅铸铁阳极最有前途的产品。混合金属氧化物阳极的基体材料采用工业纯钛,其化学成分应不低于 GB/T 3620.1 中对 TA2 级工业纯钛的要求,钛基体表面为一层可以导电的贵金属氧化物膜,在带有填料的土壤环境中工作时,其工作电流密度可以达到 $100A/m^2$。即使基体钛表面的氧化物层有破损,钛本身的耐蚀性也可以在其表面形成一层保护膜,使基体免受腐蚀,其余未破损部位的氧化物层则还可以不断地输出阴极保护电流。

目前,MMO 阳极表面的氧化物层主要包括二氧化铱和二氧化钌两种。在加工生产过程中,钛基体表面需进行严格清理,去除所有油污、杂质等有机物,并通过化学侵蚀使基体表面粗糙,以提高基体与表面氧化层的粘结力。出厂前,测试的粘结力应满足标准 ASTM D3359 的规定。在使用过程中,MMO 阳极表面的阳极反应主要为氧气和氯气的析出,其中在 RuO_2 上析氯气的过电位小于析氧气过电位,若介质中存在氯离子,则优先以氯气析出为主。

$$析氧反应:2H_2O-4e^- \longrightarrow O_2+4H^+ \qquad (4-2)$$

$$析氯反应:2Cl^- -2e^- \longrightarrow Cl_2 \qquad (4-3)$$

可以看出,随着上述反应的进行,阳极表面环境的 pH 值会不断降低,因此,阳极的耐酸性腐蚀能力就显得尤为重要。图 4.20 为这两种氧化物层在实验室加速实验过程中的使用寿命对比。实验室试验在硫酸溶液中进行,在 $300A/m^2$ 的阳极输出电流作用下,二氧化铱氧化层的寿命可以达到 3000 天,是二氧化钌涂层(200 天)的 15 倍。在工程实际中核算其使用寿命时,MMO 阳极的消耗率一般被认为很低,约 $2mg/(A \cdot a)$,远比硅铁阳极的消耗率小很多。据估算,其在土壤中以 $100A/m^2$ 的电流密度释放电流时,使用寿命可达 20 年。随着

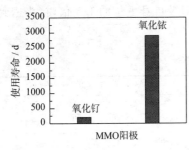

图 4.20 不同氧化物构成对 MMO
阳极使用寿命的影响

电极工作时间的延长,除氯气和氧气的析出外,若阳极对地电位过高,也会使得表面的氧化层发生部分溶解。因此,在使用过程中也应注意控制阳极的对地电位小于其击穿电位,以保证正常工作。此外,有文献报道:使用条件也会影响阳极的使用寿命。如停电次数越频繁,电极寿命会越短,主要是由于再送电时二氧化钌的溶解量增加。反复停送电,电极寿命减少 20%~50%。根据其电极特性,在作为辅助阳极使用时,要格外注意,测试过程中常通过在恒电位仪位置安装 GPS 同步中断器的方

法来消除 IR 降,测取管道保护电位时,阳极的频繁通断电也会对其实际的使用寿命造成一定的影响。

在一般的土壤类型和地下水环境中使用时,介质中含有的各种有害化学元素较少,不会对 MMO 阳极的使用寿命造成过多影响。但当在废水或输送化学物质的环境中使用 MMO 阳极时,介质中所含有的特殊化学成分也可能影响其性能和使用寿命。当土壤中含有表 4.22 所示的特殊化学成分时,也可能对 MMO 阳极使用所造成的不利影响。这些情况在土壤、地下水环境中出现的较少,可不用做过多考虑。但在化工环境中选择阳极时,应特别予以关注。

表 4.22 可能对 MMO 阳极使用产生影响的因素

化学成分	物质浓度	可能产生的影响
氟化物	$>2\times10^{-6}$	侵蚀钛基体,使阳极过早失效
溴化物	5×10^{-5}	降低钛的击穿电位
氰化物	1×10^{-6}	与氧化层中的金属元素生成络合物,使阳极过早失效
锰	5×10^{-8}	在氧化物层中形成二氧化锰,使阳极电位升高,使用寿命降低
铅	2×10^{-6}(不存在氯离子的条件下)	铅的氧化物沉积在阳极表面,阳极局部位置电流密度过高,使用寿命降低
钡	1×10^{-6}(存在硫酸根离子的条件下)	硫酸钡沉积在阳极表面,阳极局部位置电流密度过高,使用寿命降低
锶	3×10^{-5}(存在硫酸根离子的条件下)	硫酸锶沉积在阳极表面,阳极局部位置电流密度过高,使用寿命降低
有机物	1×10^{-6}	EDTA 会消耗表面的氧化层,使阳极过早失效。部分有机物沉积在阳极表面,使得阳极局部位置电流密度过高,使用寿命降低

目前,市售的 MMO 阳极主要以管状阳极或棒状阳极为主,如图 4.21 所示。国内某公司生产的常用 MMO 管状阳极的规格尺寸、在土壤中使用时的排流量和使用寿命如表 4.23 所示。可以加工成不同的尺寸规格,对应不同的排流量大小,其在土壤中的使用寿命一般为 20 年左右。

图 4.21 管状 MMO 阳极

表 4.23 MMO 管状阳极规格尺寸与相关性能

阳极名称	规格尺寸/mm	排流量/A	使用寿命/年
MMO 管状阳极	$\phi25\times1000$	8	20
MMO 管状阳极	$\phi25\times700$	5	20
MMO 管状阳极	$\phi32\times1000$	10	20
MMO 管状阳极	$\phi50\times1000$	15	20

国内油气行业在使用 MMO 阳极时,较多使用的是预包装的 MMO 阳极。通过中心定位器将管状 MMO 阳极固定在钢质套管中心,其周围采用焦炭回填后再进行焊接、密封。为使阳极反应过程中产生的氧气、氯气及时扩散出去,避免引起"气阻",套管内部也常设有专门的排气管。国内一些单位还专门制定了针对 MMO 阳极的设计和使用技术要求,如下所示:

①基体材料:一级钛(GB/T3620 TA2);氧化膜:IrO/TaO(氧化铱/氧化钽)。

②钛镀贵金属氧化物阳极尺寸:$\phi25mm\times1000mm$。

③阳极体应在工厂预先封装在 $\phi219mm$ 的 20# 钢套管内,钢套管长度一般为 6000mm 或 4000mm,每根套管内串接 3 支或 2 支钛镀贵金属氧化物阳极。

④阳极周围应填充高纯度、低阻抗碳素填料且填充密实。填料体积质量≥1041kg/m³,粒径范围应使得 98% 填料通过 20 目筛,80% 填料通不过 100 目筛,含碳量大于 90%。

⑤套管内应有良好的排气措施,并应安装专门的排气管及保证现场准确定位,有效防止气阻的发生。排气管的孔或缝应足够小,能防止填料的进入。排气管应引出至地面,材料由阳极供货商统一配套提供。

⑥每个套管内应有一根阳极体电缆引出,电缆采用 VV 型铜芯电缆,电缆截面不小于 16mm²。套管电缆引出线长度应分别根据阳极体埋深确定,且能保证安装后引到地面上的长度不少于 5m,电缆地下部分应穿保护套管。电缆与阳极连接的接触电阻小于 0.01Ω,阳极与电缆的接头应有可靠的密封形式,且能承受水压和阳极释放气体造成的氧化降解。

⑦套管端部应有方便吊装的 U 形吊环,阳极消耗率≤6mg/(A·a)。

柔性阳极与前面提到阳极的区别并不主要在于阳极的成分,而是根据阳极的形状划分出来的。柔性阳极是一种电缆状的阳极,可以沿着管道近距离敷设。柔性阳极最早由美国公司在 20 世纪 80 年代研制并推向市场,主要用于常规阳极地床使用受限的区域,如高土壤电阻率石方段、老旧管道保护等,目前在油气站场、储罐底板外壁的区域性阴极保护中都得到了广泛的应用。由于其可以与被保护结构物近距离敷设,阴极保护电流分布更加均匀,可以有效地消除屏蔽和干扰的各种问题,自使用之初便广受重视。根据阳极芯材质的不同,柔性阳极主要可分为两种类型:导电聚合物柔性阳极和 MMO 柔性阳极。

导电聚合物柔性阳极的结构如图 4.22 所示。阳极最内层为导电铜芯,用于保证电流的长距离传输。铜芯并不直接接触周围的电解质(如土壤等),可以防止其受到腐蚀。铜芯外层为导电聚合物层,是柔性阳极主要的阳极载体部分。导电聚合物层多为掺杂型的导电聚合物材料,如将石墨添加到聚乙烯或聚丙烯中,导电层的电阻率在 1.5Ω·cm 左右。在电流沿铜芯传输的过程中,就可以有小量的阴极保护电流经导电聚合物层不断滴流、渗透到周围的电解质中。导电聚合物的外层为填充的焦炭粉,用于降低接地电阻和减少阳极芯的消耗。最外层采用耐酸碱的编织层进行包裹,可以防止内部焦炭粉的漏失,还可以方便现场的安装程序。这种阳极的特点是成本低,可满足较小阴极保护电流密度的使用要求,但使用寿命和可靠性均相对较差。现在市场上常用的一种导电聚合物柔性阳极的相关参数如表 4.24 所示。

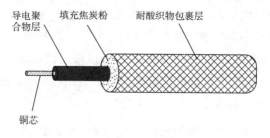

图 4.22　导电聚合物柔性阳极

表 4.24　导电聚合物柔性阳极的部分规格参数

产品型号	AFLX-1500-01
柔性阳极外径	35 mm
导电聚合物外径	13.2 ±0.5 mm
重 量	1.00 kg/m
活性碳消耗率	1 kg/(A·a)
输出电流密度	52 mA/m(max)
导电聚合物电阻率	1.1 ～1.9Ω·cm
活性碳纯度	99%
活性碳电阻率	0.05 ～15Ω·cm
最低安装温度	0 °F(−18℃)
最小弯曲半径	500 mm

　　MMO 柔性阳极的结构如图 4.23 所示。与导电聚合物柔性阳极相同,阳极最内层为导电铜芯,用于保证电流的长距离传输。铜芯外层采用耐酸碱、耐氧化的电缆护套进行保护,防止导电铜芯的腐蚀。阳极芯的主材为其中的 MMO 阳极丝。MMO 阳极丝与导电电缆并行,并每隔一段距离(如 3m)进行焊接连接,将铜芯上的电流经 MMO 阳极丝释放到周围的电解质中。电缆铜芯和 MMO 阳极丝之间、外部同样填充碳粉,以降低接地电阻,增长阳极丝的使用寿命。焦炭粉外部采用耐酸编织物进行包裹。由于阳极芯采用的材料相同,MMO柔性阳极具有很多管状 MMO 阳极的优点,如消耗率低、可承受的排流密度大等。MMO 阳极丝的消耗率可以低至 5mg/(A·a),在满负荷条件下可以使用 20 年,而本身的尺寸和形状几乎无变化。在填充焦炭粉的条件下进行使用时,其排流密度最大还可达到 $100A/m^2$,耐受的电压可以高达 15～18V。但与导电聚合物的柔性阳极相比,其使用成本也相对较高。

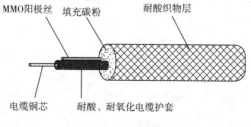

图 4.23 MMO 柔性阳极

MMO 柔性阳极可以输出的阴极保护电流密度较大,但考虑到气阻、阳极寿命等问题,在选用合适的柔性阳极类型和排流密度时也应有所注意。以国外某公司生产的某系列柔性阳极为例,在稳定工作条件下,不同型号柔性阳极可以输出的电流密度如表 4.25 所示。在一般条件下,柔性阳极与管道并行敷设使用时,允许电流密度为 $51mA/m$ 的阳极类型已基本可以满足不同条件的使用要求。

表 4.25 MMO 柔性阳极允许的输出电流密度

类型	允许的电流密度/(mA/m)
I	51
II	80
III	160
IV	320
V	800

在实际使用过程中,关于辅助阳极类型的选择,通常可以遵循以下原则:在一般土壤中可采用高硅铸铁阳极、石墨阳极、钢铁阳极、MMO 阳极等各种类型的阳极;在含氯离子、硫酸根离子较多的环境中,应采用含铬高硅铸铁替代普通的高硅铸铁阳极;在石方段等高土壤电阻率环境、防腐层较差管道、站内管网、储罐底板外壁保护中,可以采用柔性阳极与管道近距离敷设的方式,替代井式阳极地床。

在辅助阳极的使用过程中,还常用到焦炭回填料。填料的作用主要有两个,一是增大阳极与土壤的接触面积,增加阳极的有效直径,降低接地电阻;二是将阳极反应由阳极与土壤的界面转移到填料与土壤的界面上,减少阳极消耗,延长阳极的使用寿命。为了施工方便,阳极生产商还常将阳极芯与填料共同固定在套管中,制成预包装阳极。工程中用到的焦炭粉主要包括冶金焦炭和石油焦炭两种,国外目前多使用润滑煅烧后的石油焦炭作为阳极填料。由于其密度比冶金焦炭要大,使用润滑煅烧的石油焦炭所获得的对地电阻要更低,允许的最大电流密度也更高。有数据报道,石墨阳极设计输出电流密度为 $10.75A/m^2$,用石油焦炭渣可承受的电流密度为 $26.88A/m^2$。国内部分技术文件中针对高硅铸铁阳极用填料的化学成分要求如下:填料应密实,碳含量大于 85%,密度大于 $750kg/m^3$,最大粒径 $3\sim10mm$,含水量小于 1%,电阻率小于 $0.5\Omega \cdot m$。某柔性阳极制造商对柔性阳极使用填料的要求如表 4.26 所示。

表 4.26 柔性阳极用回填料的技术要求

类型	煅烧石油焦炭
碳含量	99.35%
湿度	0.05%
挥发物	无
灰分	0.6%
颗粒粒度	0.10~1.0mm
密度	1185kg/m³

（四）参比电极

参比电极是测试被保护结构物阴极保护情况的基准电极，其性能对于阴极保护系统的正常运行、阴极保护效果的测试有很大影响。陆上油气长输管道领域现场测试过程中，常使用的参比电极主要为饱和硫酸铜参比电极。关于参比电极的一些知识，感兴趣的读者可以参考第二章的内容。其工作原理是利用底部多孔陶瓷外壳的微渗特性，实现电极内电解质与环境的双向交换，构成测试回路，用于电位测量。GB/T 21246 中针对硫酸铜参比电极的要求如下："铜参比电极应为紫铜丝或铜棒；硫酸铜应为化学纯试剂，采用蒸馏水或纯净水配置溶液；渗透膜采用渗透率高的微孔材料，外壳采用绝缘材料；流过硫酸铜参比电极的允许电流密度应不大于 $5\mu A/cm^2$。"归结起来，就是应尽可能保持参比电极内各物质的纯度，降低可能出现的极化程度。

现场用到的参比电极主要包括便携式参比电极和长效参比电极两种。地面测试过程中主要采用便携式的饱和硫酸铜参比电极（CSE），其在 25℃ 条件下相对于标准氢电极的电位为 $+316mV_{SHE}$。在部分高寒地区，一些研究机构和公司也开发了防冻型的硫酸铜参比电极或高纯锌参比电极进行替代。关于现场使用参比电极准确性的验证方面，一般是现场采用至少 3 个参比电极，通过测试其之间的电位差，进行相互校准。长效参比电极主要用于强制电流阴极保护系统中，用作恒电位仪输出的基准，或埋设在部分测试桩位置，以方便电位测试。强制电流阴极保护系统用的长效参比电极是恒电位仪输出的基准，其有效性对于整个系统的运行都具有重要影响。在进行强制电流阴极保护系统的检测时，就需要现场验证长效参比电极电位的准确性。在确定长效参比电极的埋设位置后，将校准过的便携式参比电极放置在长效参比电极的正上方，测试二者之间的电位差。若电位差过大，则说明长效参比电极已经失效。按照国内部分企业的内部规定，一般要求两者的差值应不大于 50mV，否则就应对长效参比电极进行更换。

埋地型长效硫酸铜参比电极的结构如图 4.24 所示。参比电极周围填充膨润土以保持湿润。国内一些技术文件中的相关规定如下：

①铜电极采用紫铜丝或棒（纯度不小于 99.7%）。

②硫酸铜为化学纯，用蒸馏水或纯净水配制饱和硫酸铜溶液。

③渗透膜采用渗透率高的微孔材料，外壳应使用绝缘材料。

④流过硫酸铜电极的允许电流密度不大于 $5\mu A/cm^2$。

⑤硫酸铜电极相对于标准氢电极的电位为 $+316$ mV（25℃），电极电位误差应不大于 5mV，其使用温度范围应为 $0\sim45$℃。

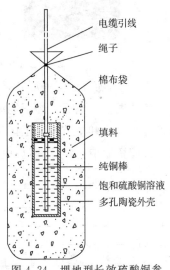

图 4.24　埋地型长效硫酸铜参比电极结构示意图

（图例）电缆引线　绳子　棉布袋　填料　纯铜棒　饱和硫酸铜溶液　多孔陶瓷外壳

⑥长效铜/硫酸铜参比电极引出线应符合下列要求:单芯绞合铜导线,截面为$1\times10mm^2$;PVC绝缘层,黄色PVC护套。

⑦参比电极外填包料成分为膨润土。

影响参比电极测试准确性和使用寿命的因素很多。如:硫酸铜溶液的饱和程度、溶液中的氯离子含量、温度、光照等环境因素。底部的渗透膜破损后,泄漏的铜离子在附近试片上会析出铜或形成硫酸钙等不溶物,也会导致测试数据的不准确,降低参比电极的使用寿命。硫酸铜溶液中的离子通过渗透膜的扩散速率会直接影响参比电极的使用寿命。国外针对参比电极寿命的一项研究表明,市售的3种商用硫酸铜参比电极在水溶液中浸泡180天左右,其自身的电位波动可以达到60mV。浸泡溶液中的铜离子浓度也随时间延长而明显增加,也主要是离子扩散造成的。浸泡180天后,水溶液中铜离子浓度最大可达到12 g/L,水溶液或土壤中的钙离子扩散到参比电极内部,也会在铜棒上形成硫酸钙等不溶物质。部分参比电极的失效照片如图4.25所示,极化探头上安装的试片表面镀铜效果明显,而且铜棒上生成了白色的硫酸钙不溶物质。参比电极内留存溶液的铜离子浓度也均小于10 g/L,按铜离子的这种消耗速率计算,在保证足够测试精度的前提下,参比电极的使用寿命可能仅在0.5年之内。目前,也有国外公司认为硫酸铜参比电极具有很多缺点,推荐采用银/氯化银固态参比电极。但不论采用何种参比电极,都可能需要对测试数据进行换算,以方便阴极保护效果的评价。不同参比电极之间的电位换算参数可参考第二章中的表2.2的内容。

图4.25 硫酸铜参比电极的部分失效照片

近年来,随着油气资源开采范围的扩展,在低温冻土环境中敷设的管道也越来越多。常规的硫酸铜参比电极已经不能满足实际工程的需要。如中俄原油管道途径我国黑龙江地区的部分永冻土和季节性冻土区域,管道埋深处地温最低可达到$-10℃$。低温可造成参比电极底部陶瓷微渗孔结冰,阻碍电极内电解质与环境间的离子交换,使测试回路的电阻增加,影响阴极保护电位的测试和恒电位仪的正常工作。为了解决这一问题,目前工程上实际使用的低温型参比电极主要为防冻型的硫酸铜参比电极或金属电极。

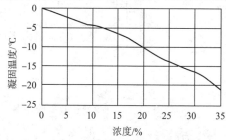

图4.26 乙二醇水溶液凝固温度随乙二醇浓度的变化

防冻型硫酸铜参比电极的工作原理主要是在普通硫酸铜参比电极中加入乙二醇等防冻液,来降低电解质的凝固点。图4.26所示为乙二醇水溶液凝固点随乙二醇浓度的变化曲线,随着溶液中乙二醇浓度的增加,溶液的凝固温度降低。根据不同的现场使用温度,就可以在饱和硫酸铜溶液中选择性添加不同浓度的乙二醇。

图 4.27 所示为国内部分地区采用的普通硫酸铜参比电极和防冻型硫酸铜参比电极测试的 X65 钢在不同温度条件下的电位。普通硫酸铜参比电极在 0℃ 以上使用时,测试的电位基本稳定。但在 0℃ 以下使用时,由于溶液冻结的影响,测得的电位随温度降低而明显升高。而防冻型硫酸铜参比电极电位随温度的变化则相对较小,适用的温度范围也相对较广。

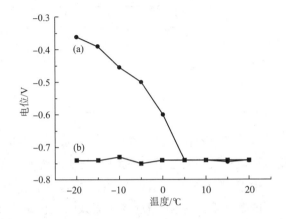

图 4.27 X65 钢相对于不同参比电极电位随溶液温度的变化曲线

a—普通硫酸铜参比电极;b—防冻型硫酸铜参比电极

纯金属型参比电极也是一种常用的参比电极类型,主要利用部分金属极化程度很小的特性而制成。但所有的金属参比电极在电解质中都不可能保持一个恒定的电位不变,都会略有波动。图 4.28 所示为稳定的贵金属电极 Pt 在土壤模拟溶液中电位随时间的变化曲线,可以看出,在不同的温度条件下,Pt 金属电极的电位都会发生不同程度的波动,但电位波动范围都在 mV 级别。贵金属的造价很高,工程上常采用高纯锌参比电极应用于低温环境中。现场试验数据表明锌参比电极在 0℃ 下使用时,其电位会发生较大幅度的波动和漂移,需要经常进行电位测试和校正,也给现场应用带来了一定的困难。

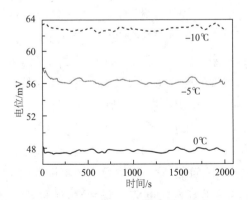

图4.28 Pt 在不同温度模拟土壤溶液中的电位波动情况

纯锌参比电极也可作为参比电极,用于测试埋地金属构筑物的电位,其化学成分应满足

表 4.27 中的规定。锌参比电极相对于饱和硫酸铜电极的电位为 $-1100\ mV(25℃)$；其使用温度范围为 $0\sim45℃$。锌参比电极引出线应采用单芯绞合铜导线，截面为 $1\times10mm^2$，PVC 绝缘层，黄色 PVC 护套。结构图如图 4.29 所示。

表 4.27 高纯锌的化学成分

化学成分	质量分数/%
铝	—
镉	$\leqslant0.001$
锌	99.995
铁	$\leqslant0.001$
铜	$\leqslant0.0001$
铅	$\leqslant0.003$

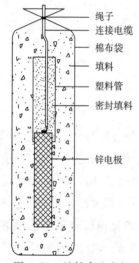

图 4.29 纯锌参比电极
结构示意图

绳子
连接电缆
棉布袋
填料
塑料管
密封填料
锌电极

长效参比电极通常埋设在管道或被保护结构物附近。在防腐层质量较差的管道上使用时，与地面放置的参比电极相比，可以减少 IR 降的成分，测试的极化电位也更准确。但防腐层绝缘性很好的条件下，即使采用近参比测试的电位可能也是距离参比电极很远位置处，防腐层缺陷处的管地电位测试结果中也可能包含较大的 IR 降成分。在交直流干扰条件下，测试回路中的 IR 降更加复杂，测试结果与管道真实极化效果的差别也越大。为了测试管道真实的极化电位、电流密度等，还常将参比电极与试片结合使用，或制成特制的极化探头。但需确保试片表面不受各类离子的影响。如：铜离子扩散到试片表面，在试样上镀铜后，会使测试结果发生偏正；硫酸根离子与土壤中的钙离子结合，生成硫酸钙沉积在试片表面，也会使测试结果发生偏移。

(五)电缆

采用恒电位模式工作的条件下，与恒电位仪连接的电缆主要包括阳极电缆、阴极电缆、零位接阴电缆和参比电缆 4 种电缆类型。阳极电缆将恒电位仪输出端的正极与阳极地床连接；阴极电缆、零位接阴电缆分别将恒电位仪输出端的负极、零位接阴极与被保护结构连接，二者的区别在于阴极电缆用于输出阴极保护电流，与阳极电缆构成一个完整的电流回路。而零位接阴电缆与参比电极共同构成信号反馈回路，将管道的实际保护电位反馈给恒电位仪，零位接阴电缆中不用于传输阴极保护电流。

阳极和阳极电缆与恒电位仪的正极连接，在外加电流的作用可能会遇到加速腐蚀的风险。一旦阳极电缆的绝缘层出现问题，露出的铜导线会很快遭到电解腐蚀而断开连接，造成运行故障。如果阳极地床内的垂直连接电缆出现断路，还可能导致整个阳极地床的失效。因此，阳极电缆的耐酸性腐蚀、绝缘、密封、防水等性能是至关重要的，直接决定阳极地床可能的使用寿命。目前我国导线外皮绝缘材料通常有四种：聚氯乙烯、天然软橡胶、氯丁橡胶、聚全氟乙丙烯等,耐氯气等腐蚀性气体侵蚀的能力也各不相同。天然软橡胶、氯丁橡胶在含有氯气的环境中都不适用,且应用温度不超过 70℃;聚氯乙烯在氧气环境中应用性能良好,但使用温度一般不应超过 60～65℃;聚全氟乙丙烯在氧气、氯气存在的条件下,都具有良好的性能,且可以在 200℃ 的条件下长期使用。工程实际中,强制电流阴极保护系统中使用的电缆常采用 VV 型的聚氯乙烯防腐—聚氯乙烯绝缘铜芯电缆,用于分别连接恒电位仪与阳极地床、管道和参比电极等。

鉴于电缆绝缘效果的好坏直接关系着深井阳极的使用寿命,在设计过程中对深井阳极地床中的阳极电缆也常有如下要求:

①每一支阳极应该提供一条单独的绝缘引线;

②阳极导线在水线下的部分不要有接头;

③导线绝缘材料选择预先考虑到环境条件、绝缘性、抗磨、抗应力腐蚀断裂性能等;

④电解质中不含氯离子和卤素离子的绝缘材料,可选择高相对分子质量聚乙烯,绝缘层厚度不小于 2.77mm;

⑤电解质含氯离子和卤素离子,能释放氯气或其他腐蚀性气体,导线需要使用特制耐腐蚀的绝缘材料。如在交联聚链烷上挤压一层或两层交联聚偏二氟乙烯、氟代乙烯基丙烯、四氟代乙烯、交联聚乙烯或其他惰性碳氟化合物或卤代材料。

三、光致阴极保护

光致阴极保护也是一种常见的阴极保护方式。虽然在油气长输管道领域应用得并不是太多,但这里也做一简单介绍。旨在拓宽读者的视野,使其对阴极保护技术有一个更广泛和更充分的认识。

在介绍光致阴极保护技术之前,需要首先了解什么是半导体。半导体是指电导率介于导体和绝缘体之间的物质。对于半导体来说,电子填满了一些能量较低的能带,称为满带,最上面的满带称为价带;价带上面有一系列空带,最下面的空带称为导带。价带和导带有带隙,带隙宽度 E_g 代表价带顶和导带底的能量间隙。由于带隙的存在,对于本征半导体,在绝对零度没有外部激发的情况下,价带被电子填满,导带没有电子。但光照却可以激发价带的电子到导带,形成电子—空穴对,这个过程称为本征光吸收。也正因为该过程的出现,使得半导体材料往往具有独特的光学、电学性能。其中,二氧化钛是一种稳定、无毒、价廉的半导体材料,且属于 N 型半导体材料,在很多高科技领域都有重要应用,也是在光致阴极保护领域常用的金属表面薄膜材料。

光致阴极保护是一种新型的阴极保护技术,20 世纪 90 年代由日本科学家提出。半导体材料可以直接涂覆在被保护金属表面,也可以作为阳极通过导线与被保护金属相连,实现保护效果。以涂覆在金属表面的半导体薄膜为例,在光照条件下,半导体薄膜(如二氧化钛薄膜)价带中的电子吸收光子的能量,可以被激发跃迁到导带,产生一对光生电子和光生空穴。在半导体薄膜与溶液界面处的电场作用下,空穴迁移到半导体表面与溶液中的电子供体(如 H_2O、OH^- 等)发生反应,而电子向被保护金属迁移,导致被保护金属表面电子密度增加,自腐蚀电位负移，自腐蚀电流密度下降。当金属电位与溶液 pH 值的关系进入热力学上的稳定区，即可认为达到了阴极保护的目的。与牺牲阳极保护技术相比，半导体薄膜在保护过程中，并不会发生溶解反应而"自我牺牲"，可以成为永久性的保护涂层，从而大大提高材料和资源的利用效率。

目前，光致阴极保护技术还主要存在以下几个问题，困扰着这一保护技术的进一步推广应用。首先，如何在碳钢等基底表面获得与基体结合较好、具有良好耐磨性半导体二氧化钛涂覆层的技术与方法，仍然没有得到很好的解决。同时，目前研究工作采用的基体很多是导电玻璃，而在生产中大量用到的材料如碳钢基体上制备二氧化钛薄膜较少报道；其次在暗态下，光生电子和空穴可能会快速结合，使得二氧化钛薄膜难以维持阴极保护作用，阴极保护效果受环境中关照环境的影响较大；第三，二氧化钛带隙较宽（约 3.2eV），只能吸收波长小于 387nm 的紫外光，对可见光的利用率较低。因此，研究在碳钢等通用基底上制备结合力好的、能利用可见光、暗态条件下保护效率高的二氧化钛薄膜是光致阴极保护技术走向实用化的关键，这对于在自然环境条件下实现碳钢等金属材料的腐蚀防护具有重要的理论和实际意义。

第二节　阴极保护的准则

辞海中关于"准则"一词的定义为："言论、行动等所依据的原则"。埋地钢质管道阴极保护的作用是控制管道的外壁腐蚀，阴极保护准则就应该是指将外腐蚀速率控制到允许范围内的阴极保护电位临界值。NACE SP0169—2007《Control of external corrosion on underground or submerged metallic piping systems》中给出的腐蚀速率临界值为 0.025mm/a，ISO 15589 - 1 - 2003《Petroleum and natural gas industries：cathodic protection of pipeline transportation systems - part 1：ON land pipelines》中给出的腐蚀速率临界值为 0.01mm/a。

目前国际上现有的阴极保护标准有 ISO 15589 - 1、NACE SP0169 - 2007、EN 12954 - 2001、AS 2832.1 - 2004 和 OCC - 1 - 2005 等，如表 4.28 所示。我国的 GB21448—2008 是在吸收了 ISO 15589 - 1 - 2003 主要内容的基础上，结合我国管道阴极保护实践编制而成，可参照 ISO15589 - 1 的对比结果。现有的针对埋地钢质管道的阴极保护准则存在两个鲜明特点：一方面，各个标准中均不同程度地缺少适用于特殊环境（如高土壤电阻率环境、存在微生物腐蚀、管壁上附有腐蚀产物、存在 SCC 等）的阴极保护准则；另一方面，各标准对通常条件下常用的 -850mV ON 电位准则、-850mV OFF 电位准则和 100mV 极化准则的推荐程度也不尽相同，没有其中任何一个准则是在 5 个标准中都包括的。NACE SP0169 - 2007 和 OCC - 1 - 2005 基本一致，同时包括了这 3 个准则，虽然部分 NACE 专家对 -850mV ON 电位准则持怀疑态度，但是在 NACE RP/SP0169 标准的 8 次修订过程中，-850mV ON 电位准则却一直保留了下来。ISO15589 - 1 和 EN12954 都不包括 -850mV ON 电位准则，而且

EN12954 只给出了－850mV OFF 电位准则一个评价准则。AS2832.1 则不包括 100mV 极化准则。

表 4.28　不同国家和地区的阴极保护准则

	NACE SP0169	ISO 15589-1	EN12954	AS2832.1	OCC-1-2005
－850mV ON 电位准则	√			√	√
－850mV OFF 电位准则	√	√	√		√
100mV 极化准则	√	√		√	√
$\rho<10k\,\Omega\cdot cm$		√	√		
$10k<\rho<100k\Omega\cdot cm$		√	√		
$\rho>100k\Omega\cdot cm$		√	√		
缺氧土壤			√		
温度<40℃			√		
40℃<温度<60℃			√		
温度>60℃			√		
含有微生物环境		√			
过保护准则		√	√	√	
试片法测试				√	
ER 探针				√	
含有硫化物环境					
酸性环境					
管壁附有腐蚀产物					
套管内管道					
SCC	√	√			

注:"√"表示标准中含有相关规定。

目前我国现行的 GB/T21448－2008《埋地钢质管道阴极保护技术规范》中针对阴极保护准则的规定如下:

①管道阴极保护电位(即管地界面极化电位,下同)应为－850mV(CSE)或更负。

②阴极保护状态下管道的极限保护电位不能比－1200mV(CSE)更负。

③对高强度钢(最小屈服强度大于 550MPa)和耐蚀合金钢,如马氏体不锈钢、双相不锈钢等,极限保护电位则要根据实际析氢电位来确定。其保护电位应比－850mV(CSE)稍正,但在－650mV 至－750mV 的电位范围内,管道处于高 pH 值 SCC 的敏感区,应予注意。

④在厌氧菌或 SRB 及其他有害菌土壤环境中,管道阴极保护电位应为－950mV(CSE)或更负。

⑤在土壤电阻率 100Ω·m 至 1000Ω·m 环境中的管道,阴极保护电位宜负于－750mV(CSE);在土壤电阻率大于 1000Ω·m 的环境中的管道,阴极保护电位宜负于－650mV(CSE)。

⑥当以上准则难以达到时,可采用阴极极化或去极化电位差大于100mV的判据。但在高温条件下,SRB土壤、存在杂散电流干扰及异种金属材料耦合的管道中不能采用100mV极化准则。

一、−850mV准则的适用性

在−850mV准则的适用性方面存在大量研究成果,既包括实验室数据和模拟试验场的数据,又包括大量管道运营机构在实际内外检测中留存的数据。这些数据为−850mV准则的长时间应用提供了基础。1928年,Robert J. Kuhn在New Orieans第一次将阴极保护应用到埋地管道保护的工程实际中,并首次提出了−850mV ON电位准则,依据主要为工程实践,但由于Kuhn安装阴极保护系统位置处的土壤电阻率较低,实际的IR降很小,ON电位与OFF电位的差距也比较小。A. W. Peabody在其专著中从理论上解释了−850mV准则的适用性,指出有防腐层覆盖的埋地管道在土壤中的自然电位多介于−0.5～−0.7V_{CSE}之间。1969年第一版NACE RP/SP0169标准首次将−850mV ON电位准则和OFF电位准则同时包括在内。截至2007年,在NACE RP/SP0169标准的8次修订过程中,多次提到ON电位准则的不准确性,但始终将其保留了下来。在NACE SP0169−2007标准中提到,在使用ON电位准则时,应考虑IR降的大小。在管道运营管理方面,Mark Mateer等人针对其运营的几千英里管道在50年内由于腐蚀造成的失效事故进行了统计分析,在采用−850mV OFF电位准则后,腐蚀失效事故较采用−850mV ON电位准则时进一步减少。

二、100mV准则的适用性

100mV准则最早是由Ewing在1951年提出的,他发现在沙土环境中随着管道阴极极化程度的增加,腐蚀速率降低,当阴极极化程度大于100mV后,降低程度不明显。严格意义上来说,此时的100mV准则只是反映了腐蚀速率随阴极极化程度的变化情况,并不能作为判断腐蚀情况的一个"准则"。Kubit和Schwerdtfeger等人在总结大量现场数据的基础上,将100mV准则纳入到NACE SP0169标准中。现在100mV不仅适用于埋地钢质管道,而且适用于铜、铝等金属。由表4.28中的结果也可以看出,除了欧洲的阴极保护标准EN12954外,其他的4个标准均将100mV准则包含在内。随着防腐层的老化,−850mV准则的要求在老管道上往往比较严苛,但又不想新增阴极保护系统时,则可考虑使用100mV准则。因此,100mV准则目前多用于−850mV准则不适用的地方。随着电极电位的负移,阳极反应电流减小。Mears和Brown等人认为当电极极化到阳极反应的平衡电位$E_{oc,a}$时,腐蚀完全消失。通常条件下极化电位每负移30～60mV,阳极反应的电流密度降低1个数量级。按此计算,当电极电位负移100mV时,阳极反应的电流密度降低为原来的1/2154～1/46,已很可能满足0.025mm/a腐蚀速率要求。

但值得指出的是,许多标准都规定"在含有硫化物、细菌、高温、酸性环境和异种金属偶接的条件下,100mV准则不适用"。在这些特殊环境中,许多学者也进行了大量的研究。Zdunek和Barlo等人的研究表明:在30℃以下,需要达到的极化程度随温度的升高而增加,在 30℃ 以上,变化不明显,但需要的极化程度大于 100mV。Barlo 和 Berry 等的研究也表明,在 60℃ 恒温条件下,需要的极化程度大于 100mV,高温的条件多适用于需要加热的储罐外底板的阴极保护情况;金属表面覆盖有腐蚀产物时,需要的极化程度也要大于 100mV;Barlo 等人 1994 年进行的试验场测试结果表明,土壤湿度＞5％时,需要的极化程度仅为 50mV;在含有细菌环境中的新鲜金属表面需要负向极化 200mV,表面覆盖有腐蚀产物时则需要负向极化 300mV;在易发生 SCC 的敏感位置,应慎用 100mV 准则,管线钢在不同温度的 CO_3^{2-}/HCO_3^- 溶液中会存在不同范围 SCC 敏感电位区间,21℃ 下的敏感区间为 $-0.55\sim-0.7V_{CSE}$,随着环境温度的增加,敏感电位区间范围也变大;在交流腐蚀环境中,即使满足阴极保护准则也可能发生腐蚀,应特殊处理。但有研究表明在交流腐蚀环境中,随着极化电位负移,防腐层缺陷露铁表面的 OH^- 浓度增加,散流电阻降低,交流腐蚀反而得到增强。从这个角度看,100mV 准则较 $-850mV$ 准则可能更合适使用。

　　100mV 准则和 $-850mV$ 准则的对比分析如表 4.29 所示,在实际工程中使用 100mV 准则时应具体问题具体分析。

表 4.29　100mV 准则和 $-850mV$ 准则的对比分析

100mV 准则的优势	100mV 准则的不足
1. 适用环境更广泛; 2. 更经济; 3. 不易造成防腐层剥离; 4. 不易产生干扰; 5. 使用牺牲阳极即可实现	1. 对测试过程的要求更高; 2. 在特殊环境中多不适用; 3. 电位区间可能对 SCC 敏感

三、过保护电位

　　对于埋地钢质管道而言,过保护电位的危害主要体现在防腐层剥离、氢致开裂和交流腐蚀等三个方面。首先,在阴极保护电流的电渗透作用下,H_2O 和 OH^- 扩散到防腐层和基体之间,会降低防腐层的粘结力,氢气的析出也会促进防腐层的鼓胀;其次,在过保护电位下,基体表面的析出的氢原子扩散进入管体内部会引起氢致开裂;第三,很多最新的研究结果都表明,在交流干扰环境中,过负的极化电位可能会加速管道的交流腐蚀。

　　为了控制过保护对埋地管道可能造成的损伤,国内外标准都针对其保护电位上限做了规定,如:ISO15589-1 标准指出:"过负的管道保护电位可能对管道外防腐层造成破坏、导致氢脆。对于屈服强度大于 550MPa 的高强度钢或马氏体不锈钢、双相不锈钢等耐蚀钢,应根据氢可能对管道产生的损伤情况,确定合适的极限保护电位。为了防止对外防腐层的破坏,管道的极限保护电位不应比 $-1200mV_{CSE}$ 更负";NACE RP0169 标准并没有给定明确的极限保护电位数值,但指出:"为减小阴极保护造成的管道防腐层剥离、管体表面析氢,应避免使用过负的极化电位,特别是针对高强度钢、特定不锈钢、钛合金、铝合金、预应力混凝土管道等材料和结构";NACE RP0100 标准指出:"针对预应力混凝土管道内部钢筋的极化电位不应比$-1000\mathrm{mV_{CSE}}$更负";我国现行的 GB/T 21448—2008《埋地钢质管道阴极保护技术规范》则参考了 ISO15589—1 的规定,指出:"阴极保护状态下管道的极限保护电位不能比$-1200\mathrm{mV_{CSE}}$更负"。

阴极保护过程中,管体表面可能发生 3 种类型的阴极电化学反应:析氢反应、吸氧反应和水的电解。以某钢质材料在不同 pH 溶液中阴极电化学反应的极化曲线为例。在 pH<4 时,阴极反应以析氢反应为主;pH>4 时,以吸氧反应为主;pH>4 的条件下,随着极化电位的负移,也会出现水的电解反应。管道表面的析氢电位也不是一成不变的,与环境 pH 值、温度、含水量等都有关。在 pH=12.4 的钢筋混凝土中,阴极极化电位为$-1044\mathrm{mV_{CSE}}$时析出氢气;但随着 pH 值的降低,即使在更正的极化电位下,就可能析出氢气。因此,在 NACE RP0100—2004 中,针对钢筋混凝土中钢筋规定的极限保护电位为$-1000\mathrm{mV_{CSE}}$,比$-1044\mathrm{mV_{CSE}}$更偏正一些。阴极反应过程中产生的氢气和氢氧根离子,会加速外防腐层的剥离、导致材料的氢致开裂,过负的极化电位还可能在交流干扰条件下加速管道的交流腐蚀,都会对管道的完整性造成损伤,以下将分别进行介绍。

(一)氢致开裂

在阴极保护条件下,管道表面氢离子或水分子得到电子发生还原反应,但并不会直接生成氢气,而是首先生成氢原子吸附在金属表面。作为反应中间产物的氢原子中,一部分会结合成氢气,还有一部分会不断向材料内部进行扩散。金属材料内部的氢积累到一定程度后,就可能对其机械性能造成损伤,甚至产生氢致裂纹,导致材料提前失效。现有的氢脆机理有很多,分别适用于不同的材料类型。关于管线钢在不同阴极保护条件下的应力腐蚀开裂或氢致开裂行为,国内外许多专家做了大量的研究。目前,在钢质材料中普遍接受和应用的包括氢致空位、氢致局部塑性损失、氢致结合强度降低等理论。随着阴极保护电流密度的增加,极限扩散电流密度增加,材料表面的氢浓度也增加,导致管线钢发生应力腐蚀开裂的机理也逐步由阳极溶解型机理转变为氢致开裂型机理。氢在材料内部夹杂附近聚集,达到临界浓度后即可形成十几到几十微米的微裂纹。初期形成的微裂纹往往并不容易被检测到,但裂纹会沿组织结构中结合强度较低的路径进行扩展,达到临界条件后就会造成灾难性的突发事故。

(二)防腐层阴极剥离

防腐层与管道表面的粘结性能,是其主要的分析特性。在阴极保护电流的电渗透作用下,H_2O 和 OH^- 可以扩散到防腐层和基体之间,降低防腐层的粘结力,氢气的析出也会促进防腐层的鼓胀,导致防腐层的剥离。为了评价防腐层的抗剥离性能,国内外也出台了相关的标准,如 ASTM G8、ASTM G42、ASTM G95 标准等。通过测试破损防腐层的剥离半径来评价该防腐层的耐剥离性能。而剥离防腐层下的管道腐蚀一直是国内外研究的重点,也是许多检测手段的盲点。防腐层剥离后会屏蔽阴极保护电流,而且屏蔽防腐层内部的氧浓度较低,与防腐层破损的开口位置还可能形成氧浓差电池,加速剥离防腐层内部的腐蚀。

(三)加速交流腐蚀

关于阴极保护能够在多大程度上缓解交流腐蚀行为,学界和工程界的认识也一直在发生改变。最初,人们认为交流腐蚀对管道的影响很小。直到 19 世纪,德国一条输气管道的交流腐蚀失效事故才引起了人们的重视。当时的人们认为,阴极保护能够在一定程度上抑制交流腐蚀。但在交流干扰条件下,应采用比$-850\mathrm{mV}$更负的极化电位准则。澳大利亚的相关标准也曾指出,可采用交流电流密度与直流阴极保护电流密度的比值(i_{AC}/i_{CP})来评价阴极保护对交流腐蚀的抑制作用,在含有交流干扰的条件下应施加更负的阴极保护极化电位,以抑制交流腐蚀。

但直到最近几年,许多学者在实验室的研究结果却表明:在交流干扰条件下,过负的管道极化电位反而可能加速管道的腐蚀,改变管道腐蚀机理,加速局部点蚀的形成。以 X52 钢的部分研究结果为例,当 $i_{AC}/i_{CP}<10$ 时,极化电位的负移可以降低交流腐蚀的风险,交流腐蚀可能造成的腐蚀速率可以小于 $10\mu\mathrm{m/a}$;但当 $i_{AC}/i_{CP}>10$ 时,即时在较负的极化电位(负于$-1.1V_{CSE}$)下,管道的腐蚀速率甚至可能大于$50\mu\mathrm{m/a}$,交流腐蚀的风险也较高。

第三节　阴极保护的监检测技术

一、测试内容介绍

阴极保护系统在设计、安装完成后,并不会一劳永逸地发挥作用,也需要进行定期的检测和维护。为了保证阴极保护系统的有效运行,国内外都制定了相应的检测和维护标准。按照我国管道保护法和推进油气长输管道管道完整性管理的要求,管道运营企业也都制定了详细的日常检测和维护计划,或委托市场上的阴极保护专业化管理团队进行检测和维护。在每 3～5 年内定期开展的外检测或外腐蚀直接评价项目实施过程中,也常将阴极保护系统的相关测试作为重要的检测内容。通过收集包含阴极保护系统在内的外腐蚀控制系统的相关参数,对外腐蚀可能对管道完整性产生的影响进行评价和预测。以下针对国内公开发行的现行标准对阴极保护系统测试内容的要求进行简要介绍,在后续几个小节中将重点介绍相关的具体测试方法。

针对强制电流阴极保护系统的主要检测内容包括:

①阴极保护系统完整性检查,确定恒电位仪、外部回路连接是否正常;

②采用校准过的便携参比电极校核长效参比电极的有效性;

③辅助阳极地床接地电阻测试;

④绝缘设施绝缘性能测试;

⑤管道的通断电电位、自然电位。

针对牺牲阳极阴极保护系统的主要检测内容包括:

①牺牲阳极的开路电位、闭路电位;

②牺牲阳极输出电流;

③牺牲阳极接地电阻;

④管道的通断电电位、自然电位。

由于交直流干扰会在很大程度上影响阴极保护的有效性,在干扰地区的测试内容中还应包括管道的交流电位、交流电流密度、直流电位的连续监测等内容。按照 GB/T 50698《埋地钢质管道交流干扰防护技术标准》的规定,在存在交流干扰的条件下应进行的调查和测试项目如表 4.30 所示。

表 4.30 存在交流干扰时需调查与测试项目

实施方面		调查、测试项目	测试分类		
			普查测试	详细测试	防护效果评定测试
干扰源侧	高压输电系统	管道与高压输电线路的相对位置关系	○	○	—
		塔型、相间距、相序排列方式、导线类型和平均对地高度	√	○	—
		接地系统的类型(包括基础)及与管道的距离	○	○	—
		额定电压、负载电流及三相负荷不平衡度	△	○	—
		单相短路故障电流和持续时间	√	○	—
		区域内发电厂(变电站)的设置情况	√	○	—
	电气化铁路	铁轨与管道的相对位置关系	○	○	—
		牵引变电站位置,铁路沿线高压杆塔的位置与分布	○	○	—
		馈电网络及供电方式	○	○	—
		供电臂短时电流、有效电流及运行状况(运行时刻表)	√	○	—
被干扰侧		本地区过去的腐蚀实例	△	△	—
		管道外径、壁厚、材质、敷设情况及地面设施(跨越、阀门、测试桩)等设计资料	√ ○ △	○	—
		管道与干扰源的相对位置关系	○	○	—
		管道防腐层电阻率、防腐层类型和厚度	△	○	—
		管道交流干扰电压及其分布	○	○	○
		安装检查片处交流电流密度	—	√	△
		管道沿线土壤电阻率	○	○	○
		管道已有阴极保护防护设施的运行参数及运行状况	△	○	△
		相邻管道或其他埋地金属构筑物干扰腐蚀与防护技术资料	△	△	—

注:○——必须进行的项目;△——应进行的项目;√——宜进行的项目。

按照 GB 50991—2014《埋地钢质管道直流干扰防护技术标准》的规定,在存在直流干扰的条件下,在直流干扰源侧推荐进行的调查和测试项目如表 4.31 所示。

表 4.31　直流干扰条件下直流干扰源的推荐调查与测试项目

干扰源类别	调查、测试项目	测试分类		
		预备性测试	防护工程测试	防护效果评定测试
高压直流输电系统	高压直流输电系统建设时间、电压等级、额定容量和额定电流	—	○	—
	高压直流输电线路分布情况及其与管道的相互位置关系	—	○	—
	高压直流输电系统接地极的尺寸、形状及其与管道的相互位置关系	△	○	—
	单极大地回线运行方式的发生频次和持续时间	√	○	—
	高压直流输电系统接地极的额定电流、不平衡电流、最大过负荷电流和最大暂态电流	√	○	—
	其他需要测试的内容	根据需要选择		
直流牵引系统	直流牵引系统的建设时间、供电电压、馈电方式、馈电极性和牵引电流	—	○	—
	轨道线路分布情况及其与管道的相互位置关系	√	○	—
	直流供电所的分布情况及其与管道的相互位置关系	√	○	—
	电车运行状况	—	○	—
	轨地电位及其分布	—	√	—
	铁轨附近地电位梯度	—	√	—
	其他需要测试的内容	根据需要选择		
阴极保护系统	阴极保护系统类型、建设时间和保护对象	√	△	—
	阴极保护系统的辅助阳极地床与受干扰管道相互位置关系	√	○	—
	阴极保护系统的保护对象与受干扰管道相互位置关系	√	△	—
	阴极保护系统辅助阳极的材质、规格和安装方式	√	△	—
	阴极保护系统的控制电位、输出电压和输出电流	√	○	—
	阴极保护系统保护对象的防腐层类型及等级	√	√	—
	阴极保护系统保护对象的对地电位及其分布	√	√	—
	其他需要测试的内容	根据需要选择		
其他直流用电设施	直流用电设施用途、类型和建设时间	√	△	—
	直流用电设施特别是直流用电设施的接地装置与受干扰管道的相互位置关系	√	○	—
	直流用电设施电压等级、工作电流和泄漏电流	√	○	—
	直流用电设施运行频次和时间	√	△	—
	其他需要测试的内容	根据需要选择		

注:○——必须进行的项目;△——应进行的项目; √——宜进行的项目。

二、相关检测技术

针对以上检测内容,国内外相关标准 GB/T 21246《埋地钢质管道阴极保护参数测量方法》、NACE SP0207《Performing close interval potential surveys and DC surface potential gradient surveys on buried or submerged metallic pipelines》、NACE TM0102《Measurement of protective coating electrical conductance on underground pipelines》等都给出了标准的测试方法,以下简单进行介绍。

(一)参比电极

目前,油气长输管道行业现场测试过程中用到的参比电极主要为便携式的饱和硫酸铜参比电极(CSE)。25℃条件下,其相对于标准氢电极(SHE)的电位为+316mV。现场的大多数电位数据都是相对于饱和硫酸铜参比电极测得的。

(二)绝缘设施

正如第三章所述,油气长输管道沿线(如:站内外管道之间,阀室中输气管道干线与去往放空区的管道之间等)往往设置有绝缘接头、绝缘法兰等绝缘设施。阀室内气液联动阀的引压管上也安装有多处小的绝缘接头等。绝缘是实施阴极保护的前提条件,阴极保护就是在绝缘技术发展的基础上而得以大量应用的。阴极保护最初应用到裸露管道上时,耗电量巨大,经济性差,发展一度受到严重阻碍。因此,为了保证阴极保护系统的高效运行,减少阴极保护电流的漏失以及不同阴极保护系统之间的相互干扰,就需要对油气长输管道沿线绝缘设施的绝缘性能进行定期测试。

标准上推荐的方法包括电位法、管中电流(PCM)漏电率测试法、接地电阻测试法 3 种方法。国内外企业也都开发了专用的测试设备,可在绝缘设施两端进行直接测试。由于多为间接检测方法,为了保证测试结论的准确性,现场往往需要进行多种测试方法的测试,并将其测试结果进行相互验证。以下主要介绍常用的电位法和 PCM 电流法两种方法,接地电阻测试方法在现场应用较少,感兴趣的读者可以参考相关标准中的规定。

电位法适用于定性判别有阴极保护运行的绝缘设施的绝缘性能。其测试接线如图 4.30 所示。测试过程中,保持参比电极位置不变,采用万用表分别测试绝缘设施两端的管地电位。若保护端电位 V_b 明显负于非保护端电位 V_a,则认为绝缘性能良好;若二者接近,则认为绝缘性能可疑。

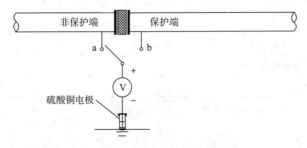

图 4.30 电位测量接线示意图

在现场测试过程中,还可以对上述测试方法进行相应延伸。若干线阴极保护和区域阴极保护同时存在,即绝缘设施两端均为保护端。即使绝缘性能良好,也可能出现 V_a 和 V_b 数值接近的情况。在这种情况下,就需在分别中断两套系统的恒电位仪的条件下进一步测试并确认,如图 4.31 所示。如中断单侧恒电位仪的过程中,另一侧的通断电电位并没有明显改变,才能说明绝缘性能良好。但现场环境复杂,许多干线阴极保护系统和区域阴极保护系统之间会存在相互干扰,也会增加测试和判断的难度,使得这种方法的实际使用受到限制。如若干线阳极地床与站内区域阴极保护的阳极地床距离很近,阳极地床之间相互干扰。在通断干线或区域阴极保护的任何一个恒电位仪时,另外一侧的管道电位也会相应发生波动,但这就很容易造成站内外绝缘失效的假象。因此,在现场测试时,往往需要多种方法相互补充,进行测试。只有多种方法之间相互验证后,才可以认为绝缘系统失效。

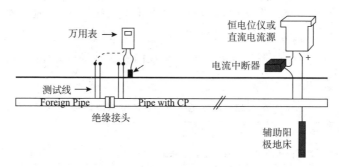

图 4.31 通断法判断绝缘有效性的示意图

管中电流漏电率测试方法的接线如图 4.32 所示。断开保护端阴极保护电源和跨接电缆后,采用 PCM 发射机在保护端接近绝缘设施处向管道输入电流 I,在保护端电流输入点外侧,采用 PCM 接收机测试该侧管道电流 I_1,并测试非保护端侧管道电流 I_2。按照如下公式,就可以计算绝缘设施的漏电率。

$$\eta = \frac{I_2}{I_1 + I_2} \times 100\% \qquad (4-4)$$

式中　　η——绝缘接头(法兰)漏电率;

I_1——接收机测量的绝缘接头(法兰)保护端管内电流,A;

I_2——接收机测量的绝缘接头(法兰)非保护端管内电流,A。

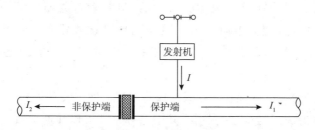

图 4.32 PCM 漏电率测量接线图

对于埋地型绝缘接头,由于其与土壤接触,其两端的绝缘性能并不能单纯的采用万用表测试两端的电阻值来确定。因为测得的电阻实际上是绝缘接头两端电阻与土壤电阻并联后的结果,很可能只有欧姆级别,但并不能认为绝缘接头的性能就一定是良好的或短路的。国外某公司生产的埋地型 CE-IT 绝缘接头测试仪,通过测试经过埋地绝缘接头泄漏的阴极保护电流、电位极性等,可用于综合判断绝缘接头的绝缘性能。管道沿线气液联动阀上也安装有一些小型的绝缘接头,以减少阴极保护电流漏失到接地网中。这些绝缘接头多为地上型,也可直接采用 RF-IT 地面型绝缘接头测试仪进行测试,并对电位法、PCM 电流漏电率法的测试结果辅以验证。该绝缘接头测试仪工作时,两个探针分别连接到绝缘接头的两侧。一个探针用于发出 221kHz 的特定信号,另一个探针用于接收该信号,若两端的信号大小接近,则说明短路。测试仪内部设有专门的滤波回路,可以滤除 221kHz 以外的所有信号。而且因其独特的信号频率,即使在阴极保护或交直流干扰工况条件下也可正常使用。

一个典型的针对阀室内管道与接地网之间绝缘效果的测试数据如表 4.32 所示。在 1# 阀室内,保端干线管道与非保端接地网的通断电电位都很接近,而且地上绝缘接头测试仪的测试结果也显示为"short",可以认为其绝缘性能异常。2# 阀室内保端干线管道与非保端接地网的通断电电位具有明显差别,绝缘接头测试仪的测试结果也显示为"good",可以认为其绝缘性能良好。

表 4.32 阀室绝缘设施性能测试统计表

阀室	绝缘设施位置	通电电位/V		断电电位/V		绝缘接头测试仪	PCM漏电率	绝缘性能评价
		保护段	非保端	保护端	非保端			
1#	阀室内	-1.268	-1.266	-1.072	-1.073	short	50%	异常
2#	阀室内	-1.227	-0.833	-1.052	-0.855	Good	0%	良好

(三)浪涌保护装置的测试

为保护绝缘接头免受雷击电流、故障电流等大电流的冲击,其两端往往跨接有浪涌保护装置,如氧化锌避雷器、固态去耦合器、接地电池、火花间隙等。在判断绝缘接头是否失效时,针对浪涌保护装置的测试也是十分重要的。若浪涌保护装置已经击穿短路,也可能使得测试和评价结果出现偏差。

氧化锌避雷器主要利用氧化锌良好的非线性伏安特性制成。在正常状态下,测试其两端的电阻应该是开路的。但在大电流的作用下,则表现为短路特性,以释放绝缘设施两端过大的电压。现场针对氧化锌避雷器的测试,需首先断开其与绝缘设施两端的连接,取下后再测试其两端的电阻。为了更准确地测试避雷器内部氧化锌的老化和受潮程度,也可以采用市售的氧化锌避雷器测试仪测试通过避雷器的阻性电流大小,评价其绝缘性能。

固态去耦合器一般由电容、晶闸管(或二极管)、浪涌保护装置等并联构成,可以起到"通交流阻直流、释放大的冲击电流"的作用。其中电容元件可以导通交流干扰电流;晶闸管或二极管可以阻止直流电流通过,但是当两端的压差达到阈值(可定制,常用的为 ±2V、+1/-3V 两种)时导通;浪涌保护装置用于导通雷电、浪涌、故障等大的冲击电流。固态去耦合器的内部结构如图 4.33 所示。针对其两端电阻的测试可按照 SY/T 0086—2012 标准的附录中的方法进行测试。测试过程中,首先将固态去耦合器的两个接线端子分别与入地的电缆断开连接;利用导线将固态去耦合器的两个接线端子连接,释放其内部积累的电荷;将万用表设置为欧姆挡,再分别与固态去耦合器的两个接线端子连接;断开导线后,观察万用表的欧姆数值变化。如果万用表显示的欧姆数值可以从零开始缓慢升高,在数分钟内可以达到几百欧姆,则固态去耦合器正常,该过程对应的就是固态去耦合器中电容器的充电过程;如果万用表数值一直固定在小于1Ω,则固态去耦合器可能存在短路。固态去耦合器两端电阻异常的,都应视作固态去耦合器故障,并列入更换计划。性能良好固态去耦合器的电阻随时间变化曲线如图 4.34 所示,其两端电阻在 120s 内由零升高到了300 多欧姆。

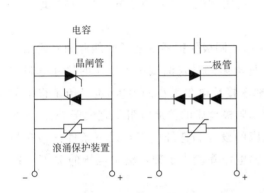

图 4.33 固态去耦合器内部电路示意图

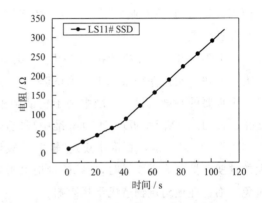

图 4.34 完好固态去耦合器两端电阻随时间的变化

接地电池由平行靠近的一对或四支锌合金或镁合金牺牲阳极棒组成,中间用绝缘垫片隔开,周围采用与牺牲阳极类似的的填料回填后安装在管道附近(垂直距离约 1.5m)。两支锌棒通过电缆分别与绝缘设施的两侧进行连接,以防止强电冲击可能引起的损坏。常用的锌接地电池如图 4.35 所示,由两支锌棒组成。在防止两侧高压电涌对绝缘设施损坏的同时,还可以作为牺牲阳极对管道进行附加的阴极保护。但在现场测试过程中,经常发现安装锌接地电池的位置会漏失部分阴极保护电流,造成短距离的欠保护。对于地上型的绝缘设施,如进出储罐管道绝缘法兰两侧,也常采用火花间隙进行保护。

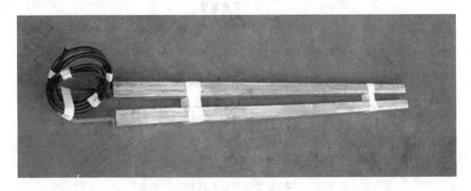

图 4.35 锌接地电池

(四)接地电阻的测试

接地电阻是指当电流由接地体流入土壤时,接地体土壤周围形成的电阻。它包括接地体设备间的连接电阻、接地体本身的电阻和接地体与周围土壤间电阻的总和。其值等于接地体相对于大地零电位位置的电压除以流经接地体的电流。大地的零电位可能位于距离接地体无穷远的地理位置,但工程上一般将直流地电位梯度小于 10mV/m 的位置,即称为电学上的远方大地。采用深井阳极或远阳极地床时,在阳极地床和管道之间存在一段电位平缓区,即为远方大地。如果由于场地的限制,电流极与阳极地床的距离很近,测试过程中的布线长度也受到限制,接地电阻连续测试的结果中则不存在电位平缓区,也可以采用拐点法估算阳极地床的接地电阻。为方便计算和设计,针对半球形、圆形板、立式阳极、水平阳极等不同阳极类型,相关专业书籍都介绍了特定的接地电阻和电压锥计算公式,以评估接地电阻大小和远地点位置。

辅助阳极和牺牲阳极的接地电阻大小会直接影响阴极保护系统消耗的能源和其输出电流大小。在对阴极保护系统进行测试时,采用接地电阻测试仪测试阳极地床的接地电阻也是一个重要的测试项目。标准中关于辅助阳极地床接地电阻大小的要求,也经历了很多的变化。最初的 SY/J 4006—1990 标准中规定,辅助阳极地床的接地电阻不宜大于 1Ω。现行的 GB/T 21448—2008 标准中规定"辅助阳极地床的设计和选址应满足以下条件:(1)在最大的预期保护电流需要量时,地床的接地电阻上的电压降应小于额定输出电压的 70%;(2)避免对临近埋地构筑物造成干扰影响"

GB/T 21246—2007 规定,在测试阳极地床的接地电阻时,需按阳极地床规模选择合适的布线和测试方法,如三角形布线、一字形布线等方式。针对对角线长度大于 8m 的长接地体,既可采用如图 4.36 所示的一字形布线方式,也可采用如图 4.37 所示的三角形布线方式。测试过程中的布线长度应与阳极地床长度相匹配,并满足标准中的相关要求。针对对角线长度小于 8m 的接地体(如牺牲阳极地床),常采用垂直管道方向的一字形布线方式进行测试,如图 4.38 所示。

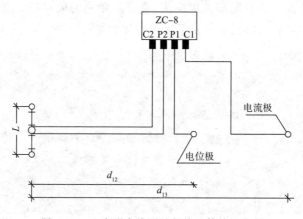

图 4.36　一字形布线测试长接地体接地电阻

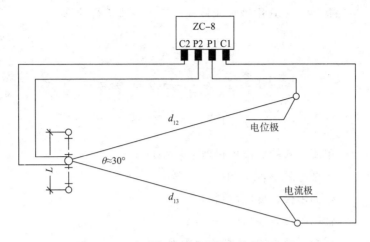

图 4.37　三角形布线测试长接地体接地电阻

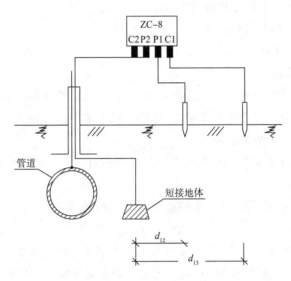

图 4.38　短接地体接地电阻测量接线图

布线长度对测试结果往往有较大影响,在现场测试过程中往往会因为忽视该问题而造成测试误差。一个经常出现的误区就是,不管接地体的规模有多大,都统一的将电流极和电位极的引线长度设置为 20m 和 40m,即使针对站内接地网的接地电阻也是这样测试,从而引入很多测试误差。按照 GB/T 21246—2007 中的规定,当采用一字型布线方式测试长阳极地床的接地电阻时,d_{13} 不得小于 40m,d_{12} 不得小于 20m。在测量过程中,电位极需沿接地体与电流极的连线移动三次,每次移动的距离为 d_{13} 的 5% 左右,若三次测量值接近,取其平均值作为长接地体的接地电阻值;若测量值不接近,则需要将电位极往电流极方向移动,直至测量值接近为止。

以下以国内某埋地长输管道干线阴极保护系统的浅埋阳极地床作为实验对象,通过现场测试数据说明布线长度可能对测试结果的影响。该阳极地床采用 5 支预包装的高硅铸铁阳极并联的方式进行连接,阳极地床总长度 15m,阳极顶端距地表 4m,埋设深度的土壤电阻

率为 $40\Omega \cdot m$。按照标准中立式阳极地床接地电阻的公式进行计算：

$$R'_{al} = \frac{\rho}{2\pi L_a}\ln(\frac{2L_a}{D_a}\sqrt{\frac{4t+3L_a}{4t+L_a}}) \tag{4-5}$$

$$F \approx 1 + \frac{\rho}{nsR'_{al}}\ln(0.66n) \tag{4-6}$$

$$R_{al} = F\frac{R'_{al}}{n} \tag{4-7}$$

式中　R'_{al}——单支立式辅助阳极接地电阻，Ω；

ρ——土壤电阻率，$\Omega \cdot m$；

L_a——辅助阳极长度（含填料），m；

D_a——辅助阳极直径（含填料），m；

t——辅助阳极埋深（填料顶部距地面），m；

R_{al}——辅助阳极组接地电阻，Ω；

F——阳极电阻修正系数；

s——阳极间距，m；

n——阳极支数。

这组阳极地床接地电阻的计算值应为 2.6Ω。忽略施工条件的影响，这里将计算值近似看做接地电阻的真实值。以此值为基准，来评价不同测试条件对测试误差可能产生的影响。现场测试条件共分为三种情况：

①电流极与阳极地床距离 5m，电流极采用单支钢钎，通过连续改变电位极位置进行阳极地床接地电阻测试；

②电流极与阳极地床距离 10m，电流极采用单支钢钎，通过连续改变电位极位置进行阳极地床接地电阻测试；

③电流极与阳极地床距离 15m，电流极采用单支钢钎与附近树林并联的方式，接线示意图如图 4.39 所示。通过连续改变电位极位置进行阳极地床接地电阻测试。

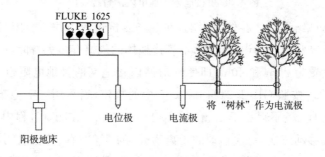

图 4.39 现场测试 3 接线示意图

三种测试条件下的测试结果如图 4.40 所示。从图中可以看出，整个测量回路的电阻值主要由阳极地床接地电阻和电流极的接地电阻两部分构成。而且在测试 1 和测试 2 的条件下，二者的分界位置没有明显的电位平缓区，只存在一个明显的拐点。随着电流极和阳极地床之间距离的增加和电流极面积的增加,在测试3的条件下,代表远方大地位置的电位平缓区已经开始趋于明显。

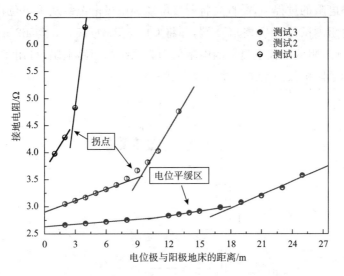

图 4.40 三种测试条件下的接地电阻测试结果

　　按照拐点法测试接地电阻的原理,取测试 1 和测试 2 中拐点位置的电阻值作为阳极地床接地电阻的测量值。取测试 3 中电位平缓区的电阻值作为阳极地床接地电阻的测量值。三种测试条件下的测试结果和测量误差分析如图 4.41 所示。从图中可以看出,随着电流极与阳极地床距离的增加,阳极地床接地电阻的测量值逐渐降低并趋近于计算值,当电流极与阳极地床的距离足够远时,测量值与计算值的相对误差可以控制在 10% 以内。虽然,在油气长输管道阴极保护测试的工程实施过程中,这样的实验误差并不会产生太多的影响。但从测试方法上保证正确还是有益的,尤其应该避免形成一种错误的固有意识。不管接地体规模多大,都一味地将电流极和电位极分别安装在相距 40m 和 20m 的位置处。

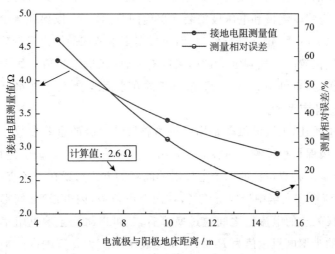

图 4.41 三种测试条件下的测试误差分析

柔性阳极的接地电阻测试则更加困难。由于柔性阳极常沿管道并行埋设,走向复杂且长度很长,较难采用上述方法进行接地电阻的测试。往往采用回路电阻测试结果代替接地电阻。测试回路电阻的过程中,需首先将阴极电缆和阳极电缆线从恒电位仪接线柱上摘除,分别接入接地电阻测试仪的 C1 和 C2 端,并将 C1 与 P1 短接,C2 与 P2 端短接,如图 4.42 所示。此时,接地电阻测试仪上显示的电阻值即为系统的回路电阻,可用于评估柔性阳极的接地情况是否满足阴极保护系统的输出要求。

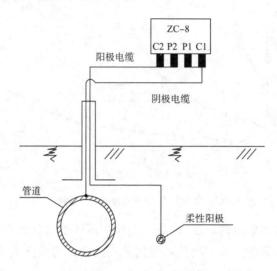

图 4.42 两极法测量系统回路电阻示意图

在油气长输管道行业,接地电阻的测试和结果,在很大程度上只是一种辅助性的测试。对阴极保护有效性的评价,一般并不起到决定性的作用。相关标准对其测试方法和测试内容的要求也比较少。但接地电阻的测试在电力行业则是一个很敏感的参数,其测试结果对于系统安全往往有决定性影响。部分管道运营公司将站场、阀室接地网的接地电阻测试也纳入到管道外检测的项目中,这就对接地电阻的测试过程提出了更高的要求。在测试接地网的接地电阻时,应将电流极和电压极安装在接地网范围以外,以保证测试准确。而且布线长度也不能全部以 20m 和 40m 进行处理,而应根据阳极地床的规模进行确定。并在测试过程中通过移动电极位置的方式判定测试结果的有效性,求取平均值。如果水泥地难于打辅助电流极或电压极时,也可用 25cm×25cm 钢板放在水泥地上,浇上盐水,代替测量电极。

(五)土壤电阻率测试

正如第二章中所述,土壤电阻率是用于土壤腐蚀性分级的重要参数。针对土壤电阻率的测试,也成为阴极保护相关测试内容的重要组成。常采用温纳四极法进行现场测试,测量接线如图 4.43 所示。将测量仪的四个电极以等间距的方式布置在一条直线上,相邻电极的间距为 a,两个电流极在土壤中形成电流场,在两个电位极(内电极)之间形成电位差。这个电位差与从电流极入土的电流量之间通过换算后,就可以得到土壤电阻率的大小。当接地电阻测试仪测得的土壤电阻示值为 R 时,则从地表至深度为 a 范围内的平均土壤电阻率可以表示为:

$$\rho = 2\pi aR \tag{4-8}$$

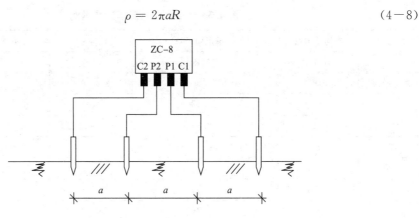

图 4.43 土壤电阻率测量接线图

通过改变接地极之间的间距,就可以得到一系列不同深度的土壤电阻率测试结果,这在深井阳极地床的设计过程中会经常用到。随着测试深度的增加,对设备的输出功率要求也增加,需要用到专门的高密度电法仪进行测试。通过采用 CDESG 等软件对土壤分层结构进行建模,对现场测试数据也可进行拟合后,得到不同分层范围内的土壤电阻率值。以图 4.44 中的测试过程为例,采用等间距四极法分别测试了不同深度的平均土壤电阻率,每层土壤对应的视在电阻测试值分别为 R_i(其中下标 i 表示第 i 层土壤),则可以采用巴恩斯方法计算厚度为 s 的第 i 层土壤的分层土壤电阻率:

$$\rho = 2\pi s \frac{R_{i-1}R_i}{R_{i-1}-R_i} \tag{4-9}$$

式中 s 表示分层厚度;R_{i-1} 表示前 $i-1$ 层的平均电阻;R_i 表示前 i 层的平均电阻。

地表

第一层土壤,厚度h_1,土壤电阻率ρ_1

第二层土壤,厚度h_2,土壤电阻率ρ_2

第三层土壤,厚度h_3,土壤电阻率ρ_3

第i层土壤,厚度h_i,土壤电阻率ρ_i

图 4.44 分层土壤电阻率测量示意图

某现场测试实例的相关结果如表 4.33 所示。以表 4.33 中的数据为例,通过不同深度范围内测试的平均土壤电阻率,按照巴恩斯方法,就可以计算得到不同深度范围内的分层土壤电阻率。但现场测试结果受环境影响较大,有时也会出现计算的电阻率为负值的情况,可能与地下的岩层分布情况有关,也可能由于测试过程中的误差造成的。

表 4.33 分层土壤电阻率计算示例

埋深/m	平均电阻/Ω	平均土壤电阻率/Ω·m	分层厚度/m	平均土壤电阻率/Ω·m
2	1.76	22.11	0~2	22.1
4	0.86	21.60	2~4	21.1
8	0.5	25.12	4~8	30
15	0.45	42.39	8~15	197.8
20	0.27	31.79	15~20	18.2
22	0.24	34.59	20~22	288.3
24	0.22	38.06	22~24	−364.6
26	0.19	38.84	24~26	51.4
28	0.18	42.90	26~28	−119.5
30	0.16	43.96	28~30	67.3
33	0.15	50.12	30~33	−125.3
35	0.13	48.98	33~35	35.7
40	0.11	54.40	35~40	240.8

巴恩斯解析计算方法存在一定局限性,也可采用软件建模的方式计算分层的土壤电阻率。在 CDEGS 软件中进行土壤建模,将土壤划分为两层。输入表 4.33 中的测试数据后,各层对应的土壤电阻率如表 4.34 所示。

表 4.34 采用 CDEGS 软件的土壤分层计算结果

层数	电阻率/Ω·m	厚度/m
1	21.2	9.4
2	106.7	无穷大

当测试深度大于 20m 时,若采用等间距布线可能会因导线过长而导致操作不便,也可采用不等间距法进行测试。测试过程中,中间两个电位极之间的间距 a 值通常可取 5~10m,中间电位极与两侧电流极的间距 b 值可根据测试深度计算确定:

$$b = h - \frac{a}{2} \tag{4-10}$$

式中 b——外侧电极与相邻内侧电极之间的距离;

h——测试深度;

a——内侧相邻电极之间的距离。

土壤电阻测试值为 R 时,则从地表至深度为 h 范围内的平均土壤电阻率可以表示为:

$$\rho = \pi R(b + \frac{b^2}{a}) \tag{4-11}$$

现场测试结果显示,不同类型土壤的电阻率差异较大,而且随环境温度、湿度、含盐量和土壤的紧密程度而变化。海滨地区盐渍土的土壤电阻率一般为 0.01~1Ω·m,砂岩地区的土壤电阻率则可能高达 $10^4\Omega\cdot m$。土壤温度自 25℃向 0℃下降时,土壤电阻率缓慢上升,但在 0℃以下时,土壤电阻率迅速上升,冻土的土壤电阻率则非常地高。表 4.35 列出了不同地质期和地质构造所对应的土壤电阻率大小。

表 4.35 不同地质期和地质构造条件下的土壤电阻率

土壤电阻率 /$(\Omega\cdot m)$	第四纪	白垩纪 第三纪 第四纪	石炭纪 三叠纪	寒武纪 奥陶纪 泥盆纪	寒武纪前 寒武纪
1(海水)					
10(特低) 30(甚低) 100(低) 300(中) 1000(高) 3000(甚高)		砂纸黏土 黏土 白垩	白垩 暗色岩 辉绿岩 页岩 石灰岩 砂岩	页岩 石灰岩 砂岩 大理石	砂岩 石英岩 板石岩 花岗岩 片麻岩
10000(特高)	表层为砂砾和 石子的土壤				

(六)管地电位测试

图 4.45 是典型的埋地管道去极化过程中,管地电位随去极化时间的变化曲线。在开始的 $0\sim5$s 范围内,阴极保护系统处于开启状态,测得的约 $-1.15V_{CSE}$ 电位为管道的通电电位。在 $t=5$s 时,关闭恒电位仪,管道开始发生去极化,管地电位随时间逐渐变正。在 $t=70$s 时,管地电位已经接近 $-0.7V_{CSE}$。若测试时间足够长,管地电位基本可恢复到初始自然电位的水平。从图中还可以看出,在 $t=5$s 时,管地电位有一个陡峭的变化,由通电电位 $-1.15V_{CSE}$ 瞬间变化到断电电位 $-1.05V_{CSE}$ 左右,这种变化就是常说的 IR 降,表示通电电位和断电电位的差值,在图 4.45 所代表的示例中约为 100mV。

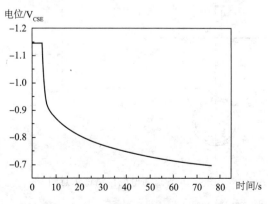

图 4.45 去极化过程中典型的管地电位变化曲线

在进行管地电位测试的过程中,常会遇到自然电位、通电电位、断电电位、极化电位等概念。其中,自然电位是指管道在没有阴极保护和外界交直流干扰的条件下的电位,一般是指管道埋入地下后,与周围介质基本达到电化学平衡状态下的电位,在已经实施阴极保护的管道上,往往需要在完全断电 24h 甚至更长的时间后再进行测试后大致得到。但现在管道周围的电磁环境日趋复杂,交直流干扰问题特别突出,现场要测得真实的管道自然电位已十分困难。在部分现场测试实例中,常会用试片在土壤中的自然电位代替管道的自然电位,这种做法也是值得商榷的。试片与周围土壤中建立的电化学平衡与管道并不能完全的同等对待。通电电位是指施加阴极保护的情况下,测试的管道对地电位。管道通电后,由于极化过程的影响,管地电位会随时间发生变化,此时的管地电位已偏离自然电位,应表述为极化电位。各种影响极化过程的因素,都会改变管地电位的现场测量值。关于极化及其影响因素的内容,可以参考第二章第三节中的内容。参考图 4.45 中的结果,管道的通电电位是指管道极化电位与回路中其他所有电压降(常称为 IR 降)的和。土壤、管道、测试导线等都有一定的电阻,电流流过其中就会产生不同大小的 IR 降。为了测试管道真实的极化电位,常采用断电后进行测试的方法,将测试的断电电位近似看做管道的极化电位。断电电位指断开阴极保护电流的瞬间所测得的管道对地电位,应在切断阴极保护电流后和极化电位尚未衰减前立刻测量。断电电位与自然电位的差值为极化值大小,表征了外部电流作用下管地电位所发生的偏移的程度。

管地通电电位的现场测试一般可采用万用表和便携式参比电极进行,如图 4.46 所示。测量时,将参比电极放置在管道上方地表的潮湿土壤上,保证参比电极与土壤的良好接触。将万用表的正极与管道测试电缆相连,负极与参比电极电缆相连。选择合适的直流电压挡位进行测试,即可得到管道对地的通电电位。

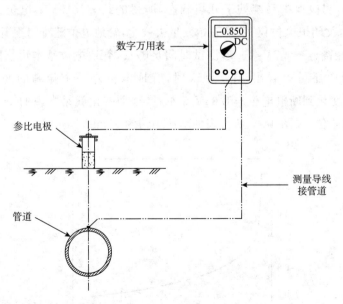

图 4.46 管道通电电位测试示意图

管地断电电位常采用同步中断法、加强测量法、试片断电法等方法进行测试,以下分别进行介绍。

1. 同步中断法

在阴极保护电流能够同步中断且不存在外界干扰的条件下,多采用同步中断法测试管道的断电电位。利用 GPS 同步中断器同步中断为管道提供阴极保护的恒电位仪或其他电源,在同步中断过程中即可测试管道的通断电电位。目前市面上常见的 GPS 同步中断器,同步误差大都能满足相关标准要求的 0.1s。测试过程中的通断周期一般采用 4∶1 的周期,如:12s 通 3s 断、4s 通 1s 断、800ms 通 200ms 断等。不同的管道、防腐层类型适用的通断时长可能并不相同,可通过现场测试选择最合适的通断时长。在恒电位仪的周期性通断过程中,利用高频数据记录仪,就可以分别记录下管道的通电电位(V_{on})和断电电位(V_{off})。需要注意的时,恒电位仪在通断电过程中,常会产生较大的冲击电压,但一般持续的时间都比较短。因此,通断电电位的读取时间就应合理设置,以保证避开冲击电压的影响。为了保证测试结果的准确性,特殊条件下就需要采用示波器或高速记录仪对管地电位的实际波形和电位读取时间进行核实确定。

配合同步中断法测试管道通断电电位的设备有很多,常用的主要包括密间隔电位测试(CIPS)设备、万用表、长时间连续记录仪等。常见的 CIPS 设备一般只有 1 个输入通道,并内置有 GPS 接收器,可与 GPS 同步中断器进行同步,以准确地记录管道的通断电电位,其相应的技术指标如表 4.36 所示。在进行 CIPS 的测试过程中,检测人员在管道上方以较密的间隔(约 1～3m)逐次移动参比电极,每移动一次可记录一组通断电电位值。该设备的电位测试数据已不仅局限于管道沿线的测试桩位置,可以更加全面地表征管道真实的阴极保护状况,在国内外的外检测过程中已经得到了广泛应用。CIPS 测试过程中,还可以配合进行直流地电位梯度的测试(DCVG 测试),在测量阴极保护状况的同时确定防腐层缺陷的位置,更加全面的反映管道外腐蚀控制系统的真实状况。

表 4.36　美国 Mc‐Miller 公司生产的 CIPS 设备技术指标

名称	参数
数据采样频率	—
输入阻抗	直流＞10 MΩ;交流＞75 MΩ
直流量程	±400V
直流测量精度	±1mV
交流量程	400V
交流测量精度	±0.5 V

CIPS 测试的典型结果如图 4.47 所示。图中约 80km 测试管段范围内共采集了约 4 万组通电电位数据,除部分通电电位超过 −1.2V_CSE 外,断电电位的波动一直位于 −0.85V_CSE 到 −1.2V_CSE 之间。可以认为,测试管段沿线均达到了有效的阴极保护。

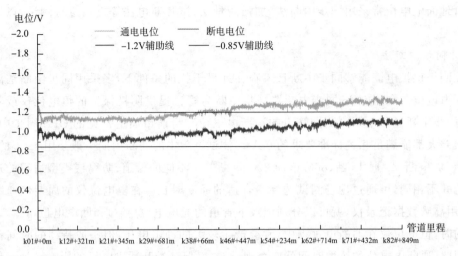

图 4.47 典型的密间隔电位测试结果图

当管地电位存在波动或需要长时间记录时，也常用到高频数据记录仪，如 Tinker & Rasor 公司的 DL—1 数据记录仪，国内企业生产的 HC—069 杂散电流记录仪等。与 CIPS 测试设备不同，这些高频数据记录仪，只能在单个测试点位置通过高频率的数据采集方式记录管道的通断电电位随时间的变化，以最大程度地还原管地电位的变化细节，最大的数据采样频率可以达到 1k Hz。设备往往具有多个测试通道，在记录直流电位的同时，还可以分别记录交流电位、电位原始信号等数据。

2. 加强测量法

加强测量法是 GB/T 21246—2007 中的推荐做法，主要是为了获得更加准确的断电电位测试结果，用于防腐层破损点较多管段断电电位的修正测量。该方法不仅能消除由阴极保护电流所引起的 IR 降的影响，也能消除由平衡电流所引起的 IR 降的影响。其测量过程如图 4.48 所示，首先采用类似密间隔电位测试的方法在管道上方（如图中 A 点）测试管道的通断电电位（V_{on}、V_{off}）；然后采用已校准过的另一支参比电极，将其放置在与管道相垂直方向，且距离 A 点约 10m 位置处的 B 点，测量并记录 A、B 两点之间土壤中的通电电位梯度 ΔV_{on} 和断电电位梯度 ΔV_{off}。这样，修正后的断电电位就可以表示为：

$$V_{IR-free} = V_{off} - \frac{\Delta V_{off}}{\Delta V_{on} - \Delta V_{off}}(V_{on} - V_{off}) \qquad (4-12)$$

式中　$V_{IR-free}$——A 测量点修正后的断电电位；

　　　V_{on}——A 测量点的通电电位；

　　　V_{off}——A 测量点的断电电位；

　　　ΔV_{on}——通电状态下，A 与 B 两测量点间的直流地电位梯度；

　　　ΔV_{off}——断电状态下，A 与 B 两测量点间的直流地电位梯度。

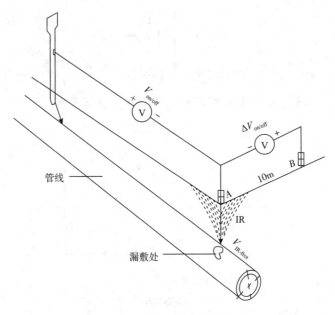

图 4.48 加强测量法测试过程示意图

3. 试片断电法

在阴极保护电流不能同步中断或存在交直流干扰的条件下,常用的断电电位测试方法为试片断电法或极化探头法。其基本原理相同,这里一并进行介绍。目前国内外还没有针对试片断电法的统一测试标准,试片断电法能够在多大程度上反映管道的真实极化效果也存在很多疑问。但实际工程上常用的做法就是,按照标准 SY/T 0029 的要求,预制不同裸露面积(如 $10cm^2$)的试片,安装在管道沿线测试桩附近。每个测试点可以埋设 2 个试片,其中一个试片上串入一个手动开关,通过测试桩线与管道连接,称为极化试片;另一个试片作为对比试片不与管道进行连接,称为自腐蚀试片。试片埋深不小于 0.5m,尽量与管道相同埋深,并避开地表的回填土层,2 个试片相互间距为 0.3m,中间放置硫酸铜参比电极,如图 4.49 所示。在手动断开试片与管道连接的同时,测试试片相对于硫酸铜参比电极的电位。硫酸铜参比电极应尽量靠近试片,以减少土壤中杂散电流可能产生的 IR 降大小。将参比电极和试片设计成预制的极化探头,外部采用塑料壳封装,则可以进一步降低 IR 降的大小。但参比电极中的硫酸铜溶液扩散到土壤中后,也可能在试片表面产生镀铜。因此,试片与参比电极的距离过近,也可能影响阴极保护电流的分布,进而影响极化效果。值得指出的是,试片断电法测得的断电电位仅代表与试片面积相同的防腐层缺陷处的阴极保护效果,无法代表管道沿线所有位置的真实保护效果,在使用过程中还应予以注意。

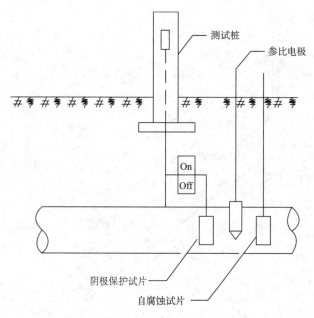

图 4.49 试片断电法测试示意图

(七)牺牲阳极的相关测试

在采用牺牲阳极的阴极保护系统中,还可能涉及针对牺牲阳极的相关测试。如牺牲阳极的开路电位、牺牲阳极接入点的管地电位、牺牲阳极的输出电流等,并在此基础上对牺牲阳极的工作性能进行综合评价。

牺牲阳极的开路电位是指牺牲阳极在埋设环境中与管道断开时的开路电位。测试过程的连线图如图 4.50 所示。测量时,将参比电极放置在牺牲阳极上方地表的潮湿土壤上,保证参比电极与土壤的良好接触。将万用表的正极与牺牲阳极的测试电缆相连,负极与参比电极电缆相连。选择合适的直流电压挡位进行测试,即可得到牺牲阳极的开路电位。当牺牲阳极的开路电位明显偏移其理论条件下的开路电位时(具体数值可参考第四章第一节的相关内容),就应进一步判断阳极是否已经消耗完或阳极表面生成不溶沉积物,导致阳极已经无法正常工作。

牺牲阳极接入点的管地电位可按照GB/T 21246中推荐的远参比方法进行测试,测试连线如图 4.51 所示。测试过程中,参比电极应放置在远离牺牲阳极的管道一侧,距离管道应不小于 20m;测试过程中不断朝远离牺牲阳极的方向逐次移动参比电极,每次移动约 5m,当相邻 2 点的测试电位相差小于

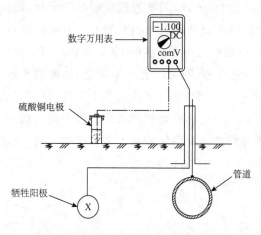

图 4.50 牺牲阳极开路电位测量接线图

2.5mV 时,不再往远方移动。取最远处的管地电位作为管道相对于远方大地的电位值。该电位值是在牺牲阳极连接的状态下进行的,移动参比电极主要是为了减小牺牲阳极周围电压锥对参比电极可能产生的影响,测试结果对应于管道相对于远地点的通电电位。若需准确评价阴极保护效果,仍需进行前面提及的断电电位的相关测试。

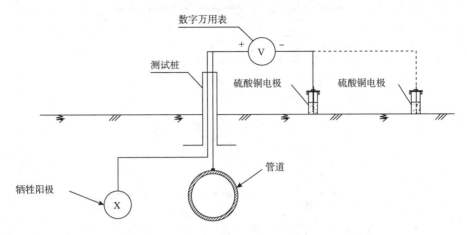

图 4.51 远参比测量接线图

　　牺牲阳极输出电流的测试可以分为标准电阻法和直测法两种方法,如图 4.52 所示。标准电阻法是将分流器或标准电阻串联到管道与牺牲阳极之间,通过测试其两端的电压,再计算得到输出电流大小。直测法则是将万用表直接串联到管道与牺牲阳极之间,读取输出电流大小。所采用的标准电阻规格和万用表规格均应满足现场实际测试精度的要求,具体使用哪种方法可根据现场实际条件进行确定。牺牲阳极的输出电流也是评价牺牲阳极工作性能的重要参数,当输出电流过小时,也应进一步进行排查,以判断是否存在回路电阻过大或阳极失效造成驱动电压过小等问题。

(八)安全守则

　　由于针对油气长输管道阴极保护系统的检测往往是在易燃、易爆、带电环境中进行的操作。在检测过程中应严格执行以下安全守则,切忌违规操作。

　　① 在对电源设备进行安装、调试、测量、维修前,操作人员应接受过电气安全培训,并掌握相关的电气安全知识;

　　② 测量接线应采用绝缘线夹和插头,以避免与未知高压电直接接触,测量操作中应首先接好仪表回路,然后再连接被测体,测量结束时,按相反的顺序操作,并执行单手操作法;

　　③ 在对电隔离设施进行测量前,应检查是否存在危险电压;

　　④ 在雷暴天气下,应避免测量作业;

　　⑤当测量导线穿越街道、公路等交通繁忙地段时,应设置安全警示标志或站立安全监护人员;

　　⑥在涵洞或隧道中测量时,应首先检查涵洞或隧道的结构安全性及对有害气体的浓度进行测量,确认是安全的条件下方可进行测量。

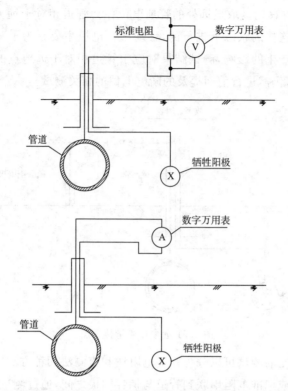

图 4.52　牺牲阳极输出电流测试接线图(标准电阻法和直接测量法)

三、监测技术的发展

油气长输管道沿线往往安装有专门的监测与预警系统(SCADA 系统等),通过 RTU 远程控制终端就可以实现在监控中心对管道沿线状况、数据的实时采集和监视。恒电位仪上也往往设置有点对点或 RS485 形式的数字传输端口,可以将恒电位仪输出电压、输出电流、控制点位、通电点电位等运行参数进行实时回传。对于河流、荒漠、山区、稻田穿越段等一些人员较难到达的管段,部分管道运营单位还在管道上安装了自动测量电位并实时上传数据的专用阴极保护在线监测系统。利用无线通信技术实现对管道阴极保护电位、恒电位仪输出电压及电流的自动监测。

一种典型的阴极保护数据监测及传输系统工作原理如图 4.53 所示。数据处理中心的服务器或控制终端可以发送测量指令,在管道沿线测试桩的位置进行数据采集。采集后的数据加密后传送到信号处理器并进行解析。与传统的人工采集数据相比,这种数据监测技术可以较大地提高工作效率,并减少人为的测试误差。但现场安装数据采集元件的稳定性则至关重要,需要对其工作性能、电池情况等定期进行检查和维护。目前常采用在测试桩位置安装太阳能板的方式,以解决监测过程中所需的电源问题。而且数据传输过程中也可能会涉及到不同密级的数据,尤其在涉及管道沿线 GPS 坐标时,如何对数据进行加密或采用何种数据传输方式,也一直没有得到有效的解决。

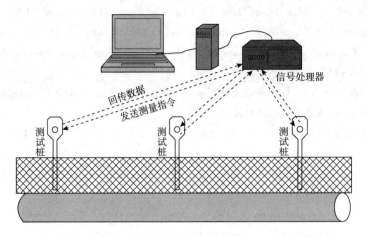

图 4.53 阴极保护数据监测及传输系统工作原理示意图

参考文献

[1]胡士信.阴极保护工程手册.北京:化学工业出版社,1999

[2]曹楚南.腐蚀电化学原理.北京:化学工业出版社,2003

[3]徐承伟,刘晓鹏,姜有文.等.一种应用于冻土区的防冻型 $Cu/CuSO_4$ 参比电极,油气储运,2014,33 (5):493－496

[4]熊靖.太阳能光电池在管道工程阴极保护中的应用.石油工程建设,1997,(2):41－43

[5]David H. Kroon, Lynne M. Ernes, MMO coated titanium anodes for cathodic protection, NACE annual corrosion conference in 2007, NACE, 2007, Houston

[6]Fengmei Song, Hui Yu. Evaluation of global cathodic protection criteria－part 1: criteria and relevance with cathodic protection theory, NACE annual corrosion conference in 2012, NACE, 2012, Houston

[7]W. J. Schwerdtfeger, O. N. McDorman, Potential and current requirements for the cathodic protection of steel in soils, NACE annual corrosion conference in 1952, NACE, 1952, Houston

[8]YoungGeun Kim, DeokSoo Won, HongSeok Song. Validation of external corrosion direct assessment with inline inspection in gas transmission pipeline, NACE annual corrosion conference in 2008, NACE, 2008, Houston

[9]R. A. Gummow, W. Fieltsch, S. M. Segall. Would the real $-850mV_{CSE}$ criterion please stand up, NACE annual corrosion conference in 2012, NACE, 2012, Houston

[10]Markus Betz, Christoph Bosch, Peter－Josef Gronsfeld, etc. Cathodic disbondment test: what are we testing?, NACE annual corrosion conference in 2012, NACE, 2012, Houston

[11]Marco Ormellese, Andrea Brenna, Luciano Lazzari. AC corrosion of cathodically protected buried pipelines: critical interference values and protection criteria, NACE annual corrosion conference in 2015, NACE, 2015, Houston

[12]Hu Yabo，Yao jizheng，Man cheng，Dong chaofang，Electrochemical behaviour of X80 steel in sub－zero NS4 solutions，NACE annual corrosion conference in 2015，NACE，2015，Houston

[13]Kuhn R. J.，Cathodic protection of underground pipe lines from soil corrosion，API Proceedings，Vol. 14，p. 153－167. Nov. 1933

[14]T. J. Barlo，W. E. Berry. An assessment of the current criteria for cathodic protection of buried steel pipelines，Materials Performance 1984，23(9)：14

[15]G. Warfield，Effect of temperature on cathodic protection criteria，Materials Performance 1992，31(11)：22

[16]M. Mateer. Using failure probability plots to evaluate the effectiveness of "OFF" vs "ON" potential CP criteria，Materials Performance 2004：22－24

[17]S. Papavinasam，T. Pannerselvam，A. Doiron，Applicability of cathodic protection for underground infrastructures operating at sub－zero temperatures，Corrosion，2013，9：936

[18]Ewing S. P. Potential measurement for determination of cathodic protection requirements，Corrosion 1951，7(12)：410

[19]GB/T 21448－2008 埋地钢质管道阴极保护技术规范

[20]GB/T 4950－2002 锌-铝-镉合金牺牲阳极

[21]GB/T 4948－2002 铝-锌-铟系合金牺牲阳极

[22]GB/T 21246－2007 埋地钢质管道阴极保护参数测量方法

[23]GB/T 17949.1－2000 接地系统的土壤电阻率、接地阻抗和地面电位测量导则 第1部分：常规测量

[24]IPS－C－TP－820 阴极保护施工标准（伊朗石油部标准）

[25]ASTM G－8 Standard test methods for cathodic disbanding of pipeline coatings

[26]ASTM D3359－2002 Standard test methods for measuring adhesion by tape test

[27]NACE RP0104－2004 The use of coupons for cathodic protection monitoring applications

[28]NACE SP0169－2007 Control of external corrosion on underground or submerged metallic piping systems

[29]NACE SP0207 Performing close interval potential surveys and DC surface potential gradient surveys on buried or submerged metallic pipelines

[30]NACE TM0102 Measurement of protective coating electrical conductance on underground pipelines

[31]ISO15589－1 Petroleum and natural gas industries：cathodic protection of pipeline transportation systems－part 1：ON land pipelines

[32]EN 12954 Cathodic protection of buried or immersed metallic structures. General principles and application for pipelines

[33]AS 2832. 1 Cathodic protection of metals－pipes and cables

[34]OCC－1－2005 Control of external corrosion ON buried or submerged metallic piping system

第五章 干线阴极保护

根据国内外诸多行业协会的统计,外腐蚀是导致油气长输管道失效的主要原因。外腐蚀导致管道失效的案例层出不穷,我国青岛 11.22 管道泄漏事故的直接原因,就是由于输油管道外防腐层老化破损后,管体长期暴露在干湿交替的海水环境中,阴极保护未能完全抑制管道腐蚀而发生穿孔后引起的。美国机械工程师协会关于管道完整性的相关标准中,识别出与时间相关的危害包括就外腐蚀、内腐蚀和应力腐蚀开裂等三种类型。干线的阴极保护主要是针对输油气站场外的干线管道而言的,可以有效抑制管道的外腐蚀,并在一定程度上控制应力腐蚀开裂的发生。但正如第四章所述,干线阴极保护的过保护则可能改变应力腐蚀发生的机理,甚至诱发氢致开裂。目前,国内外的相关标准和规范都强制性要求,在管道建设期间就应同步设计、安装相应的干线阴极保护系统,对于已投运管道,则应及时增加阴极保护系统,以控制管道外腐蚀。

油气长输管道干线往往绵延几百甚至上千公里,保护管段长度、所经过土壤类型差异、外防腐层类型差异,都会直接影响阴极保护电流分布的均匀性。管道所途经区域的其他埋地结构、管道周围复杂的电磁环境也可能使得阴极保护电流的分布更加复杂。目前主要采用的两种保护方式包括牺牲阳极的阴极保护法和强制电流的阴极保护法。对于长距离干线管道常采用强制电流的阴极保护方式,牺牲阳极的阴极保护方式则主要应用于较短距离管道、末端附加保护或施工期间的临时性阴极保护等方面。干线阴极保护系统投运后,其运行效果也会受到很多因素的影响,特别是由于公共走廊的建设和建设用地的局限性,不同设施之间相互屏蔽和干扰的问题层出不穷,很容易造成局部的欠保护和过保护。为了保证干线的阴极保护效果,管道运营公司还都制定了相应的监检测技术规范,以定期对保护效果进行检测和评价。

第一节 两种主要的保护方式

按照第四章中的介绍,油气长输管道的阴极保护主要包括强制电流的阴极保护和牺牲阳极的阴极保护两种保护方式。强制电流的阴极保护,是通过直流电源和辅助阳极,迫使电流从土壤中流向被保护结构,降低被保护结构电位而达到电化学保护的。牺牲阳极的阴极保护是通过牺牲阳极自身腐蚀速度的增加而为被保护结构提供阴极保护电流,降低被保护结构电位而达到电化学保护效果的。

强制电流保护法具有输出功率大,保护范围广,保护电位可调、可控,受地质环境条件影响小等优点;其不足之处是需要可靠的外界电力供应,需要定期的管理和维护;目前,我国大部分油气长输管道的干线阴极保护系统都以强制电流的阴极保护系统为主。采用的阳极地床类型主要包括深井阳极地床、浅埋阳极地床和柔性阳极地床。柔性阳极地床具有输出电流均匀,不存在干扰,可与管道同沟敷设的优点,很适用于管网错综复杂及需要避免干扰的区域。但是柔性阳极施工时需与管道近距离并行埋设,尤其在已建管道系统中补加阴极保护时,可能涉及的土方工程量较大;浅埋阳极地床形成的地表电位梯度大,容易产生屏蔽和干扰,保护管段距离可能相对较短;深井阳极地床具有地表电位梯度小、占地面积小,不与地面设施发生冲突的特点。牺牲阳极法具有不需要外界电源、运行维护简单、对附近非保护金属构筑物无干扰、有一定排流作用等优点;其不足之处是输出功率较小、运行电位不可调、受环境因素影响较大(如土壤电阻率较高时,其输出电流很小,甚至无电流输出)。因此,主要适用于保护范围相对简单、防腐层质量完好以及能够与非保护设施有效绝缘隔离的场合,干线管道建设期间的临时性阴极保护等。由于金属套管对阴极保护电流有屏蔽作用,牺牲阳极也常用于套管内管道的阴极保护。

在进行干线阴极保护系统的选择时,就需根据保护对象规模选择合适的保护方式。在设计阶段需重点收集的资料包括:管道参数,如长度、直径、壁厚、材料类型及等级、防腐层种类及等级、运行温度曲线、设计压力;输送介质类型、输送介质是否导电;阴极保护系统的设计寿命一般应参考管道的设计寿命,如 30 年;管道走向的带状图纸,管道沿线已有的阴极保护系统、已有的外部构筑物、沿线高压输电线路或埋地高压电缆的位置、走向及额定电压等;阴极保护设备安装后所处的环境条件;管道沿线的地形地貌和土壤性能,包括冻土层厚度、回填土种类、土壤电阻率、pH 值及可能引起腐蚀的细菌;管道沿线穿越河流、铁路、公路的位置和结构,所采用套管的结构和位置,绝缘接头的类型和位置;临近交直流电气化牵引系统的特性参数、变电站位置和其他干扰电流源的特性、接地系统的类型与位置、电源的可利用性等。

当选择采用强制电流的阴极保护系统时,就需要充分考虑电源的可获得性和阳极地床的施工便利性这两个主要因素。现场采用的强制电流供电设备主要为恒电位仪和整流器两种。为了保证恒电位仪或整流器的正常工作,对电源最基本的要求就是应能够长期不间断供电。在电网覆盖的区域应优先使用市电或可靠的交流电源,在无交流市电的区域,可根据第四章中关于供电设备的叙述,选用太阳能电池、风力发电机、TEG 热电发生器等直流电源。恒电位仪一般具有恒电压、恒电位和恒电流等三种不同的工作模式。在恒电压模式下,恒电位仪的输出电压保持恒定;在恒电流模式下,恒电位仪的输出电流保持恒定;在恒电位模式下,管道馈流点位置的管地电位保持恒定,其基本的工作原理在第四章中也有所提及。当管地电位或回路电阻有经常性较大变化或电网电压变化较大时,优先使用恒电位仪。国内大量采用的都是恒电位的工作模式,以减少外部回路电阻变化时,可能需要进行的调整和维护工作。因此,如何设置合适的控制电位就显得尤为重要。但现场试验确定合适的控制电位往往比较繁琐,特别是在存在直流干扰的管段,采用恒电位工作模式时往往并不能取得满意的效果,而千篇一律地给定同一个通电电位值(如 $-1.2V_{CSE}$)则往往没有太大的技术依据。

辅助阳极地床是强制电流阴极保护系统的另一重要组成部分,GB/T 21448《埋地钢质管道阴极保护技术规范》要求,辅助阳极地床在最大的预期保护电流需要量时,地床接地电阻上的电压降应小于额定输出电压的 70%;而且地床应从电学意义上尽量远离其他埋地结构,以减少干扰的影响。目前,现场常采用的辅助阳极地床形式主要包括深井阳极地床、浅埋阳极地床和柔性阳极地床等三种地床形式,其中柔性阳极地床也可看做一种特殊的浅埋型地床。在选择阳极地床形式时,应综合考虑以下因素,如:岩土地质特征、土壤电阻率随深度的变化、地下水位情况、不同季节下土壤条件的极端变化、地形地貌特征、屏蔽作用、第三方破坏的可能性等。

深井阳极地床一般是指一支或多支阳极垂直安装于地下 15m 或更深的井孔中,以提供阴极保护的阳极地床。阳极顶部距离地表小于 15m 的阳极地床,一般称为浅埋型阳极地床。深井阳极地床埋深较深,接地电阻较小,而且地表形成的电位梯度小,不易对外部结构产生干扰。关于深井阳极地床的历史可以追溯到 1952 年的美国,也是由美国阴极保护之父 Kuhn 组织实施的。1971 年,美国的 LORESCO 公司开发了可更换的阳极地床形式,极大地延长了深井阳极地床的使用寿命。当阳极消耗完或出现问题时,可以在保留原阳极井的基础上,对井内阳极进行更换,以降低再次施工的成本。1986 年,在青岛举行的国际腐蚀控制研讨会上,Tatum 以报告形式向国内专题介绍了深井阳极地床的实施效果。安徽淮南某电厂最早采用 40～45m 深的辅助阳极地床对电厂内埋地金属结构进行了阴极保护的实践。进入 20 世纪后,我国各输油管理局、管道局、管道运营公司都在深井阳极地床方面做了大量的应用和尝试,并与浅埋阳极地床配合应用于站场的区域阴极保护系统,在总结大量工程实践案例的基础上,逐渐掌握了深井阳极地床安装过程中的注意事项及常见的问题。深井阳极地床在使用过程中,经常会出现阳极的端部不均匀溶解,如高硅铸铁阳极和石墨阳极常由于端部电流密度过高而导致端部消耗过快的端部效应和颈部效应,造成阳极与连接电缆断开连接而过早失效。阳极表面电化学反应产生的氧气、氯气等气体若无法及时排出阳极地床,阳极被大量气体所包围,也会导致阳极与填料的接触面积减少、阳极接地电阻增加、排出电流降低的现象,常称为"气阻"效应。以国内某同期施工的两组深井阳极地床为例,1# 深井阳极地床未作专门的排气设施,在使用 2 个月后开始出现明显的气阻,回路阻抗随使用时间的延长而大幅度增加。2# 深井阳极地床安装了排气管后,气阻效应得到有效抑制,回路电阻一直稳定在较低的水平,如图 5.1 所示。

按照深井阳极地床中阳极周围填充介质的差异,可以划分为开孔式深井阳极地

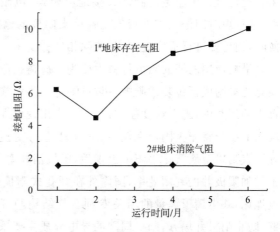

图 5.1　气阻对阴极保护回路阻抗的影响

床和闭孔式深井阳极地床两种,其结构分别如图 5.2 和图 5.3 所示。开孔式地床中阳极周围采用含水电解质进行填充包围,闭孔式地床中阳极周围则采用碳质填料进行填充包围。碳质填料与第四章中提及辅助阳极的填料相同,主要包括冶金焦炭、焙烧石油焦炭两种。在设计过程中,深井阳极地床的接地电阻可以采用 Dwight 公式进行计算:

$$R = \frac{\rho}{2\pi L}(\ln\frac{4L}{r} - 1) \tag{5-1}$$

式中　R——阳极地床接地电阻;

　　　ρ——土壤电阻率;

　　　L——阳极活性区长度;

　　　r——阳极井孔径。

在可能产生井孔塌陷的情况下,也常需要安装套管对井壁进行支撑。当阳极释放电流的活性区使用的套管类型为非金属套管时,需要在套管上打孔以保证电流的释放。按照国外相关标准的推荐(NACE SP0572－2007),在闭孔式深井阳极地床中,大约 $0.1m^2$ 的孔可以排放 1200mA 的电流。为使闭孔式深井阳极地床系统中的电流流动达到最大,孔的宽度或直径最小应为非金属套管厚度的两倍。为减少电流在靠近地表范围内的释放、降低对外部结构物的干扰,阳极井上部的套管也常采用非金属套管进行固井,并采用导电性较差的砾石进行回填。开孔式地床中,阳极表面产生的气体较容易通过含水电解质扩散到井口,只需在井口安装部分排气装置即可。但闭孔式地床中,气体通过固体回填颗粒的扩散往往比较困难,则需要在靠近阳极附近安装专门的排气管。排气管一般由塑料筛管制成,塑料管上按照一定的间距和尺寸打圆孔或刻出矩形狭缝,供气体排放到井口地表。狭缝排气孔的尺寸 $150\sim230\mu m$,既要允许气体通过,也要尽可能减小可进入物的尺寸。阳极地床中每支阳极应单独引出电缆到地面专门设置的接线箱内,并联后通过主电缆连接到恒电位仪的阳极接线柱,以实现对每支阳极的单独控制和调节、提高阳极的利用效率。阳极地床在安装完成后,井口应砌砖固井,设置专门的保护罩和标识物,以防止地面流体、杂物进入井内。阳极地床在运行过程中应定期测试其接地电阻,当电阻出现明显升高时,可通过排气管向井内注水、进行短时间停电或重新分配各单支阳极的输出电流。确实无法满足工程要求且无法更换时,则需要进行报废处理,并移除相应标识。

最初使用的辅助阳极材料主要为高硅铸铁阳极或石墨阳极,单支阳极的自重较大,周围填充焦炭制成预包装式阳极后重量则进一步增加。要将多支阳极顺利安装到几十米甚至上百米的深井中,施工难度往往很大,经常出现电缆断裂、井口塌方等事故。而且施工完成后,填入的焦炭将阳极固定在深井中,无法进行更换与维护,运行出现问题后往往只能报废处理。直到贵金属氧化物阳极出现后,阳极消耗率大大降低,单支阳极的重量也明显减小。为了增加阳极井的利用效率,国内外在开孔式阳极地床的基础上开发了一系列的可更换式阳极地床,并申请了大量的相关专利。其结构与开孔式阳极地床基本类似,套管用于支撑井壁,防止阳极井塌方,阳极周围的导电介质主要采用含水电解质或水与焦炭粉的混合物。在进行阳极更换时,可先将井内的导电介质抽出井口,阳极更换完成后再泵入新的回填电解质,一般 2~3 天左右即可完成一口深井阳极地床的阳极更换工作,如图 5.4 所示。美国 MATCOR 公司开发的迷你型深井阳极系统则将特制的柔性阳极应用于深井地床中,降低了现场安装的工作量,提高了阳极释放电流的均匀性,曾被称为过去 20 年内阴极保护技术的重大发展。

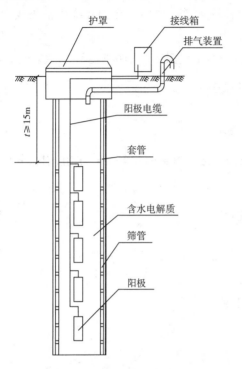

图 5.2　开孔深阳极地床示意图

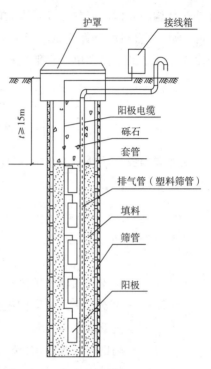

图 5.3　闭孔深阳极地床示意图

图 5.4　阳极地床更换现场施工图

浅埋阳极地床是辅助阳极地床的另一种主要形式,阳极顶端到地表的距离小于 15m,单支阳极井的接地电阻较大,常采用多支阳极井并联的方式进行使用。按照阳极的安装方式,还可以分为立式阳极地床和水平式阳极地床两种。浅埋阳极地床在地表形成的电位梯度较大,为了保证足够的保护距离并减少对其他结构的干扰,选址时应将地床尽量远离被保护结构和外部结构物。国内部分标准要求,在油气长输管道干线阴极保护系统中采用浅埋阳极地床时,地床与管道的垂直距离应不小于 $100 \sim 150\mathrm{m}$。

单支立式辅助阳极和单支水平式辅助阳极的接地电阻可分别按照以下公式进行计算:

$$R_{\mathrm{v}} = \frac{\rho}{2\pi l}\ln(\frac{2l}{d}\sqrt{\frac{4t+3l}{4t+l}})(t \gg d, l \gg \mathrm{d}) \tag{5-2}$$

$$R_{\mathrm{h}} = \frac{\rho}{2\pi l}\ln(\frac{l^2}{td})(t \ll l, d \ll l) \tag{5-3}$$

采用并联构成的辅助阳极组时,则应考虑阳极之间电场的相互屏蔽作用,引入并联阳极电阻的修正系数 F。

$$F \approx 1 + \frac{\rho}{nsR_{\mathrm{v}}}\ln(0.66n) \tag{5-4}$$

$$R_{\mathrm{Z}} = F\frac{R_{\mathrm{v}}}{n} \tag{5-5}$$

式中　R_{v}——单支立式辅助阳极接地电阻;

　　　　R_{h}——单支水平式辅助阳极接地电阻;

　　　　ρ——土壤电阻率;

　　　　l——辅助阳极长度(含填料);

　　　　d——辅助阳极直径(含填料);

　　　　t——辅助阳极埋深(填料顶部距地面);

　　　　R_{Z}——辅助阳极组接地电阻;

　　　　F——阳极电阻修正系数;

　　　　s——阳极间距;

　　　　n——阳极支数。

由于浅埋阳极地床在地表形成的地电位梯度较大,常会对外部结构产生干扰,就需要对其附近的地电位梯度进行计算和评价,相关专业书籍中给出的常用计算公式如表 5.1 所示。

表 5.1　简单阳极的接地电阻和电压锥计算公式(阳极电压 $U_0 = IR$)

序号	阳极形状	阳极布置	接地电阻	电压锥	备注
1	阳极棒 长度 l 直径 d	立式阳极直径 d,阳极长度 l,阳极顶端在地表位置	$R = \frac{\rho}{2\pi l}\ln\frac{4l}{d}$	$U_r = \frac{I\rho}{2\pi l}\ln(\frac{l+\sqrt{l^2+r^2}}{r})$	$l \gg d$

续表

序号	阳极形状	阳极布置	接地电阻	电压锥	备注
2	水平阳极 长度 l 直径 d	水平式阳极直径 d，阳极长度 l，阳极顶端在地表位置	$R = \frac{\rho}{2\pi l}\ln\frac{2l}{d}$	$U_r = \frac{I\rho}{\pi l}\ln\left(\frac{l}{2r} + \sqrt{1 + \left(\frac{l}{2r}\right)^2}\right) \approx \frac{I\rho}{2\pi r}$ $U_x = \frac{I\rho}{2\pi l}\ln\left(\frac{2x+1}{2x-1}\right) \approx \frac{I\rho}{2\pi x}$ 当 $(r,x) \gg 1$ 时，近似推导成立	—
3	立式阳极 长度 l 直径 d 地面以下深度 t	立式阳极直径 d，阳极长度 l，阳极顶端距离地表距离为 t	$R = \frac{\rho}{2\pi l}\ln\left(\frac{2l}{d}\sqrt{\frac{4t+3l}{4t+l}}\right)$	$U_r = \frac{I\rho}{2\pi l}\ln\left(\frac{t+l+\sqrt{(t+l)^2+r^2}}{t+(r^2+t^2)}\right)$	$t \gg d$ $d \ll l$
4	水平阳极 长度 l 直径 d 地面以下深度 t	水平式阳极直径 d，阳极长度 l，阳极顶端距离地表距离为 t	$R = \frac{\rho}{2\pi l}\ln\frac{l^2}{td}$	$U_r = \frac{I\rho}{2\pi l}\ln\frac{\sqrt{t^2+r^2+\left(\frac{l}{2}\right)^2}+\frac{l}{2}}{\sqrt{t^2+r^2+\left(\frac{l}{2}\right)^2}-\frac{l}{2}}$	$d \ll l$ $t \gg l$
5	立式阳极	立式阳极直径 d，阳极长度 l，阳极顶端距离地表距离为 $t \gg l$	$R = \frac{\rho}{2\pi l}\ln\frac{2l}{d}$		$t \gg l$
6	水平阳极	水平式阳极直径 d，阳极长度 l，阳极顶端距离地表距离为 $t \gg l$	$R = \frac{\rho}{2\pi l}\ln\frac{2l}{d}$		$t \gg l$

牺牲阳极就常采用浅埋的方式安装在被保护结构附近，以降低回路电阻。牺牲阳极系统主要适用于土壤电阻率较低的土壤、水、沼泽或湿地环境中的小口径管道或距离较短并带有优质防腐层的大口径管道。牺牲阳极应用于长输管道的干线阴极保护时，主要应用于以下几个方面：无合适的可利用电源或电器设备不便实施维护保养的地方、施工过程中的临时性保护、强制电流阴极保护系统的补充、永冻土层内管道周围土壤融化带、保温管道的保温层下等。实施过程中，应根据第四章的内容，所选阳极类型和规格应能连续提供最大电流需要量，总质量能够满足阳极提供所需电流的设计寿命。几种典型的应用牺牲阳极保护管道的情况包括：陆上小口径、短距离管道，套管内管道及海底管道的阴极保护，在本章第三节中将进行更详细的介绍。

第二节　强制电流的阴极保护系统实例

为了使读者对干线阴极保护设计、安装过程有更加清晰的认识，本节结合相关典型实例介绍其具体实施过程。

一、采用深井阳极地床的强制电流阴极保护

管道阴极保护系统设计时,需要收集的相关资料包括:

①管道参数,如长度、直径、壁厚、材料的类型与等级、防腐层种类及等级、运行温度曲线、设计压力;

②输送介质及其导电性;

③阴极保护系统的设计寿命应与管道的设计寿命匹配,一般取 30 年左右;

④管道走向及其与外部结构的相互位置关系;

⑤阴极保护设备的环境条件;

⑥地形地貌和土壤性能,包括土壤电阻率、pH 值及引起腐蚀的细菌;

⑦气候条件、冻土层深度等;

⑧高压输电线路或埋地高压电缆的位置、走向及额定电压;

⑨阀室和调压站的位置;

⑩穿越河流、铁路、公路的位置和穿越管段结构;

⑪套管的结构和位置;

⑫管沟回填材料种类;

⑬绝缘接头类型与位置;

⑭邻近交直流电气化牵引系统的特性参数、变电站位置和其他干扰电流源的特性;

⑮接地系统的类型与位置;

⑯电源的可利用性;

⑰邻近可用于远距离监测的遥测系统的类型与位置等。

假设管地电位沿管道距离进行线性衰减,则管道的保护长度可以按照以下公式进行计算:

$$2L_{\mathrm{p}} = \sqrt{\frac{8 \times \Delta V}{\pi \times D_{\mathrm{p}} \times J_{\mathrm{s}} \times R_{\mathrm{s}}}} \tag{5-6}$$

$$R_{\mathrm{s}} = \frac{\rho_{\mathrm{t}}}{\pi(1000D_{\mathrm{p}} - \delta)\delta} \tag{5-7}$$

式中　　L_{p}——单侧保护管道长度;

ΔV——极限保护电位与保护电位之差;

D_{p}——管道外径;

J_{s}——保护电流密度;

R_{s}——管道线电阻;

ρ_{t}——钢管电阻率,常用材质管线钢的电阻率如表 5.2 所示;

δ——管道壁厚;

所需保护电流大小可以按照以下公式进行计算:

$$2I_0 = 2\pi \times D_p \times J_s \times L_p \tag{5-8}$$

式中　I_0——单侧管道保护电流；

D_p——管道外径；

J_s——保护电流密度；

L_p——单侧保护管道长度。

表 5.2　常用材质管线钢的电阻率

型　号	电阻率/(Ω·mm/m)	电导率/(Ω·m)$^{-1}$
10#钢	0.11	9.09×10^6
20#钢	0.135	7.41×10^6
45#钢	0.132	7.58×10^6
16Mn 钢	0.224	4.46×10^6
铬钢	0.22	4.55×10^6
T8 钢	0.14	7.14×10^6

某原油输送管道位于我国西北地区，地处中温带干旱气候区，雨雪稀少、气候干燥、风大沙大，年平均降水量 200mm、年平均蒸发量 1584.9mm。干线全线采用 3PE 外防腐层，沿线的 A 输油泵站同时兼具阴极保护站的功能，在最初的设计和施工过程中采用了 30 组浅埋阳极地床，阳极材料为石墨阳极，阳极顶端距离地表仅 1m。但使用过程中由于阳极埋深较浅，阳极接地电阻一直较大。即使多次采用苛性碱等进行降阻处理，也仅能维持几天，风沙过后阳极电阻又会变得很高，导致恒电位仪电压超限报警。为此，拟在地质勘探和深层土壤电阻率测试的基础上，选择合适位置，采用深井阳极地床替换原有的浅埋阳极地床。

根据管道及其防腐层的相关参数，按照上述公式计算的阴极保护站间距结果如表 5.2 所示。由表 5.2 中的数据可以看出，随着管道壁厚的增加，管道轴向电阻降低，阴极保护的保护长度增加。表 5.3 给出了直径 ϕ1016mm 管道的单侧保护长度。管径增加、壁厚增加，管道轴向电阻降低，阴极保护的保护长度增加。对于不同的防腐层类型，随着防腐层面电阻率的增加，阴极保护电流的衰减程度降低，阴极保护的单侧保护长度也会增加。

表 5.3　直径 ϕ1016mm 管道阴极保护站间距计算结果

	阴极保护站间距			
1	最大保护电位/V	1.25	1.25	1.25
2	最小保护电位/V	0.85	0.85	0.85
3	防腐层类型	3 层 PE		
4	电流密度/(10A/m^2)	10		
5	管道外直径/mm	1016		
6	管道壁厚/mm	17.5		21.0
7	单侧保护长度/km	78		85
8	双侧保护长度/km	155		170

(一)保护电流需求大小

保护电流的需求大小可以采用公式计算、馈电实验,并结合以往恒电位仪运行记录数据等方式,进行综合确定。馈电实验采用临时的供电电源和阳极地床给管道供电,通过测试管道沿线在不同供电电流下的极化电位情况,确定所需的阴极保护电流大小。但馈电实验的局限性在于其仅能测试当时环境下的电流大小,无法反应季节变化等因素对所需阴极保护电流大小可能产生的影响。

针对该项目进行馈电试验时,采用 A 站的恒电位仪和已有的浅埋石墨阳极地床进行。实验前通过浇水的方式对阳极地床进行降阻处理,以防止实验过程中出现电压超限报警。将恒电位仪设置在恒电流状态,给定不同电流极化 24h 后,将恒电位仪设置为通断测试状态,在管道沿线的测试桩位置测试管道的通断电电位。馈电实验的结果显示,2A 的电流足以保证管道沿线断电电位满足 $-0.85V_{CSE}$ 的断电电位准则。

表 5.4 为恒电位仪以往正常运行时的输出记录,在不同时间段内的恒电位仪输出略有变化,大都在 1A 到 4A 之间变化。为了保证足够的余量,以适应后期防腐层的继续老化和破损。在后续的设计计算过程中,可将恒电位仪的实际输出电流估计为 4A。

表 5.4　A 站恒电位仪以往输出参数

记录时间	恒电位仪输出
2013.3.16	1.4A/5.0V
2013.6.10	1.4A/4.5V
2013.9.15	3.4A/5.2V
2013.12.20	2.3A/6.5V

(二)阳极地床设计

1. 地勘及土壤电阻率测试结果

按照 GB/T 21448—2008《埋地钢质管道阴极保护技术规范》和 SY/T 0096—2013《强制电流深阳极地床技术规范》中的要求,在深井阳极地床设计前进行了地质条件勘查和不同深度的土壤电阻率测试。

地质勘查过程中采用 DPP-100-3B 型钻机进行钻孔,地下水位以上土层及黏性土采用螺旋钻进方式,遇水或砂层采用三翼钻头回转钻进、泥浆护壁,遇到卵石时采用合金钻头回转钻进。扰动土样采用管式贯入器或岩芯管采集,水试样为采集孔内静水位之地下水样。现场总钻进深度为 60.45m,取出扰动土样 19 件,水试样 3 件。

现场勘查结果显示,在本场区勘察深度范围内,除填土外,其下均为第四系黄河冲积、冲洪积相地层。整个场区地层自上而下可分为五层,分层描述如下:

① 填土:杂色,稍湿,松散,不均匀,主要以卵石为主,混粉土及粉砂。

② 卵石:杂色,饱和,中密,以亚圆形和次亚圆形为主,成份以石英岩为主,分选性差,磨圆度好。粒径通常在 2.5~4.0cm,粉土及粉砂充填其间。

③ 粉土:黄褐色,稍湿,中密,饱和,以石英、长石为主,无光泽,干强度低,韧性低,夹粉

砂薄层,分布连续。

④ 卵石:杂色,饱和,以亚圆形和次亚圆形为主,成分以石英岩为主,分选性差,磨圆度好。粒径通常在 3.0～5.0cm,粉砂及粉土充填于其间。

⑤ 细砂:褐黄色,密实,饱和,矿物成分以长石、石英为主,本次勘察未穿透此层,根据可查的区域地质资料,该层为巨厚层状。

场区地下水属第四系松散孔隙潜水类型,主要含水层为卵石及细砂及其以下地层,地下水补给以大气降水补给为主,工业排生活用水等次之,其动态类型属蒸发-径流型,地下水位动态主要受气象、水文等主要因素影响并呈季节性变化。勘察期间为丰水季节,实测稳定水位埋深 18.20m,年变化幅度在 0.5～1.0m 之间。地下水层属单一潜水含水层,在勘察范围深度(60m)内不存在地下含水层串层的可能性。地下水试样的 pH 值测试结果在 8.05～8.22 之间,氯离子含量在 246～266 mg/L 之间,硫酸根离子含量在 337～395 mg/L 之间,属微腐蚀性或弱腐蚀性介质。针对地下水位以上土壤的分析结果,其 pH 值在 8～11 之间,腐蚀性也相对轻微。场地土最大冻结深度为 0.80m。

不同深度的土壤电阻率测试采用 WDDS－1 型多功能激电仪,按照第四章中的非等间距方法进行测试。测试过程中采用非等比对称四极电测深(小四极)装置。具体测试过程可以参照第四章中的内容。供电电极 A、B 的最大极距选取 $AB=360m$,测量电极与相应供电电极距的比值 MN/AB 保持在 $1/30～1/3$ 的范围。根据现场测试数据,可以将土壤划分为 3～4 个电性分层,并采用软件进行模拟计算。场地 6m 以上土层的电阻率较高,变化范围较大,在 70～437 $\Omega \cdot m$ 之间,6m 以下土层电阻率较低且较稳定,在 20～40 $\Omega \cdot m$ 之间。不同深度的土壤电阻率结果如表 5.5 所示。

表 5.5　分层土壤电阻率测试结果

测点编号	岩层厚度/m	岩层深度/m	岩层的电阻率/$\Omega \cdot m$
1	1.5	0.0～1.5	77
	1.9	1.5～3.4	437
	14.1	3.4～17.5	31
	—	17.5 以下	38
2	2.4	0.0～2.4	141
	3.5	2.4～5.9	110
	—	5.9 以下	23
3	4.1	0.0～4.1	71
	28.3	4.1～32.4	20
	—	32.4 以下	28
4	2.6	0.0～2.6	128
	3.8	2.6～6.4	42
	15.3	6.4～21.7	18
	—	21.7 以下	27

2. 阳极地床设计

结合表 5.5 中的数据，6m 以上土层的电阻率较高且变化范围较大，而且当地多大风天气，容易造成阳极地床地表土壤的流失，不适宜采用浅埋阳极地床。而 6m 以下土层电阻率较低且较稳定，其值为 20～40 Ω·m，因此选用深井阳极地床对原浅埋阳极地床进行替换。

深井阳极地床在使用过程中，在电渗透和电解水的作用下，表面会逐渐趋于干燥，而且电解反应产生的氧气、氯气等在阳极表面和阳极井内聚集也会导致气阻效应。因此，深井阳极地床都会附带排气管，并控制阳极的电流输出。为了控制阳极接地电阻随使用时间的增加，针对阳极在不同环境中输出电流所规定的上限值如表 5.6 所示。当阳极位于地下水以下时，允许的电流密度为 3.22 A/m^2。以预包装的 MMO 阳极为例进行计算，按照 4A 的输出电流计算，阳极的表面积应为 1.3m^2 左右。市场上的深井用预包装 MMO 阳极多为 6m 长度，内部串联的 3 支管状或棒状 MMO 阳极，周围以焦炭填充。导线绝缘效果的好坏会直接影响深井阳极地床的使用寿命，一旦导线绝缘层破损，暴露的金属导线很快就会因电解腐蚀而断裂。考虑到闭孔深阳极地床后期更换困难，为了降低断缆对地床使用寿命的影响，拟在阳极地床中安装 2 支 6m 长的预包装 MMO 阳极。

表 5.6　阳极在不同环境中输出电流的上限值

土壤类型	允许电流密度/(A/m^2)
非常干燥	1.08
干燥	1.61
半干（在水位线以上）	2.15
潮湿（处于地下水位以下）	3.22
开放式阳极井	4.95

阳极地床的接地电阻是设计过程中应该关注的另一个主要因素。采用近似的单支立式辅助阳极接地电阻公式进行计算：

$$R_v = \frac{\rho}{2\pi l}\ln\left(\frac{2l}{d}\sqrt{\frac{4t+3l}{4t+l}}\right) \quad (t \gg d, l \gg d) \tag{5-9}$$

式中　R_v——单支立式辅助阳极接地电阻，Ω；

ρ——土壤电阻率，取 20 Ω·m；

l——辅助阳极长度（含填料），取 12 m；

d——辅助阳极直径（含填料），取 0.219 m；

t——辅助阳极埋深（填料顶部距地面），取 18 m；

阳极地床接地电阻随阳极顶端埋深的变化如图 5.5 所示。随着埋深的增加，阳极接地电阻降低，但整体变化不大，维持在 1.3 Ω 左右。按照 GB/T 21448 中的规定，地床的远地电阻值应与所选择阴极保护设备的输出功率相匹配，由需要的最大保护电流与地床远地电阻计算得到的电压值应不超过阴极保护设备额定电压值的 70%。现场已安装恒电位仪的额定电压为 50V，预估的保护电流为 4A，阳极 1.3 Ω 的接地电阻值已可以满足该要求。阳极拟设定在地下水以下,埋深 18m。按照表 5.6 中的数据,焦炭回填料与土壤界面上电流密度上限值为 3.22 A/m²。经核算,该阳极地床满足要求。

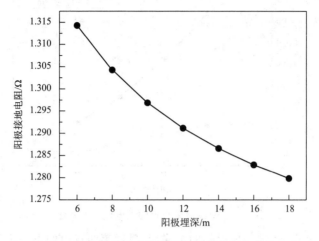

图 5.5 阳极接地电阻随阳极埋深的变化曲线

深井阳极地床的一个典型特点就是通过在深度方向上的延伸,使阳极地床相对于被保护对象成为远阳极。既可以减少屏蔽,还可以减少对外部结构可能产生的干扰。关于阳极地床在何种情况下会对外部结构产生直流干扰,国内外相关标准中并没有给出定量的标准。许多学者根据现场工程实际,也总结出了一些经验性的指标。Morgan 的研究表明,当外部埋地结构附近的土壤与远地点电位差为 1.5V 时,外部埋地结构上会出现明显的干扰;电位差为 0.3V 时,干扰不明显。其他的一些观点则认为埋地管道附近的地电位变化超过 0.5V 时,也会产生干扰。Rogelio 的研究表明,当外部埋地结构附近的土壤与远地点电位差占阳极顶端土壤与远地点电位差的 5% 时,可以认为外部埋地结构相对于阳极地床为远方大地,不易出现干扰。我国国标中出于安全考虑也要求阳极地床区域的地表电位梯度<5V/m。

按照表 5.6 中的数据,计算的阳极地床在不同埋深条件下产生的地表电位梯度变化如图 5.6 所示。与埋深 6m 相比,阳极埋深 18m 时在地表产生的地电位梯度更小,更适合安全和远地的使用要求。

3. 阳极地床安装

深井阳极地床施工拟采用 30m 的深井阳极地床,井内安装 2 组 6m 长的预包装 MMO 阳极,阳极顶端距离地表 18m。阳极安装在原来浅埋阳极地床附近,井口设置接线箱,阳极自带电缆经接线箱与汇流电缆连接,汇流电缆接至恒电位仪阳极接线柱上。

现场采用车装钻孔机打井,钻井过程中使用泥浆护壁,防止井塌,钻井深度为 30m。阳极安装前应进行检查,阳极表面不应有损伤和裂纹,阳极接头应密封完整牢固。阳极电缆应完整无损坏,每根阳极电缆长度均应符合在井内安装位置尺寸的要求,能够伸到地面以上,并留有余量。阳极电缆中间不应有接头,每根阳极电缆的自由端按顺序做上永久标记。井口附近设置接线箱,2 支阳极的自带电缆分别接入接线箱。

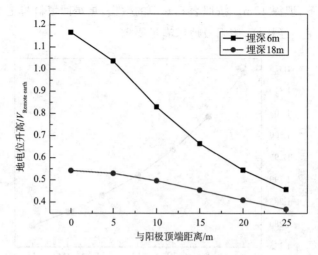

图 5.6　阳极地床附近的地电位梯度变化

阳极地床安装完成,经过一段时间的沉降后,采用第四章中的方法进行长接地体的接地电阻测试,阳极接地电阻为 2 Ω 左右,满足 GB/T 21448《埋地钢质管道阴极保护技术规范》中的要求。恒电位仪通电后,阳极地床接地电阻上的电压降小于恒电位仪额定输出电压的 70%。

需要指出的是,施工过程中仅对阳极地床进行了更换。恒电位仪、通电点、馈流点、测试点及相关电缆的敷设均采用设计期间已经完成的安装设施。这里对施工过程中其他部分的注意事项做一简单介绍。

阴极保护系统的安装过程中,恒电位仪的具体安装位置需根据房间内已有设备摆放位置、电源引入点及管理要求进行现场确定。安装过程需按照"开箱检查→本体安装→接线→本体接地→通电调试"的顺序进行。将阳极电缆、阴极电缆、零位接阴线、参比电极线和机壳接地线分别连接到恒电位仪对应的接线柱上,接线应牢固。在搬运电气设备时,应防止损坏各部件和碰破漆层;交流供电电源应安装外部切断开关;电源设备在送电前必须全面进行检查,各插接件应齐全,连接应良好,接线应正确,主回路各螺栓连接应牢固,设备接地应可靠。恒电位仪安装完成,经验收合格后方可投入使用。

通电点、馈流点和测试点处电缆与管道的连接常采用铝热焊的方式,具体可参照第四章中的内容。焊接过程中需在管道上剥离 50mm×50mm 大小的防腐层,若修复不完整常可能使保护效果不好,或造成屏蔽防腐层下的管体腐蚀。SY/T 5918—2011《埋地钢质管道外防腐层修复技术规范》中规定了常用管道防腐层的修复材料及结构,如表 5.7 所示。国内常用的修复防腐层类型主要为黏弹体,其具有很强的粘结力,无需涂刷底漆且对表面处理要求不高。采用手工除锈对管道进行表面处理后,采用手动缠绕的方式即可进行施工。缠绕过程中应保证胶带搭接宽度 55%,胶带搭接缝平行,不出现扭曲、皱褶和翘边,表面应平整、搭接均匀、无鼓包、无破损。

表 5.7　常用的管道防腐层修复材料及结构

原防腐层类型	局部修复			大修
	缺陷直径≤30mm	缺陷直径≥30mm	补口修复	
石油沥青、煤焦油瓷漆	石油沥青、煤焦油瓷漆、冷缠胶带、黏弹体+外防护带	冷缠胶带、粘弹体+外防护带	冷缠胶带、黏弹体+外防护带	无溶剂液态环氧/聚氨酯、无溶剂环氧玻璃钢、冷缠胶带
熔结环氧、液态环氧	无溶剂液态环氧	无溶剂液态环氧	无溶剂液态环氧/聚氨酯	
三层聚乙烯/聚丙烯	热熔胶+补伤片、压敏胶+补伤片、粘弹体+外防护带	粘弹体+外防护带、压敏胶热收缩带+冷缠胶带	黏弹体+外防护带、无溶剂液态环氧+外防护带、压敏胶热收缩带	

注：天然气管道常温段宜采用聚丙烯冷缠胶带；外防护带包括冷缠胶带、压敏胶热收缩带等。

二、冻土区埋地管道的阴极保护

随着油气资源的开发逐渐向极寒地带的深入，冻土区埋地管道的阴极保护也得到了越来越多的关注，并在工程中进行了大量的实践。在冻土地区，冻土可能随季节和温度的变化，呈现年度或季节性的冻结与融化循环，土壤电阻率也会呈现出急剧的变化，导致阴极保护电流较难均匀分布。

20世纪70年代初，美国曾采用无线电波对阿拉斯加管道线路沿线的土壤电阻率进行了航空普查，并根据现场取回的土壤样品进行了大量的实验室测试。阿拉斯加管道沿线土壤电阻率与温度的变化关系很大。土壤电阻率随温度降低明显升高，而且在低于冰点温度后直线上升，最大可高达 $10^6\ \Omega\cdot cm$。而且土壤冻结后，土壤中含水量的变化，也会使土壤电阻率发生相应的变化。土壤电阻率的升高，使得阴极保护回路电阻增加，阴极保护电流较难到达管道表面，极化效果变差。但在低温冻土环境中，管道所需的阴极保护电流密度大小、合适的阴极保护电位评价准则，与常温条件下是否有差异，也是值得商榷的。

图 5.7 为实验室中测试得到的 X80 钢在不同温度（−10～25℃）土壤模拟溶液中的极化曲线。可以看出：X80 管线钢本身的电位也会随环境介质温度的变化而变化。随着介质温度的降低，由极化曲线得到的腐蚀电位变正，腐蚀电流密度也降低，说明在低温环境下 X80 管线钢的耐蚀性增强。

根据第二章中对极化曲线相关知识的介绍，温度既会影响溶液中电化学反应物（如氧气）的溶解度，也会影响电化学反应物的活性，从而影响腐蚀过程。具体地，随着温度的降低，金属中原子的活化程度降低，电极表面的阴极反应和阳极反应过程均受到抑制，电化学反应的电流密度降低，腐蚀电位变正，腐蚀电流降低。但随着温度的进一步降低，溶液中溶解的氧气增加，也可能导致腐蚀电位变正，腐蚀电流密度升高。因此，温度对于低温腐蚀过

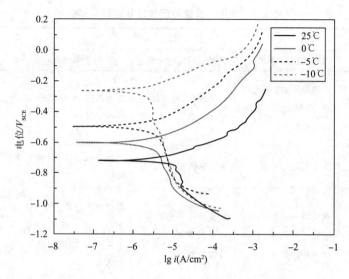

图 5.7　X80 管线钢在不同温度 NS4 土壤模拟溶液中的极化曲线

程的影响是一个综合过程,还需要进一步的深入研究。以图 5.7 中的数据为例,按照第二章中的内容,采用强极化区 tafel 直线拟合得到的腐蚀电位和腐蚀电流密度如图 5.8 所示。

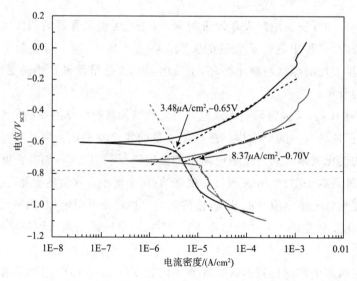

图 5.8　不同温度条件下极化曲线的拟合结果

利用图 5.8 中的腐蚀电流密度数据,按照式(5-10)可以计算 X80 管线钢在不同温度 NS4 土壤模拟溶液中的腐蚀速率大小,结果如图 5.9 所示。

$$CR = \frac{j_{\text{corr}} \cdot EW}{F \cdot \rho} \times 3.15 \times 10^5 \qquad (5-10)$$

式中　CR——腐蚀速率,mm/a;

　　　j_{corr}——拟合得到的腐蚀电流密度,mA/cm²;

　　　EW——材料摩尔质量,g/mol;

F——法拉第常数,取 96500 C/mol;

ρ——材料质量密度,g/cm^3。

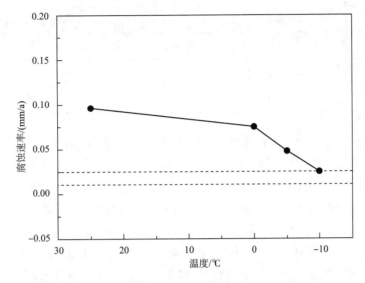

图 5.9　不同温度条件 X80 管线钢腐蚀速率

采用第二章提及的交流阻抗谱方法,针对 X80 管线钢在低温环境中的电化学阻抗谱测试结果如图 5.10 所示,结合等效电路的拟合结果如表 5.8 所示。可以看出,随着温度的降低,不仅电解质回路中的溶液阻抗(R_s)增加,而且电极表面发生电化学反应的阻抗(R_t)也增加。在 25℃条件下,R_t 约为 2318Ω·cm^2,但在-10℃条件下,R_t 约为 15000Ω·cm^2,约为前者的 6 倍多。

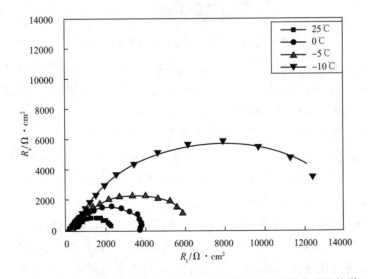

图 5.10　X80 管线钢在不同温度 NS4 土壤模拟溶液中的交流阻抗谱

表 5.8　交流阻抗谱的等效电路拟合结果

温度/℃	$R_s/\Omega \cdot cm^2$	$Y_0/\Omega^{-1} \cdot s^n cm^{-2}$	n	$R_t/\Omega \cdot cm^2$
25	116.8	2.3×10^{-4}	0.8	2318
0	196.4	4.7×10^{-4}	0.8	4107
−5	231.1	3.1×10^{-4}	0.8	6914
−10	319.5	1.0×10^{-4}	0.8	15000

　　ISO15589 - 1 标准中给出的阴极保护条件下埋地钢质管道的腐蚀速率约为 0.025mm/a，NACE RP0169 标准中给出的参考值约为 0.01mm/a。由图 5.9 可以看出，X80 管线钢在−10℃土壤模拟溶液中的自然腐蚀速率也仅为 0.025mm/a 左右，与标准中的参考值很接近。可以认为，当 X80 管线钢在−10℃左右的土壤中使用时，并不需要额外安装阴极保护设施。这在永冻土中可能是现实的，但季节性冻土或岛状冻土则往往使情况变得更加复杂。管道周围的土壤环境不断变化，并不能保证所有时刻的腐蚀速率都小于 0.025 mm/a。对于采用加热方式运行的输油管道，即使在通过永冻土区域时，管道周围出现的融化带（如图 5.11 所示）也可能改变管道的运行环境，加速管道腐蚀。

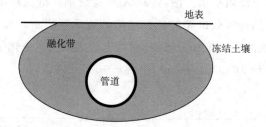

图 5.11 热油管道在冻土中形成的热影响区

　　为了对季节性冻土中的埋地管道进行阴极保护，国内外管道运营公司进行了大量工程上的尝试。既有采用牺牲阳极的阴极保护方式，也有采用柔性阳极、井式阳极等不同类型辅助阳极进行强制电流阴极保护的案例。

　　美国阿拉斯加管道公司运营的阿拉斯加管道经过大量冻土地区，是高寒冻土地区埋地管道的典型工程案例。在设计最初，计划根据沿线土壤的性质，将永冻土、季节性冻土等区域进行分别划分，并在管道上不同位置加装绝缘接头以分段提供阴极保护。但由于沿线的供电问题无法解决，最终采用了牺牲阳极的阴极保护方式，在管道沿线加密安装了大量的带状锌阳极。与棒状阳极相比，带状阳极可以与管道同沟并行敷设，与被保护的管道同时处于融化袋或冻结土壤中，保护电流沿管道的分布也更加均匀。在保护电流和使用寿命方面，锌带也比镁带具有更多优越性，无需中途更换材料，可以降低维修和运行成本。镁阳极和锌阳极材料在低温环境下的性能对比如表 5.9 所示。

表 5.9 带状镁阳极和锌阳极的优缺点对比

阳极类型	优点	缺点
镁阳极带	适用于融化土壤中和土壤电阻率高的地区； 驱动电位高,可使管道快速极化到较高的负电位	高电位易于导致防腐涂层产生剥离,特别是在土壤温度较高的地区更加严重； 必需加密测量以获得准确的管道保护电位； 利用效率偏低,使用寿命较短
锌阳极带	可为管道沿线的融化带提供极好的阴极保护电流分布； 所提供的最高电位,不会使防腐涂层产生剥离； 只要防腐涂层完好,即便在土壤电阻率较高的地段,所产生的最低保护电位,也能满足管道所需的阴极保护电位； 使用寿命长,可满足管道设计的 30 年寿命要求	有效驱动电压低,电能少； 不适宜在高温环境下使用,易出现极性反转

在工程使用前,阿拉斯加管道公司在冻土环境中进行了为期一年多的实验和性价比选,实际验证了带状锌阳极在冻土环境中的适用性,也为其他国家和地区冻土区埋地管道的阴极保护相关工作提供了可借鉴的经验。

冻土地区不同位置的土壤电阻率差别较大。永冻土和季节性冻土之间、热油管道附近融化带与非融化带之间土壤电阻率的差别,都会使得土壤的分布呈现较大的不均匀性。采用深井阳极地床等远阳极地床则较难保证保护效果。但柔性阳极的出现,则使得强制电流的阴极保护方式在冻土地区的实现成为可能。如我国某条敷设在永冻土和季节性冻土环境中管道的强制电流阴极保护系统,就采用了柔性阳极和浅埋阳极地床相结合的方式。在永冻土管段附近,管沟中同沟敷设了几公里长度的柔性阳极,现场测试的保护长度可以长达几十公里;在季节性冻土管段附近,则采用浅埋阳极地床作为辅助阳极。

三、高土壤电阻率山区埋地管道的阴极保护

柔性阳极作为辅助阳极地床,应用于干线埋地管道的阴极保护的案例,在我国最初就开始于高土壤电阻率的山区,而不是前面提及的冻土区。我国某油田的输油管道 60% 以上位于土壤电阻率大于 $500\Omega \cdot m$ 的山区,土壤类型多为砂型土,透气性良好,而且腐蚀性离子的含量较高。最初采用浅埋阳极地床进行保护,但阴极保护回路的电阻值较大,阴极保护电流较难到达管道表面,保护效果有限,埋地管道腐蚀很严重。使用柔性阳极作为辅助阳极的阴极保护施工时,将柔性阳极平行埋设在需保护管道的一侧,周围采用焦炭填料回填,则可以使电流的分布更加均匀,而且不对邻近的管道或设施产生干扰。

柔性阳极的设计关键在于确定所需的阴极保护电流总大小,并根据单位长度柔性阳极允许输出的电流大小确定柔性阳极总长度。以国外某公司生产的某个系列的柔性阳极为例,在稳定工作条件下,不同型号柔性阳极允许输出的电流密度如表 5.10 所示。在一般条

件下,柔性阳极与管道并行敷设使用时,允许电流密度为 51mA/m 的阳极类型已基本可以满足不同条件的使用要求。

表 5.10 MMO 柔性阳极允许的输出电流密度　　　　　　　　　　　　　　　　mA/m

类型	允许的电流密度
Ⅰ	51
Ⅱ	80
Ⅲ	160
Ⅳ	320
Ⅴ	800

在我国西北山区某管道干线的阴极保护设计中,就采用了柔性阳极作为辅助阳极。40km 管道沿线分 4 段安装了总共 10km 长的导电聚合物柔性阳极。经现场测试,40km 管道沿线均达到了有效的阴极保护。此外,带状牺牲阳极作为近阳极,也常应用于高土壤电阻率管段的阴极保护,可以克服远阳极、浅埋阳极的强制电流无法到达管道表面的弊端,取得了不错的应用效果。为了保证山区管道的阴极保护效果,也常应配合选用高质量的管道防腐层,减小其破损程度,并在后期运行过程中加强检测。

四、特殊环境中浅埋阳极地床接地电阻的计算

如本节中第二部分所述,浅埋阳极地床也已应用于多处季节性冻土环境中,但在部分阴极保护站的使用过程中经常出现恒电位仪的电压超限报警。以我国某输油长输管道为例,管道沿线主要地层岩性由上至下依次为:0~1.2m 的黑色泥炭质黏土、耕土;1.5~2.5m 的黄褐色粉质黏土;下伏以花岗岩为主的全风化~强风化基岩,深度未知。沿线钻探时未见地下水,未见多年冻土。土壤类型主要为季节性冻土,季节最大冻深为 2.6m。在最初的设计阶段,沿线的 2 座阴极保护站(A 站和 B 站)均采用了浅埋的高硅铸铁阳极进行阴极保护,阳极顶端距离地表 4m。但因施工质量没有得到严格的控制,阳极埋深过浅时,就容易受到地表环境的影响,造成恒电位仪输出电压在冬季时超限而报警。A 站恒电位仪输出最大时达到 54.9V/1A,B 站恒电位仪输出最大时为 56.6V/2.75A。

按照该管道建设时期的阴极保护设计资料,每个阴极保护站需保护上下游管道各 95km 的表面积计算,按式(5-8)计算恒电位仪的输出电流为:

$$I = 2\pi \times D_p \times J_s \times L_p = 2.4A$$

式中　I——被保护管段所需电流,A;

　　　D_p——管道外径,m;

　　　J_s——保护电流密度,取 5 μA/m²;

　　　L_p——被保护管段长度,m。

GB/T21448《埋地钢质管道阴极保护技术规范》中关于阳极地床设计和选址的要求中指出"在最大的预期保护电流需要量时,地床的接地电阻上的电压降应小于额定输出电压的

70%"。电流取 2.4A 时,由于 A 站已安装的恒电位仪规格为 48V/5A,阳极接地电阻就应小于 $48\times0.7\div2.4=14\Omega$;B 站已安装的恒电位仪规格为 50V/10A,阳极接地电阻就应小于 $50\times0.7\div2.4=14.6\Omega$。为了进行阳极地床接地电阻的计算,采用第三章中等间距的方法,测试的不同深度土壤电阻率结果如表 5.11 所示。在 6m 的深度范围内,A 站附近的土壤电阻率相对较低,在 $27\sim38\Omega\cdot m$ 之间变化,B 站附近的土壤电阻率较高,在 $175\sim294\Omega\cdot m$ 之间变化。

表 5.11　6 月份土壤电阻率测试结果

深度/m	A 站 / $\Omega\cdot m$	B 站 / $\Omega\cdot m$
2	27.88	175.84
3	33.91	216.66
4	37.68	226.08
5	34.54	271.61
6	37.68	293.90

(一)A 站浅埋阳极地床接地电阻计算

A 站周围土壤多为季节性冻土,季节性冻土标准冻深为 2.2~2.4m。市售的高硅铸铁阳极长度有 1.5m 和 2m 两种规格,为保证阳极及填料埋设在冻土层以下,将阳极井深度定为 6m,其结构如图 5.12 所示。

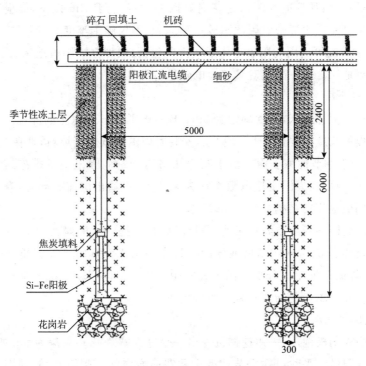

图 5.12　A 站的 6m 浅埋阳极地床结构

可以采用近似的单支立式辅助阳极和并联辅助阳极组的接地电阻式(5—2)、式(5—4)、式(5—5)进行计算,单支辅助阳极接地电阻为 7.5Ω,已经满足接地电阻的要求。根据第四章中的论述,高硅铸铁阳极的消耗率取 0.5 kg/(A·a)时,所需辅助阳极的质量可按式(5-10)进行计算。

$$W_a = \frac{T_a \times \omega_a \times I}{K} \tag{5-11}$$

W_a——所需阳极总质量,kg;

T_a——阳极设计寿命,a,取 50;

ω_a——阳极消耗率 kg/(A·a),取 0.5;

I——保护电流 A,取 2.4;

K——阳极利用系数,取 0.7。

计算得到,所需阳极总质量为 $W_a = 86$kg;以单支 $\phi75$mm×1500mm 尺寸的高硅铸铁阳极质量为 50kg 计,共需要 2 支阳极。一方面,施工条件会影响地床接地电阻;另一方面,随着使用时间的延长,阳极和焦炭填料不断消耗,气阻效应明显,也会使阳极接地电阻发生变化。为了保证足够的使用年限,拟最终采用 4 口阳极井并联组成辅助阳极地床。

(二)B 站浅埋阳极地床接地电阻计算

辅助阳极地床主要分为深井阳极地床、浅埋立式阳极地床、浅埋水平式阳极地床和柔性阳极地床。考虑到 B 站周围特殊的地质条件,3m 以下花岗岩居多,>3m 的阳极井施工难度大,成本也会升高。而且管道埋深都在花岗岩以上,井深打到 3m 以下,高电阻率的花岗岩也会对阴极保护电流产生屏蔽。因此阳极井深>3m 不仅施工难度大,而且在技术上也是不可取的。在 B 站周围可选用的阳极地床形式主要包括:浅埋立式阳极地床、浅埋水平式阳极地床和柔性阳极地床。以下分别对其接地电阻进行计算。

1. 立式阳极地床

如果采用立式阳极地床,井深确定为 3m。B 站周围季节性冻土的冻深取 2.4m,但市售的高硅铸铁阳极的长度主要为 1.5m 或 2m,安装时周围辅以焦炭填料,埋在 3m 井内必然有 0.9m 或 1.4m 位于季节性冻土内。由于缺少加格达奇站周围土壤冬季冻结后的土壤电阻率,将位于冻土层内阳极周围土壤电阻率视为无穷大,不输出电流。此时,有效阳极长度仅为 0.6m,立式阳极地床的结构如图 5.13 所示。

采用立式阳极棒在一半空间里接地电阻计算的通用公式,根据表 5.11 中给出的土壤电阻率测试数据,单支 3m 深立式阳极地床的接地电阻为 $R_v = 113.5$Ω,只能通过增加阳极井数量,使地床总体的接地电阻降低。阳极井间距为 1.5m 时,采用 15 支 3m 阳极井并联时,接地电阻为 $R_Z = 8.9$Ω,满足对于接地电阻的要求。

2. 水平式阳极地床

若采用水平式阳极地床,采用挖掘机挖出一个底面宽为 0.6m、深为 3m 的水平地床,也可以将高硅铸铁阳极水平敷设在季节性冻土和花岗岩之间。阳极底部、周围和顶部均采用焦炭回填,阳极间距 5m。水平式阳极地床的结构如图 5.14 所示。

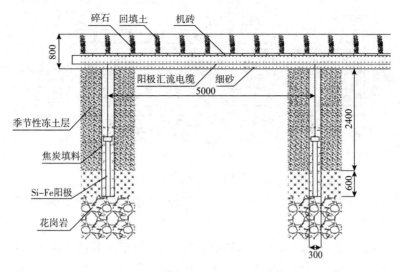

图 5.13 B站的 3m 浅埋阳极井

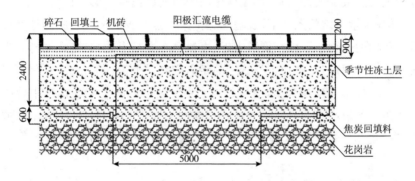

图 5.14 水平式 Si-Fe 阳极地床

采用水平式阳极棒在一半空间里接地电阻计算的通用公式进行计算，单支水平式阳极的接地电阻 $R_h = 66\Omega$。阳极间距为 5m 时，采用 10 支水平式阳极并联时，接地电阻为 $R_z = 7.3\Omega$。

3. 柔性阳极地床

柔性阳极直径较小，为避免季节性冻土对接地电阻的影响，也可以将柔性阳极埋设在季节性冻土层（2.4m 冻深）和花岗岩（3m 埋深）之间，作为远的辅助阳极地床使用。

柔性阳极在无填料条件下最大输出线电流密度为 52mA/m，有填料时为 82mA/m。在额定的电流输出条件下，柔性阳极寿命至少可达到 25 年。为了满足管道 50 年的使用寿命，柔性阳极的电流输出应小于 41mA/m。以 B 站保护上下游各 95km 管道计算得到的电流需求量 2.4A 为例进行计算，需要的柔性阳极长度至少应为 60m。为了避免季节性冻土对柔性阳极接地电阻的影响，可以将柔性阳极埋设在冻土层以下，花岗岩之上。柔性阳极和花岗岩之间铺 0.3m 厚的焦炭层，柔性阳极上方回填 0.3m 厚的焦炭层。地床结构如图 5.15 所示。

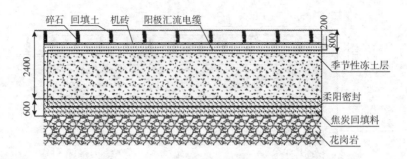

图 5.15　柔性阳极地床

由于阳极长度远大于阳极直径,采用水平阳极在一半空间里的接地电阻近似公式进行计算,其接地电阻 $R_h = 6.1\Omega$。

阳极地床的接地电阻是输出阴极保护电流的基础,但很多其他的因素都可能影响阴极保护电流分布的均匀性。如阳极地床和管道之间的电流回路中存在大块冻土或者岩石,都会对阴极保护电流造成屏蔽。而且,阳极地床与管道的距离也会影响阴极保护电流的分布。一般认为,在其他因素恒定的条件下,长输管道上某一点得到的阴极保护电流密度与其距阳极的距离是成反比的。如果阳极距管道太近,电流分布会很不均匀,造成局部过保护和末端欠保护的情况出现。因此,阳极地床与管道的距离应有一个最佳的位置,在保证最远端得到保护的同时汇流点处不发生过保护。已经作废的 SY/T 0036－2000 标准中曾指出:"管道与阳极地床的距离不应小于 50m",作为替代标准的 GB/T 21448－2008 标准中并没有在数值上给出明确的规定。但实际工程施工过程中,辅助阳极地床与管道的间距一般都不小于 100m。

4. 三种阳极地床的对比

在上述三种阳极地床中,浅埋立式阳极地床最容易受到季节性变化的影响。为了降低阳极地床的接地电阻,也只能不断增加阳极井的数量。因此施工难度、成本和以后的运行维护成本都将是最大的。其优点就在于技术的成熟性和在国内应用的广泛性。水平式浅埋阳极地床一般应用在有足够的场地,而且表层土壤电阻率足够低的地方,多应用在沙质土、地下水位高、沼泽地等类型的土壤中。在 B 站周围使用时,可以将阳极水平安装在季节性冻土和花岗岩之间。与浅埋立式阳极地床相比,在冬季能够更有效地输出阴极保护电流。

柔性阳极地床的使用在大多数情况下是与管道近距离同沟敷设,管道和阳极位于同种环境中,能够使管道电位分布更加均匀。一般来说,柔性阳极和被保护管道等长布置的效果最好,而 1996 年我国在库鄯管道上的试验表明:对于新建管道,所需保护电流小,间断使用柔性阳极也能使整条管道达到阴极保护效果。除了上述将柔性阳极作为近阳极使用的情况,美国 MATCOR 公司也已将柔性阳极应用到深阳极井中。只要柔性阳极的输出电流在其额定范围内,在柔性阳极间断布置的情况下,增加柔性阳极和管道之间的垂直距离,也可能使得阴极保护电流的分布更加均匀。而且,与水平式浅埋阳极地床相比,柔性阳极的优势更在于各处位置阳极材料的一致性,阳极地床各处都能够更均匀地发散阴极保护电流。

在辅助阳极材料的选择上，由于柔性阳极作为远阳极地床的使用寿命还没有更多的工程实践数据可供参考。为此，我们最终在 B 站附近采用了一种双层结构的水平式阳极地床，其结构如图 5.16 所示，将高硅铸铁阳极和柔性阳极进行组合使用。水平式阳极沟内阳极的敷设按照"200mm 厚度焦炭填料→高硅铸铁阳极→200mm 厚度焦炭填料→柔性阳极→200mm 厚度焦炭填料"的方式进行。这样一方面可以弥补水平式高硅铸铁阳极地床，阳极之间间隔造成的电流发散不均一性；另一方面还可以有效地延长柔性阳极的使用寿命。阳极和焦炭均为电子导体，阳极周围的焦炭能够将电化学反应由阳极/土壤界面转移到焦炭/土壤界面，接地电阻计算公式中的阳极尺寸参数往往选择含填料时的数值。柔性阳极和高硅铸铁阳极的阳极电场会有相互的叠加和干扰，但仍可以将阳极和周围的填料看做一个整体，采用水平阳极在一半空间里的接地电阻近似公式进行计算，其接地电阻为 $R_h = 6.1\Omega$。

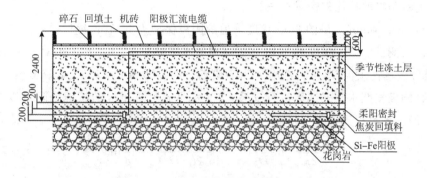

图 5.16　一种双层结构水平式阳极地床

第三节　牺牲阳极的阴极保护系统实例

牺牲阳极常应用于陆上短距离、小口径管道，海底结构的阴极保护。也常应用于陆上套管内管道、保温层下管道、穿越段管道等特殊位置的附加阴极保护，管道施工过程中的临时阴极保护等。以下分别进行简要介绍。

一、陆上短距离、小口径管道阴极保护

牺牲阳极应用于陆上长输管道干线的阴极保护时，主要采用等间距分布的方式，每隔一段距离与管道进行电连接，以提供阴极保护电流。陆上油气长输管道常用的两种牺牲阳极为镁合金牺牲阳极和锌合金牺牲阳极，其相关特性参数在第四章中已有论述。现场实践过程中主要根据土壤电阻率的大小进行选择，如表 5.12 所示。镁合金牺牲阳极的驱动电压较高，常可应用于土壤电阻率大于 $15\Omega \cdot m$ 的环境中，锌合金牺牲阳极则一般仅应用于土壤电阻率小于 $15\Omega \cdot m$ 的环境中。

表 5.12　牺牲阳极种类的应用选择

阳极种类	土壤电阻率/(Ω·m)
镁合金牺牲阳极	15～150
锌合金牺牲阳极	<15

备注:对于锌合金牺牲阳极,当土壤电阻率大于15Ω·m时,应现场试验确认其有效性;对于镁合金牺牲阳极,当土壤电阻率大于150Ω·m时,应现场试验确认其有效性;对于高电阻率土壤环境及专门用途,可选择带状牺牲阳极。

在牺牲阳极的设计和使用过程中,地床的接地电阻和使用寿命是决定其设计规模的两个主要因素。既应保证阳极输出足够的电流,用于将管道极化到预期的阴极保护电位,还应在此基础上对阳极的使用寿命进行核算。

以 ϕ 60mm×4mm 规格的 90m 长度管道的阴极保护为例,管道埋设深度为 2m,现场采用温纳四极法测试的 2m 深度的平均土壤电阻率为 28.26Ω·m,大于 15Ω·m,因此采用 22kg 的镁合金牺牲阳极,填包料选用 75％石膏粉＋20％膨润土＋5％工业硫酸钠。

若牺牲阳极按照水平式地床进行安装,单支水平式牺牲阳极的接地电阻可以按照以下公式进行计算,计算得到 $R_h = 13.3$ Ω。

$$R_h = \frac{\rho}{2\pi l_g}\left\{\ln\frac{2l_g}{D_g}\left[1+\frac{l_g/4l_g}{\ln^2(l_g/D_g)}\right]+\frac{\rho_g}{\rho}\ln\frac{D_g}{d_g}\right\} \tag{5-12}$$

式中　　R_h——水平式牺牲阳极接地电阻,Ω;

　　　　ρ——土壤电阻率,Ω·m;

　　　　l_g——裸牺牲阳极长度,m;

　　　　D_g——预包装牺牲阳极直径,m;

　　　　t_g——牺牲阳极中心至地面的距离,m;

　　　　ρ_g——填包料电阻率,Ω·m;

　　　　d_g——裸牺牲阳极等效直径,m。

多支牺牲阳极并联的接地电阻可以按照以下公式进行计算,每组采用 3 支牺牲阳极,阳极间距为 2m 时,阳极组总的接地电阻为 $R_g = 5.45$Ω。

$$R_g = f\frac{R_h}{n} \tag{5-13}$$

式中　　R_g——多支组合牺牲阳极接地电阻,Ω;

　　　　f——牺牲阳极电阻修正系数;

　　　　R_h——单支水平式牺牲阳极接地电阻,Ω;

　　　　n——阳极支数。

按照镁合金牺牲阳极的开路电位和预期的管道极化电位,驱动电压可以取为 0.65V。此时,牺牲阳极的输出电流可以按照以下公式进行计算。计算得到,3 支牺牲阳极组成的牺牲阳极组可输出的电流大小为 119 mA。

$$I_g = \frac{\Delta E}{R} \tag{5-14}$$

式中　I_g——牺牲阳极输出电流，A；

ΔE——驱动电压，此处取 0.65V；

R——回路总电阻，Ω，忽略电缆电阻和管道对地电阻，只取阳极接地电阻。

按照预期的保护电流大小，所需阳极组数可以按照以下公式进行计算。共需要 2 组牺牲阳极，每组牺牲阳极含有 3 支 22kg 的镁合金牺牲阳极。

$$n = \frac{B \times I}{I_g} \tag{5-15}$$

式中　n——阳极支数；

B——备用系数，此处取 2；

I——所需保护电流，A；

I_g——单组牺牲阳极输出电流，A。

牺牲阳极的使用寿命可以按照以下公式进行核算。计算得到，$T_g = 59$ 年，满足管道设计寿命的要求。

$$T_g = 0.85 \frac{W_g}{\omega_g I} \tag{5-16}$$

式中　T_g——阳极寿命，a；

W_g——牺牲阳极组净质量，kg；

ω_g——牺牲阳极消耗率，kg/(A·a)；

I——保护电流，A。

油气长输管道在施工过程中临时阴极保护也常采用类似的方式，将锌带或棒状牺牲阳极通过测试桩与管道进行连接，提供临时的阴极保护。管道投产运行，配套设计的强制电流阴极保护系统投用后，为减少阴极保护电流的漏失，则需及时断开临时牺牲阳极与管道的连接。

二、套管内管道的阴极保护

套管作为一种附加的保护措施，常用于管道穿越公路、铁路等穿越段位置。按照美国早期管道工业的标准施工技术，当管道在公路和铁路下穿越时，管道外应当采用比其更大管径的套管加以保护。套管的作用主要体现在以下几个方面：①保护套管内管道外防腐层，避免顶管穿越过程中防腐层的大面积划伤、破损；②减轻管道所承受的地面载荷；③降低管道维修成本，避免油气泄漏可能对公路、铁路地基产生的影响。

管道穿路套管主要有钢质套管和钢筋混凝土套管两种类型，钢质套管外也常涂覆外防腐层以减少腐蚀。但钢质套管会对阴极保护电流产生屏蔽作用，混凝土套管在地下潮湿土壤的浸润作用下，仍具有一定的导电性，对阴极保护电流的屏蔽作用有限。GB/T 21448—2008《埋地钢质管道阴极保护技术规范》中就明确指出"不宜使用金属套管"，但在设计实践中使用钢套管的情况还是时有发生。钢质套管的内径一般比套管内管道的内径大 300mm 左右，钢筋混凝土套管的内径一般为 2m 左右。套管与管道间需用绝缘材料支撑,绝缘支撑的间距一般不大于 100mm。为了避免土壤、地下水等腐蚀性介质进入套管与管道之间的环形空间,套管两端还常需要采用柔性的防腐防水材料进行密封。但实际施工质量千差万别,经常会出现密封不严的情况,造成套管内管道的提前腐蚀失效。图 5.17 为某天然气长输管道穿越公路套管端部密封失效的现场照片。图 5.18 为该管道另一处穿越铁路套管端部,采用环氧玻璃钢密封良好,而且在套管和管道上均焊接有测试引线,供地面测试使用。

图 5.17 某公路穿越套管端部密封失效

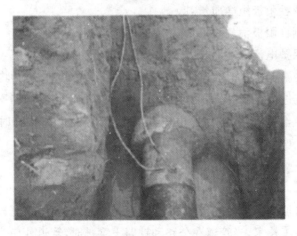

图 5.18 某铁路穿越套管端部密封良好

套管作为管道穿越处的保护管,在穿越施工时能对管道的防腐层起到很好的保护作用,但套管在使用过程中也会产生各种负面的影响,主要包括:①增加工程造价,采用套管的工程造价一般会比直埋施工增加一倍左右;②增加施工难度,延长施工时间;③屏蔽阴极保护电流,增加监检测和腐蚀控制难度,使得穿越处管道具有高腐蚀风险。常需在套管内管段上补加特殊形状的牺牲阳极,进行附加的阴极保护;④套管在沉降过程中与管道搭接后,会泄漏阴极保护电流,导致局部管段欠保护。

经过近几年的运行管理,许多工程技术人员也逐渐认识到套管所产生的负面作用。而且很多模拟、现场实验结果都表明：即使没有套管，钢管本身的刚度和强度也足以抵消地面车辆载荷的影响。因此，国内外许多专业机构都主张在新建干线管道应停止使用穿路套管，并尽可能拆除现有的穿路套管。在套管无法拆除的位置，则需要修订相关工业标准，制订检查、维护和修理现有穿路套管的最佳实用方法。目前美国新建的燃气管道，在穿越公路时一般已都不采用套管。我国 GB 50423－2013《油气输送管道穿越工程设计规范》也规定，在部分穿越管段，可以采用无套管的开挖穿越管段，距管顶以上 500 mm 处应埋设钢筋混凝土板，以防止公路开挖作业过程中损坏管道。

在理想情况下，套管两端应是完全封闭的，内部管道处于干燥无水的环境中。但实际调查表明，多数的管道在运行一般时间以后，套管内都进了水，由于套管的屏蔽作用，使得干线上的阴极保护电流对套管内介质所形成的小的腐蚀环境不起作用。另外，由于套管与管道间的空间比较狭小，所处的位置又不能定期开挖维修，存在很大的腐蚀危险性，常需要在套管内加设牺牲阳极进行附加的阴极保护。当套管内进水后牺牲阳极就会对防护层的缺陷处提供保护电流，使管道不受腐蚀，以保证它的使用安全。由于套管内空间比较狭小，可用的牺牲阳极类型主要为带状阳极和镯式阳极两种。

带状阳极具有一定的柔软性，可以按照一定的角度缠绕在管道表面，并每隔一段距离与管道进行一次点焊。管道外径≤ϕ219mm 时，阳极带沿管道外壁等间距且与管道轴向成 30°角度缠绕；管道外径介于 ϕ219mm 和 ϕ377mm 之间时，阳极带沿管道外壁等间距且与管道轴向成 45°角度缠绕；管道外径≥ϕ377mm 时，阳极带沿管道外壁等间距且与管道轴向成 60°角度缠绕。带状阳极具有一定的刚性，直接焊接到管道上，焊点处的接触面积较大，若现场施工过程控制不好，往往会称为薄弱环节，反而造成额外的防腐层破损点。

镯式阳极也可应用于套管内管道的阴极保护。根据其适用条件的不同，其安装形式也分为两种。对于口径较大的管道，可用数块略带弧度的块状阳极焊接在环状的钢支架上，然后作为一个整体再安装在管道上，称为整体式镯式阳极；对于小口径管道，也可将阳极做成两个半环形，然后焊接在一起。镯式阳极与管道通过电缆进行连接，对管道外防腐层的破坏程度相对较小。但钢质套管与阳极存在电连接时，在大阴极、小阳极的作用下，则会导致阳极的很快消耗。这就需要严格做好管道、阳极与套管之间的绝缘工作，可以考虑在阳极和套管之间加装部分绝缘材料进行隔开。

在盾构穿越大型河流管段，也常采用与套管中类似的方式，对水下管道进行牺牲阳极的阴极保护。常采用的阳极也包括带状阳极和镯式阳极两种类型。参考我国山东某河流穿越管段的工程实例，为保证穿越段与干线阴极保护系统的隔离，在穿越段两端各安装了一个绝缘接头。对穿越段管道采用镯式锌阳极进行单独的阴极保护。每 20m 管道安装一副 115kg 重量的镯式锌阳极，共安装 100 多副。镯式锌阳极通过电缆与管道连接。电缆与管道焊点采用铝热焊连接，焊接后进行严格防腐密封。在穿越段管道两端还额外安装了 5 支棒状锌牺牲阳极，进行附加的阴极保护。

管道保温层下的腐蚀也常具有与套管内管道腐蚀相似的特点。国内于 20 世纪 80 年代开始将硬质聚氨酯泡沫塑料防腐保温结构应用于需保温管道的建设，在节能方面取得了显著效果,但许多管道在投产运行 2～3 年后就开始出现腐蚀穿孔。根据 GB/T 50538 的设计要求,保温层材料的电阻率都较大,如:聚氨酯泡沫塑料的体积电阻率达到 $10^8 \sim 10^{10}$ Ω·m,导致回路电阻增加,可能会屏蔽阴极保护电流。其端部密封失效或局部破损后,水分渗入到保温层与管道之间的环状空间内,则会导致管道本体的腐蚀,称为保温层下腐蚀,如图 5.19 所示。保温材料中含有的各类无机盐溶解到水中形成强电解质溶液,则可能进一步加速管道的腐蚀。

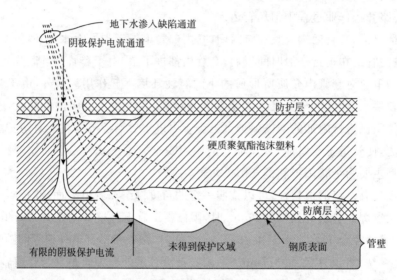

图 5.19 保温管道缺陷处阴极保护作用形式示意图

三、海底管道的牺牲阳极阴极保护

在海洋油气田的开发过程中,海底管道常用于连接各井口平台并输送油气到油轮及陆上终端处理站,是海上油气开发工程中的重要环节。海底管道主要浸没在海泥和海水等环境中,环境腐蚀性强,管道会不可避免地遇到严重的外腐蚀问题,直接影响其使用寿命和运行安全。常采用外防腐层与阴极保护相结合的方式对管道进行外腐蚀控制。部分管道外壁还会额外安装保温层和混凝土加重层,以适应其运行工艺的要求。如北海油田的部分海底管道,通常采用 3～8mm 厚度的外防腐层,50～100mm 厚度的混凝土加重层对管道进行保护;我国渤海地区开采的三高原油(高黏度、高倾点、高含蜡)输送过程中,为防止原油冷凝、结蜡和生成水化物,多条输油和产油管道均采用了双层钢管的保温结构,内外管之间放量 50mm 厚的保温材料,保温材料与外管之间存有空气间隙进行隔热保温。日本在 20 世纪 50 年代,就将阴极保护技术应用到海底管道。随着电化学保护理论的发展、墨西哥湾和北海油田的大规模开发,阴极保护技术才真正在保护海底管道方面进行了大量的应用实践。对于海底管道,阴极保护不但在技术上可靠,而且在成本投资上也相当低廉,通常仅占整个管道工程费用的 1% 左右。可以说,阴极保护技术是海底管道最经济而有效的外防腐蚀控制措施之一。

在管道阴极保护方式的选择方面,最初的观念认为,强制电流方式在大型海底管道上会比较经济。但通过北海油田海底管道的应用实践，人们逐渐意识到，强制电流阴极保护系统往往需要专用的供电设备和长距离的连接电缆，管线电位衰减较大时可能还需要沿途设置多个阴极保护站，并安排专人进行定期维护和管理。电位设置不合理时，还可能造成管道防腐层的剥离，给管道带来新的安全风险。海底管道所处的环境远比陆上管道复杂，而且维修维护困难。实践经验表明，牺牲阳极的保护方式可能要远优于强制电流的保护方式，在运行过程中会更加可靠。据统计，目前 90％以上的海洋石油钻井平台、生产平台、贮存平台以及绝大部分海底输油管线都是采用牺牲阳极保护方式，外加电流保护方式仅限于离岸较近或较短的小直径管线的保护。如北海某直径 860mm，长 220mile 的海底管道，共安装了 2930 个宽 30.5cm、厚 6.4cm、重 374kg 的手镯型锌阳极，阳极总重量达到 109.6t。

第四章提及的三种主要的牺牲阳极材料：镁合金、锌合金、铝合金都曾应用于海底管道的阴极保护。其中，镁合金的应用时间最早，具有较高的电负性，电流密度大，相对质量密度大等优点。但它的自溶性强，使用年限短，可能需要经常进行更换。20 世纪 50 年代初，委内瑞拉 Creole 石油公司在 Coro 海湾铺设了 2 条各长 25km，直径 $\phi660mm$ 的海底管道。该管道在采用煤焦油底漆加三层玻璃纤维沥青瓷漆防腐、石棉毡缠绕保温并涂覆有 63.5mm 混凝土的同时，采用镁牺牲阳极进行保护。运行过程中平均每三年就需进行一次阳极更换，大大增加了管道的营运管理费用。而且镁阳极具有较大的驱动电位，还可能对钢质管道的防腐涂层产生氢脆危害，造成防腐层的剥离。随着近年来锌、铝阳极的研究和开发，镁阳极已很少使用，一般只用于环境介质电阻较大的海底管道上。

锌阳极是 20 世纪 50 年代后期开始用于海洋石油工程的。锌阳极具有在海水中的电流效率高、表面腐蚀均匀、使用寿命长等优点。20 世纪 60 年代后期，出现的手镯式锌阳极，具有便于安装和使用、输出电流均匀、安装费用低的优点，在海底管道工程中得到了广泛应用。20 世纪 70 年代，北海油田开发过程中铺设的海底管道，几乎都采用锌阳极进行保护。但锌阳极的使用寿命也会受到周围环境的影响，当使用温度大于 50℃时，锌阳极对管道的保护效果变差，反而可能加速管道的腐蚀，从而限制了其在输送温度较高的海底管道或竖管中的应用。杂质元素对锌阳极的腐蚀溶解程度也有较大影响，即使很少量的铁就可能造成锌阳极的自钝化，在阳极表面形成不溶的腐蚀产物层。目前工程上采用的锌阳极主要包括纯锌和 Zn－Al－Cd 合金，用于全浸海水环境时电容量为 780 A·h/kg，用于海泥环境时电容量为 580～750 A·h/kg。锌阳极的理论电容量较低，也一定程度上限制了其在海洋工程中的应用。

铝阳极是从 20 世纪 60 年代才开始逐渐发展起来的。铝阳极具有电容量大、价格便宜、使用温度范围大等优点，在实际应用过程中也逐渐取代了锌阳极。目前应用于全浸海水环境的铝合金牺牲阳极已发展得比较成熟，在海洋工程中应用较多的主要有 Al－Zn－In 和 Al－Zn－In－Mg－Ti 等合金类型。海底管线等部分设施位于海泥中，环境介质与海水、陆上土壤都有较大区别，可用于海泥中的铝阳极主要有 Al－Zn－In 和 Al－Zn－In－Si 等合金类型。目前国内外均普遍推荐采用 Al－Zn－In 系合金的半开式手镯型阳极作为海底管道的牺牲阳极。美国 Dow 化学公司是较早进行铝合金牺牲阳极研究的公司之一，先后研制了

Galvalum Ⅰ型、Ⅱ型、Ⅲ型等 3 种型号的铝基阳极。Galvalum Ⅱ型阳极成分主要为 Al－Zn－0.4％ Hg,Galvalum Ⅲ型阳极则是一种无汞合金,其化学成分为 Al－3％、Zn－0.015％、In－0.1％、Si,可在海底热盐泥或热海水环境下正常工作,性能优于高纯度锌阳极,相关参数如表 5.13 所示。

另外,由于阴极保护初期所需极化电流密度较大,从提高效率和节约资源的角度,也已经开发了复合式阳极类型,外层采用高负电位的镁阳极或铝阳极,用以提供较大的初始极化电流,内层采用常规铝阳极或锌阳极,保证运行期间较高的电流效率和使用寿命。但因其熔炼工艺复杂,复合阳极在实际工程中的应用还比较少。

表 5.13 Galvalum Ⅲ型铝阳极相关性能参数

	电位 / V$_{SCE}$	排流量 /(A·h/kg)	电流密度 /(mA/m²)
海水	−1.08	2550	1600～3200
盐泥	−1.05	1580	480

牺牲阳极方法简单可靠、不需日常维护,但其输出电流的自我调节能力有限,为保证设计的有效性,往往需要进行精确的设计和计算。而且埋在海泥下的阳极多无法更换,在设计过程中也常留有一定的余量,进行过保险设计。最初,海底管道牺牲阳极设计所参考的标准主要为 DNV－RP－B401。但随着管道防腐涂层的发展,该标准在海底管道阴极保护方面已太过于保守,目前采用的标准主要为 ISO15589－2 和 DNV－RP－F103。手镯型阳极沿着管道的延伸方向均匀分布,其间距需根据盐泥的电阻率确定,一般可为几十米到几百米不等。对于有水泥压载包覆层的管道,阳极一般安装在钢管的接头上,其厚度要求与水泥包覆层相齐平,以不妨碍管道下水作业。

按照 DNV－RP－F103 的规范要求进行阴极保护系统设计时,其主要步骤为:确定被保护管道总面积,根据保护电流密度计算所需的保护电流大小,确定阳极间距和数量,确定阳极电阻、释放的电流和所需的总重量。

(一)涂层破损率的计算

在确定海底管道需保护总面积的过程中,涂层破损率的取值是直接影响到阴极保护设计结果的重要因素之一。在阴极保护设计中,不同的业主,不同的设计公司,在进行涂层破损率取值计算时,都会采用不同的标准和推荐值,导致不同工程项目中涂层破损率的取值相差很大。在施工和运行过程中将破损率控制到最小值,则是减小阴极保护系统投入和确保海底管线安全运行的关键因素。DNV－RP－F103 标准中关于破损率的计算公式可以表示为:

$$f_{cf} = a + b \cdot t_f \qquad (5-17)$$

式中　f_{cf}——涂层破损率;

　　　t_f——设计寿命;

　　　a、b——涂层破损系数,在 DNV－RP－F103 标准中针对主管道和现场接头涂层系统的最大操作温度、涂层破损系数均给出了相应的推荐值。

此外,还可以分别计算主管道和现场接头位置的涂层破损率,并在此基础上计算整个管道的土壤总破损率值,计算公式如下:

$$f'_{cf} = f'_{cf}(\text{linepipe}) + r \cdot f'_{cf}(\text{FJC}) \tag{5-18}$$

式中　f'_{cf}——管道涂层的总破损率;

　　$f'_{cf}(\text{linepipe})$——主管道涂层破损率;

　　$f'_{cf}(\text{FJC})$——现场接头涂层破损率;

　　r——现场接头涂层长度占管道总长度的比率。

以某单层保温管为例,其阴极保护设计寿命为 20 年。对于 12m 长的单根管道来说,节点焊接预留裸钢长度为 0.15m,现场接头涂层长度占管道总长度的比率 $r=0.3/12=0.025$,则 $f'_{cf} = f'_{cf}(\text{linepipe}) + 0.025 \cdot f'_{cf}(\text{FJC})$。按照 DNV - RP - F103 标准中推荐的数值,20 年后涂层的破损率在 2.35% 左右。

$$f'_{cf}(\text{linepipe}) = 1/100 + 0.03/100 \times 20 = 1.6\%$$

$$f'_{cf}(\text{FJC}) = 10/100 + 1/100 \times 20 = 30\%$$

$$f'_{cf} = 1.6\% + 0.025 \times 30\% = 2.35\%$$

在确定涂层破损率的基础上,就可以根据管道的规格尺寸,进一步确定需要保护管道的表面积。

(二)保护电流密度

在不同海域范围内,海底管道所需的阴极保护电流密度可能相差很大,常需通过试验的方法来确定,已有部分海域的参考数据如表 5.14 所示。海泥中的阴极保护电流密度大都在 $20\sim30\ \text{mA/m}^2$ 左右,当出现明显的微生物腐蚀迹象时,所需要的阴极保护电流密度则可能更大。但随着时间的延长,海底管道在牺牲阳极的保护下,表面会形成一层致密的钙质沉积物,主要由 $CaCO_3$ 和 $Mg(OH)_2$ 组成。钙质沉积物形成后,对管道会起到明显的保护作用,所需的阴极保护电流密度也会相应降低。

表 5.14　各海域阴极保护电流密度推荐值　　　　　　　　　　　mA/m^2

海域	海水中	海泥中
墨西哥海岸	54~90	20
美国大西洋海岸	54~90	20
美国太平洋海岸	75~100	20
阿拉斯加库克湾	250~400	32—44
北海	80~160	20
阿拉伯湾	75~150	20
苏伊士湾	100~150	20
印度尼西亚湾	60~70	20
非洲西海岸	85~120	20

(三)牺牲阳极相关参数计算

牺牲阳极的总重量及其释放的电流大小,是牺牲阳极设计过程中的两个重要参数。单个牺牲阳极必须同时满足电流输出和总消耗重量的需求,既要保证牺牲阳极的输出电流不小于管道整个使用期限内所需要的保护电流密度;又要保证实际安装牺牲阳极的重量大于所需牺牲阳极的总重量。在选定阳极规格后,还应计算合适的阳极间距,以保证整条管道的保护效果。

所需牺牲阳极材料的总重量可以按照以下公式进行计算:

$$W = \frac{8766AIt}{ZU} \tag{5-19}$$

式中 W——牺牲阳极总重量;

　　　A——被保护管道本体的裸露面积;

　　　I——选取的电流密度;

　　　t——管道的设计寿命,a;

　　8766——换算系数,表示每年运行 8766h;

　　　Z——单位重量阳极所提供的电能;

　　　U——有效使用系数,对于手镯型阳极,一般取 0.85。

单支阳极的输出电流可以按欧姆定律进行计算:

$$I = \frac{\Delta E}{R} \tag{5-20}$$

式中 I——阳极的输出电流;

　　ΔE——阳极材料的工作电位与管道保护电位的差值,对于铝合金牺牲阳极,在充气海水中可取 250mV,在缺氧环境中可取 150mV;

　　　R——阳极的接地电阻,对于远距离安装的棒状阳极,可以参照 Dwight 公式进行计算,对于手镯型阳极,可以按照 McCoy 公式或 Peterson 公式进行计算。

McCoy 公式:
$$R = \frac{0.315\rho}{\sqrt{A}} \tag{5-21}$$

Peterson 公式:
$$R = \frac{\rho}{0.58A^{0.727}} \tag{5-22}$$

式中 ρ——周围环境介质的电阻率,海水中可取 25~30Ω·cm,盐泥中可取 100Ω·cm;

　　　A——裸露的阳极总表面积,cm²。

按照 DNV-RP-B401 标准的要求,海底管道牺牲阳极的保护间距最大不能超过 150m。在进行牺牲阳极间距的计算时,则主要参考 DNV-RP-F103 标准中的经验公式进行校核。为了便于阳极安装,目前通常的做法是将阳极沿着海底管道均匀地分散安装,间距一般取单管长度的整数倍。这样既不破坏管道的防腐层和配重层,而且可以对接口位置起到较好的保护作用。对于直径大于 304mm 的管道,安装间距通常可取 300m;直径小于 304mm 的管道,安装间距通常可取 150m。

参考文献

[1]胡士信,王向农.阴极保护手册.北京:化学工业出版社,2005

[2]John Morgan. Cathodic Protection. Houston:NACE publication,1993

[3]王芷芳,段蔚,李夏喜.有关深井阳极的几个问题.腐蚀与防护,2004,25(11):480－482

[4]王玉梅,刘玲莉,陈芳.阿拉斯加冻土区管道阴极保护技术.腐蚀与防护,2008,29(12):780－782

[5]胡海文.山区特殊地段长输管道的阴极保护设计.油气储运,2005,24(5):37－40

[6]赵君,杨克瑞,蔡培培,等.钢质套管穿越段管道的完整性检测与评价.油气储运,2011,30(9):681－684

[7]侯彪.城镇燃气埋地钢质管道牺牲阳极阴极保护的设计.全面腐蚀控制.2012,26(10):16－18

[8]李帆,茅斌辉.燃气钢质管道牺牲阳极阴极保护实践.煤气与热力,2010,30(11):A20－A24

[9]张延丰.套管穿越处的阴极保护.腐蚀与防护,2001,21(4):167－168,170

[10]贾光猛.油气管道穿路套管存在问题与必要性分析.油气储运,2016,34(3):20－23

[11]肖治国,张敬安,郑辉,李成钢.海底管道牺牲阳极更换及腐蚀因子分析,全面腐蚀控制,2012,26(11):17－19,58

[12]唐健,张有慧,张林,等.海底管道阴极保护设计中涂层破损率分析.全面腐蚀控制,2015,29(4):57－61

[13]许立坤,马力,邢少华,程文华.海洋工程阴极保护技术发展评述.中国材料进展,2014,33(2):106－112

[14]Hu Yabo, Yao jizheng, Man cheng, Dong chaofang, Electrochemical behaviour of X80 steel in sub－zero NS4 solutions, NACE annual corrosion conference in 2015, NACE, 2015, Houston

[15]Rogelio de las Casas, New earth potential equations and applications, NACE annual corrosion conference, 2009, Houston

[16]GB/T 21448－2008 埋地钢质管道阴极保护技术规范

[17]SY/T 0096－2013 强制电流深阳极地床技术规范

[18]NACE SP0572－2007 Design, Installation, Operation, and Maintenance of impressed current deep anode beds

[19]SY/T 5918－2011 埋地钢质管道外防腐层修复技术规范

[20]GB 50423－2013 油气输送管道穿越工程设计规范

[21]DNV－RP－F103 Cathodic protection of submarine pipelines by galvanic anodes

[22]ISO 15589－2－2012 Cathodic protection of pipeline transportation systems, part 2: offshore pipelines

第六章　区域阴极保护

在以往很长的一段时间段内,国内的管道防腐工程师都将主要精力用于站外干线管道的阴极保护,而忽视了站内的区域阴极保护系统设计和施工,使得输油气站场内埋地设施腐蚀的事故不断发生,甚至影响到管道的正常生产运行。21世纪初,我国在国内多个油气站场内的开挖过程中,都发现了大量的外腐蚀失效案例。由于站内设备、仪表设施以及人员相对集中,站内腐蚀泄漏的危害往往比干线要严重的多。为了实现对油气长输管道系统全方位的完整性管理,国内管道运营公司都已开始在原有站场内新增区域阴极保护系统,并要求新建管道在建设期间就应同步安装区域阴极保护系统。

油气长输管道系统的区域阴极保护对象主要为站内埋地管道、储罐底板等设施。但如第三章所述,压缩机站、泵站、罐区等站场内埋地结构密集,各种管网、储罐、钢筋混凝土结构及防雷防静电接地系统构成了复杂而庞大的金属结构网,也会消耗大量的阴极保护电流。而且各种类型的埋地管线纵横交错,很容易造成对阴极保护电流的相互屏蔽。区域阴极保护系统的输出电压和输出电流也远大于干线阴极保护系统,若设计或阳极地床安装位置不合理,则很可能造成与干线阴极保护系统之间的相互干扰,使得部分管段欠保护或过保护。因此,大电流消耗、屏蔽和干扰问题突出是区域阴极保护系统中的常见特点,在设计阶段就应该加强重视,以避免后续的大范围动土整改。

第一节　区域阴极保护的基本特点

国内最早在工程上进行区域阴极保护的历史可以追溯到20世纪70年代末和80年代初,首次采用深井阳极地床的方式对东营站内库区与地下管网进行区域阴极保护。但由于复杂管网之间的相互屏蔽,而且管道与其他接地金属结构的电绝缘几乎无法实现,部分区域的阴极保护电位经常达不到标准规定的保护要求。进入21世纪后,随着站内埋地管道外腐蚀案例的增加和管道完整性管理理念的发展,管道运营公司在其所属的油气站场内进行了大量区域阴极保护系统的安装和整改工作,积累了丰富的经验。提出可以采用深井阳极地床为主、浅埋阳极地床为辅的方式对管道进行阴极保护,以降低屏蔽和干扰。并采用锌合金阳极替代原有的角钢接地极,减少接地网可能消耗的阴极保护电流。柔性阳极出现并引入到国内后,也在区域阴极保护系统中得到了广泛的应用。目前,国内的新建站场在建设期间就会与管道同沟敷设柔性阳极,保护电流的分布也更加均匀,屏蔽和干扰的问题大大减少。

在总结大量工程案例的基础上,一般认为区域阴极保护系统具有保护对象复杂、影响因素众多、无法完全绝缘、调试与检测难度大的特点。在保护对象方面,区域阴极保护系统的保护对象并不局限于站内的埋地工艺管网,还可能包括站内放空管网、排污管网、消防管网、热力管网和自用燃气管网等多种类型。不同管网的材质、管径、防腐层类型、敷设方式的差异都会影响阴极保护电流的均匀分布。站内联合接地网与埋地管道和设备之间具有电连续性,实现完全绝缘是根本无法做到的,也会成为阴极保护对象的一部分。考虑到保护对象的复杂性,区域阴极保护系统往往会设置多个回路,对站内的各个区域分别进行保护,这也就增加了大量的调试和检测工作。需要根据现场实际情况进行调整,平衡各个回路的输出电流大小。系统回路的增加和断电后平衡电流的复杂分布,使得在站内准确测试管道的极化电位也较困难,常需采用试片断电法进行测试,并将试片的断电电位近似看做管道的极化电位。区域阴极保护系统与干线阴极保护系统的部分对比分析结果如表 6.1 所示。

表 6.1 区域阴极保护系统与干线阴极保护系统的对比分析

项目	管道干线阴极保护	区域性阴极保护
保护对象	多为单一管道	管网、储罐底板等
保护回路	简单	非常复杂
接地系统	管道本身	除管道、储罐底板及混凝土基础外,还有防雷防静电接地系统
安全要求	管道通常埋设在野外,安全要求相对较低	易燃易爆场所,属一级防火区,安全要求高
保护电流需求	保护电流主要消耗于涂层针孔或破损处,一般只需要几安培的电流即可得到充分保护	大部分电流通过设备底座、接地系统漏失,只有小部分电流消耗在管网、储罐底板上,通常保护电流需求较大,几十乃至数百个安培
阴极保护站设置	沿管道分散布置,相距数十甚至上千米	在站场内,相对集中
阳极地床设计	多采用浅埋阳极地床,相对简单,安装位置选择余地较大	一般采用多组阳极,安装位置在一定程度上受到限制,要达到理想的阳极地床设计非常困难
对外部结构的干扰	较少且容易控制	较多且难以控制
屏蔽影响	短路套管、剥离涂层等导致管道保护屏蔽	金属结构密集排布导致区域内屏蔽
运行调试及后期整改	运行调试简单容易,一般不需要后期整改	保护回路复杂,需要经过反复调试,后期调整比不可少。

根据第三章中的论述,输油站场与输气站场的管道、设备分布也不完全相同,相应的不同区域阴极保护系统的对比结果如表 6.2 所示。输气站场内的管道多为直埋敷设,且分布相对密集。在一些天然气分输站场,埋地的工艺管网长度往往相对较短,主要为大量的放空管道和排污管道埋地敷设。成品油站场的情况与输气站场的情况类似,埋地的也多为泄压管道和排污管道,仅在不同工艺区之间有少量的工艺汇管埋地敷设。而原油站场的管道则

多为管沟或架空敷设,阴极保护基本起不到保护作用,该类站场区域阴极保护的对象主要为站内的原油储罐底板外壁。

表 6.2　输气站场与输油站场区域阴极保护的对比分析

站场类型	输气站场	输油站场
敷设方式	站内管网多为直埋敷设	大多数管道架空或管沟敷设
保护对象	埋地管网	储油罐底板及少量埋地管网
保护对象分布	相对密集	松散
接地系统	设备及仪表接地呈网状	储罐及设备接地多为单独接地
场区空间	相对较小	相对较大
危险源	天然气泄漏、火花	油品泄漏、火花

　　大型储罐底板外壁的阴极保护一直是国内外研究的热点。对于新建储罐,常在罐底板安装混合金属物网状阳极作为辅助阳极,可以使罐底板的电位分布更加均匀。但阳极工作过程中产生的氧气在底板附近富集,作为去极化剂,也会影响罐底板的极化效果。对于已有储罐的阴极保护系统改造工程,常用的阳极地床形式包括储罐周边水平和垂直的浅埋阳极地床、深井阳极地床、斜埋阳极地床等多种地床形式。阳极地床类型、位置、土壤等因素都会影响罐底板不同位置的极化效果,在不同位置的电位分布也往往是不均匀的。靠近阳极地床的底板边缘位置电位往往最负,且随着到罐边缘距离的增加,保护电位逐渐衰减。为了准确测试罐底板中心位置的保护电位,在储罐建设期间就需要在垫砂层内埋设长效参比电极。国外也有采用罐基础水平、角向钻孔技术在已建储罐底板下安装参比电极测试孔的案例。

　　在区域阴极保护系统的设计方面,以往多采用试凑、现场调整的方法进行。不仅现场工作量大,而且最终可能实现的保护效果也有限。2009 年,比利时 Elsyca 公司发表了"阴极保护进入数值模拟时代"的文章,叙述了数值模拟技术在阴极保护行业的应用及发展前景。考虑到保护对象系统的复杂性,在区域阴极保护系统中的应用前景尤其突出。目前主要用到的方法包括有限差分法(FDM)、有限元法(FEM)和边界元法(BEM),并已经开发了专门的商业计算软件。数值模拟结果的准确性较大依赖于前期所收集资料的完整程度和所建立模型的准确性。在资料收集阶段,不仅需要收集拟保护对象的材质、规模、防腐层类型等资料,而且需要收集其所处环境的土壤类型、土壤电阻率、地下水位、管道在该环境中的极化特性等资料。为避免与其他结构、阴极保护系统的相互干扰,对现有外部结构、阴极保护系统的资料也应重点关注。

　　在阴极保护效果的检测方面,则可以不仅局限于管地电位的检测。还可采用超声波、超声导波、声发射、金属磁记忆、超声相控阵及衍射时差法等无损检测方式,对管道真实的外腐蚀情况进行检测,与阴极保护的效果进行对应。图 6.1 为采用超声导波方法在站场内检测到的,管道出入土端防腐层脱落后的典型腐蚀形貌。管道出入土端容易形成氧浓差电池而发生腐蚀,将参比电极放置在出入土管段附近测试的该位置电位也显示为自然电位,区域阴极保护系统并未起到应有的保护作用。目前,国内许多管道运营公司内部均制定了相关的技术和管理文件,要求对站场内的埋地管道及其区域阴极保护系统进行定期检测,以保证站内管道的完整性。

图 6.1　管道出入土端的腐蚀状况

第二节　天然气管道站场区域阴极保护

参考第三章的内容,天然气长输管道沿线的站场从功能上分,主要包括分输站场、压缩机站场等两种类型。分输站场除具有分输功能外,还可实现清管、调压、计量等多种功能。压缩机站内设有压缩机房,还可实现加压功能,其占地面积更大,埋地金属结构也更加复杂。此外,每个站场都会设有专门的放空区和排污池,通过不同压力级别的放空管线、排污管线与站内工艺管道、设备进行连接。本节主要结合实际案例介绍分输站场和压缩机站场区域阴极保护系统的相关内容。

一、某分输站场 A 的区域阴极保护系统

设计阶段对区域阴极保护系统的实施至关重要,国内相关标准都针对设计阶段应收集的资料进行了详细的规定。主要包括以下内容:

①保护区域平面布置图;

②保护对象的种类、数量、建造日期、腐蚀历史/现状、整改大修历史及相关图纸、资料;

③保护对象之间的电连续性、保护对象与外围金属结构的电绝缘;

④拟保护埋地管道的防腐层类型/级别、技术现状;

⑤拟保护储罐的容量、储存介质/工作温度、储存介质进出罐频次及罐底沉积水高度;

⑥拟保护储罐防腐层类型及结构、避雷防静电接地形式、材质及数量;

⑦保护区内机、泵、炉等设备接地形式、材质及数量;

⑧保护区外围金属结构的类型和数量;

⑨现有临近阴极保护系统的布置及其运行参数;

⑩可能存在的其他干扰源;

⑪危险区边界;

⑫保护区地层结构,包括不同地层深度的土壤类型及土壤电阻率;

⑬保护区地下水位、冰冻线深度及基岩深度;

⑭保护区内管地自然电位和罐地自然电位;

⑮可供选择的供电电源;

⑯保护电流需求、杂散电流干扰及其他相关测试数据;

⑰可供设置阳极地床的场地条件等。

以国内某天然气分输站场 A 站为例,其占地总面积约 11556 m^2。主要接收上游来气,向其所在城市供应城市燃气的同时,具有清管、分离、计量和调压功能。站内埋地管道规格有 $\phi34 \sim \phi1016mm$ 等 8 种类型,总长度约 1041m,总表面积约 839 m^2。埋地管道采用无溶剂液态环氧涂料防腐。区域阴极保护的对象包括站内埋地工艺管线、放空管线、排污管线、生活管线等。接地系统与埋地管道存在电连续性时,也成为被保护对象。区域阴极保护效果的评价准则与干线管道类似,也主要采用 -0.85 V_{CSE} 断电电位准则。但有时站场埋地结构规模较大或接地体采用铜、接地模块等不宜极化的材质,采用 -0.85 V_{CSE} 断电电位准则时可能需要恒电位仪输出十几到几十安培的大电流,极易对周围其他结构产生干扰。因此,有时也采用 100mV 的极化准则。但值得指出的是,按照标准要求,在异种金属偶接的条件下应慎用 100mV 准则,其极化电位应至少在电位最负材质自然电位的基础上再负向极化 100mV,才可视为达到阴极保护效果。为了保证站内人员安全,在阳极地床的设计过程中,还应保证阳极区周围的地电位梯度小于 5V/m,防止因跨步电压对人员安全造成伤害。图 6.2 为 A 站区域阴极保护设计过程中采用的大致流程图。

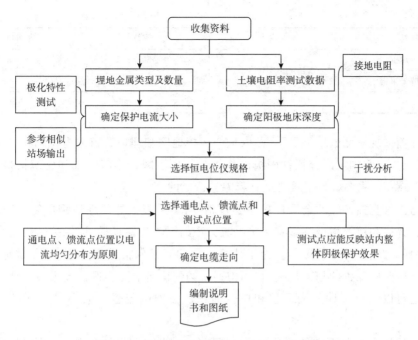

图 6.2　A 天然气分输站区域阴极保护设计流程

(一)确定保护电流大小

为了估算所需保护电流的大小,应首先统计站内埋地金属结构的组成及规模。站内混凝土固定墩较小,内部钢筋消耗的阴极保护电流可忽略不计。主要的埋地金属结构为站内的埋地工艺管道、放空管道和排污管道,管道直径包括 $\phi 34 \sim \phi 1016$mm 等 8 种,总长度约 1041m,总表面积约 839 m²。埋地管道外防腐层采用无溶剂液态环氧涂料,在管道出入土端采用了加强级防腐,站场已投入运行约 5 年。

站内的接地系统采用联合接地网的方式,建筑物接地、工艺设备接地之间完全电连续,与管道之间也无绝缘设施。工艺生产区的接地多设置在管墩和仪表接地处,采用镀锌扁钢作为水平接地材料,生产区垂直接地材料为钢芯锌棒,生活区建筑的垂直接地材料为 ZGD I－3 型低电阻接地模块。低电阻接地模块为非金属材料制成,在降低接地电阻的同时,其本身具有良好的耐蚀性,在电力行业的杆塔接地等领域中得到了广泛应用。但接地模块应用到油气输送站场,则很容易引起管道的电偶腐蚀。我国南方某输气管道就曾发生过铜接地网造成站内埋地管道电偶腐蚀后,导致站内自用燃气的泄漏。站内接地网情况的统计结果如表 6.3 所示,接地结构总面积约 56m²。

表 6.3　A 分输站接地网情况统计结果

材料	尺寸	数量	表面积/ m²
ZGD I－3 低电阻模块	$\phi 260$mm×1000mm	28 根	22.96
钢芯锌棒接地极	$\phi 43$mm×2500mm	12 根	4.1

材料	尺寸	数量	表面积/m²
镀锌扁钢	40 mm×4mm	60m	29.1
加厚镀锌扁钢		270m	
合计			56.16

在设计前的现场测试结果显示,站内生产区接地网和埋地管道的电位均在$-0.9V_{CSE}$左右,锌棒接地材料起到了部分牺牲阳极的作用。而生活区自用气管线和建筑接地的电位均在$-0.5V_{CSE}$左右,主要就是垂直接地材料差异造成的。

站内与土壤直接接触的金属材料主要包括:防腐层破损处的埋地钢质管道、接地模块、接地用钢芯锌棒和镀锌扁钢。影响保护电流大小的因素主要包括:被保护结构物表面积、极化特性和实际的电位分布情况等。为了估算所需的阴极保护电流大小,一方面对该段管道已经实施区域阴极保护的相同规模、相同构型站场的输出情况和保护效果进行调研和参考;另一方面还可以结合统计的表面积和单位面积所需的电流密度大小,核算阴极保护电流大小。

B站和C站为A站下游的两个分输站,已经采用井式阳极地床进行了区域阴极保护,其恒电位仪的输出参数如表6.4所示。在2~3A的输出电流下,B站和C站内生产区管道的断电电位均为$-1.1V_{CSE}$左右,接地模块附近的建筑接地的断电电位为$-0.9V_{CSE}$左右,均已达到阴极保护电位要求。A站在构型、规模、功能上与这两个站基本一致,其所需的阴极保护电流大小也应大概在2~3A左右。

表6.4 B和C分输站区域阴极保护调研结果

站场	恒电位仪参数		
	输出电压/V	输出电流/A	控制电位/mV
B站	6.65	2.08	1200
C站	7.2	2.6	1200

从当地的土壤类型及地质情况看,A站附近土壤类型主要为粉质黏土,采用市售的同型号接地模块在该类土壤中测试得到的极化曲线如图6.3所示。测试时采用恒电流方式对接地模块进行极化,并在不同的电流密度条件下进行断电电位测试。当电位随时间不再发生变化时即可认为达到了稳态,此时的断电电位即为对应的极化电位。测试的部分数据如表6.5所示,未施加电流时,接地模块的自然电位为$-0.032V_{CSE}$,随着施加电流密度的增加,电位不断负移。若将接地模块极化到$-0.85V_{CSE}$,需要的电流密度约为$55mA/m^2$。根据B站和C站的测试结果,当生产区埋地管道的断电电位达到$-1.1V_{CSE}$时,ZGD I-3低电阻接地模块的电位仅为$-0.9V_{CSE}$,对应表6.5和图6.3中的数据,电流密度可以取为$64mA/m^2$,按照表6.3中统计的$23m^2$面积计算,接地模块消耗的阴极保护电流量可估算为1.47A。

表 6.5　接地模块在黏土中的极化特性

断电电位/V_{CSE}	施加的电流密度/(mA/m^2)
−0.032	0
−0.281	−10
−0.465	−20
−0.578	−29
−0.659	−39
−0.713	−49
−0.881	−59
−0.931	−68
−1.003	−78
−1.061	−88
−1.116	−98
−1.182	−107
−1.234	−117

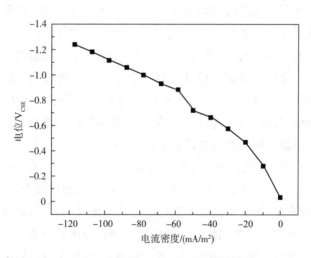

图 6.3　接地模块极化曲线(阴极极化部分)

　　根据 A 站以往的开挖检测记录,A 站内埋地管道投入运行仅 5 年左右,外防腐层完好,绝缘性能未发生明显劣化。为做保守估计,假设防腐层存在 10% 程度的破损,根据 NACE 推荐的将碳钢极化到阴极保护电位的参考电流密度为 1~3 $\mu A/cm^2$,取 2 $\mu A/cm^2$,则埋地管网部分需要消耗的阴极保护电流大小为 1.7A。当生产区管道电位极化到 −1.1V_{CSE} 左右时,钢芯锌棒作为工艺区的垂直接地材料,其自然电位为 −1.1V_{CSE},可认为不消耗阴极保护电流。站内水平接地体采用的镀锌扁钢由于镀锌层较薄,可认为已完全腐蚀掉,按照碳钢处理,也取 2 $\mu A/cm^2$,按照表 6.3 中统计得到的表面积 29.1 m^2 进行计算,消耗的阴极保护电流量约为 0.6A。因此,A 站所需的所有阴极保护电流大小合计约 3.7A,与 B 站和 C 站的实际输出较接近,如表 6.6 所示。但是防腐层破损点处管道、未能统计得到的其他埋地金属(如混凝土中的钢筋、已知接地体长度和数量与实际情况的差异等)、站内电位分布差异都会对保护电流的大小产生影响。综合考虑上述调研和计算结果,为了保留足够的余量,A 站所需的保护电流大小可设为 3A。

表 6.6　A 站各种类型埋地金属结构消耗的阴极保护电流统计表

类型	表面积/m²	所需电流密度/(mA/m²)	所需电流/A
埋地管网	839×10%＝83.9 (假设防腐层 10%破损)	20	1.7
钢芯锌棒	4.1	0	0
低电阻接地模块	23	60	1.4
镀锌扁钢	29.1	20	0.6
合计			3.7

(二)阴极保护形式选择与阳极地床的确定

区域阴极保护系统也可以采用牺牲阳极的阴极保护或强制电流的阴极保护两种类型。二者各有优缺点,牺牲阳极法具有不需要外界电源、运行维护简单、对附近非保护金属构筑物无干扰、有一定排流作用等优点;其不足之处是输出功率较小、运行电位不可调、受环境因素影响较大(如土壤电阻率较高时,其输出电流很小,甚至无电流输出)。因此,主要适用于保护范围相对简单、防腐层质量完好以及能够与非保护设施有效绝缘隔离的场合。强制电流保护法具有输出功率大,保护范围广,保护电位可调、可控,受地质环境条件影响小等优点;其不足之处是需要可靠的外界电力供应,需要定期的管理和维护。国内的油气输送站场多为有人值守站场,也较方便后续的管理和维护。

由于 A 分输站区域阴极保护需要保护的埋地管网与电力接地系统之间无法实现有效的绝缘隔离,接地模块会消耗部分阴极保护电流。而且站场后期可能会进一步扩建,为达到预期的保护并保有足够余量,此处选择采用强制电流的阴极保护系统,但在强制电流阴极保护系统末端局部保护不足的地方使用牺牲阳极仍是一种有效的补充方式。强制电流阴极保护系统的阳极地床主要包括深井阳极地床、浅埋阳极地床和柔性阳极地床。柔性阳极地床具有输出电流均匀,不存在干扰,可与管道同沟敷设的优点,很适用于管网错综复杂及需要避免干扰的区域。但是柔性阳极施工时土方工程量较大,容易对站内正常的生产任务产生影响;浅埋阳极地床形成的地表电位梯度大,容易对外部结构产生干扰;而深井阳极地床具有地表电位梯度小、占地面积小,不与地面设施发生冲突的特点。

站内土质类型和土壤电阻率大小是进行辅助阳极地床设计的基础资料。站内留存的138.6m 深水井的竣工资料显示,A 站地下 0～13.5m 为粉质黏土;13.5～138.6m 为花岗片麻岩,其中 15.5m 以上较风化,32～36m 岩石较破碎、裂隙较发育,含水。采用温纳四极法测试,按照第四章所述的巴恩斯方法计算的分层土壤电阻率结果如表 6.7 所示。根据以往的测试结果,表中负值常对应为岩石层,导致测试过程中的电场畸形,使用巴恩斯方法进行土壤分层的应用受到限制。

表 6.7　A 分输站附近土壤电阻率测试结果

埋深/m	平均电阻/Ω	平均土壤电阻率/(Ω·m)	分层厚度/m	平均土壤电阻率/(Ω·m)
2	1.76	22.11	0～2	22.1
4	0.86	21.60	2～4	21.1
8	0.5	25.12	4～8	30
15	0.45	42.39	8～15	197.8
20	0.27	31.79	15～20	18.2
22	0.24	34.59	20～22	288.3
24	0.22	38.06	22～24	−364.6
26	0.19	38.84	24～26	51.4
28	0.18	42.90	26～28	−119.5
30	0.16	43.96	28～30	67.3
33	0.15	50.12	30～33	−125.3
35	0.13	48.98	33～35	35.7
40	0.11	54.40	35～40	240.8

　　为了进一步明确地下岩石层的深度和土壤电阻率分布情况,采用 CDEGS 软件对表 6.7 中的原始测试数据进行了分析。根据原有深井留存的地质资料,将 A 站的土壤模型设计为两层土壤,模拟和计算结果如表 6.8 所示。

表 6.8　采用 CDEGS 软件的土壤分层结果

层数	电阻率/(Ω·m)	厚度/m
1	21.2	9.4
2	106.7	无穷大

　　对比表 6.7 和表 6.8 中的数据,可以看出:土壤深度＜10 m 时,电阻率较小(20 Ω·m 左右)。这和深水井竣工资料中提到的 0～13.5m 为粉质黏土、13.5m 以下为岩石层的说法基本一致。在这种条件下,有 30～40m 深井阳极地床和 10m 浅埋阳极地床 2 种方案可供选择:

　　方案一:采用深井阳极地床,优点是施工面积小,电位分布比较均匀。但深层岩石的电阻高,接地电阻能否与恒电位仪输出相匹配、是否会对其他埋地构筑物产生干扰这两个问题仍需核算。

　　采用 CDEGS 软件计算得到不同深度深井阳极地床的接地电阻如表 6.9 所示。

表 6.9　采用 CDEGS 软件计算的阳极接地电阻

阳极活性段长度/m	接地电阻/Ω	阳极井深/m
12	6.22	27
18	4.43	33
24	3.47	39
30	2.87	45

注:阳极顶端距地表15m。

接地电阻满足恒电位仪的输出要求,可以考虑采用 39m 深的阳极地床,估算接地电阻为 3.47 Ω。恒电位仪输出电压约为 3A×3.47Ω+2V＝12.41V,其中的 2V 表示反电动势大小。为保证足够的余量,恒电位仪规格可选择为 50V/30A。但随着深井阳极使用时间的延长,由于电渗透效应、温度升高、气阻效应等原因,会导致阳极接地电阻明显升高。一般焦炭回填料与土壤界面上合适的电流密度上限值如表 6.10 所示。选择 4 支预包装 MMO 阳极时,预包装套管直径为 219mm,单支预包装阳极长度为 6m,则电流密度 $i = \dfrac{3A}{3.14×0.219m×24m}=0.18A/m^2$,可以满足表 6.10 中的要求。

表 6.10　焦炭填料在不同土壤类型下工作时允许的电流密度

土壤类型	回填料电流密度/(A/m²)
非常干燥	1.08
干燥	1.61
半干(在水位线以上)	2.15
潮湿(处于地下水位以下)	3.22
开放式阳极井	4.95

阳极地床对不属于阴极保护对象的外部结构是否会产生干扰,也是设计过程中应该考虑的一个重要因素。假设当阳极地床在外部金属附近产生的地电位升高＜0.5V 时,不会产生干扰。采用 CDEGS 软件在不考虑附近其他埋地结构可能对阳极地床电场影响的条件下,单独计算了阳极地床输出 3A 电流时,产生的地表电位梯度,结果如图 6.4 所示。阴极保护系统实际投运后,电流流向被保护的阴极,电场畸变,阳极地床在相反方向的外部结构物附近产生的地电位升高一般会更小。站内埋地结构复杂,很难精确地计算出阴极保护系统投运后是否会对外部埋地结构产生干扰。图 6.4 中的计算结果仅可作为参考,实际的干扰情况只能在后期调试过程中进行测试并采取相应措施。

方案二:采用 10m 深的浅埋阳极地床,井内安装 2m 长预包装 MMO 阳极。优点是钻井深度内无岩石,成功率高;缺点是容易产生屏蔽和干扰,需要的阳极井数量也相应增加,站内施工面积增加,由此产生的可能对原有设施的破坏风险增加;

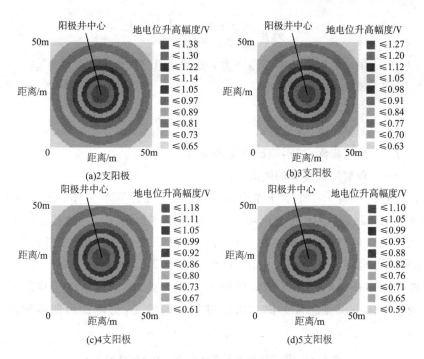

图 6.4　采用 CDEGS 软件计算的阳极附近地电位(500m×50m 范围内)

GB/T 21448《埋地钢质管道阴极保护技术规范》中给出了各类阳极地床的接地电阻计算公式。

单支立式辅助阳极接地电阻可以表示为：

$$R_{v1} = \frac{\rho}{2\pi L_a}\ln(\frac{2L_a}{D_a}\sqrt{\frac{4t+3L_a}{4t+L_a}}) \quad (t \gg D_a; D_a \ll L_a) \tag{6-1}$$

单支水平式辅助阳极接地电阻可以表示为：

$$R_h = \frac{\rho}{2\pi L_a}\ln(\frac{L_a^2}{tD_a}) \quad (t \ll L_a; D_a \ll L_a) \tag{6-2}$$

深井式辅助阳极接地电阻可以表示为：

$$R_{v2} = \frac{\rho}{2\pi L_a}\ln(\frac{2L_a}{D_a}) \quad (t \gg L_a) \tag{6-3}$$

式中　R_{v1}——单支立式辅助阳极的接地电阻；

　　　R_{v2}——深井式辅助阳极的接地电阻；

　　　R_h——单支水平式辅助阳极的接地电阻；

　　　ρ——土壤电阻率；

　　　L_a——辅助阳极长度(含填料)；

　　　D_a——辅助阳极直径(含填料)；

　　　t——辅助阳极埋深(填料顶部距地表面)。

阳极地床造成周围的地电位梯度升高可以表示为：

$$U_r = \frac{I\rho}{2\pi l} \ln\left(\frac{t + l + \sqrt{r^2 + (t+l)^2}}{t + \sqrt{r^2 + t^2}}\right) \qquad (6-4)$$

式中　U_r——距离阳极地床中心距离为 r 处的地电位梯度升高程度；

　　　　I——阳极地床的输出电流；

　　　　ρ——土壤电阻率；

　　　　l——阳极长度（含填料）；

　　　　t——阳极埋深（填料顶部距地表面）；

　　　　r——距离阳极地床的距离。

按照上述公式和表 6.7 中的土壤电阻率数据，可以计算单支 6m 长的预包装 MMO 阳极安装到 10m 深的浅埋阳极地床中，阳极顶部距离地表 4m 时的接地电阻为 4.7Ω，多支阳极地床并联后，也能够满足恒电位仪的输出要求。假设将 6 支浅埋阳极地床并联使用，单支阳极地床输出 0.5A 电流时，阳极地床附近的地电位梯度变化如表 6.11 所示。只要控制阳极地床和外部结构的距离不要太近，因阳极地床造成的对外部结构的干扰比较小。但电流流向被保护对象造成的电场畸变，仍需在后期调试过程中发现和调整。

表 6.11　浅埋阳极地床在地表产生的电位梯度变化

输出电流/A	电阻率/(Ω·m)	阳极长度/m	埋深/m	距离/m	地电位梯度升高/V
0.5	20	2	8	0	0.18
0.5	20	2	8	2	0.17
0.5	20	2	8	5	0.15
0.5	20	2	8	10	0.12

（三）保护效果模拟计算

两种阳极地床形式的保护效果，可以采用边界元的方法进行模拟计算。采用深井阳极地床时的保护效果如图 6.5（阳极地床输出 2A 电流）和图 6.6（阳极地床输出 3A 电流）所示。计算结果显示，单口 39m 深井阳极输出 2A 电流时，站内管地电位在 -780mV_{CSE} 至 -995mV_{CSE} 之间变化；输出电流为 3A 时，站内管地电位在 -863mV_{CSE} 至 -1128mV_{CSE} 之间变化，站内管道受到了良好的保护，这和前面关于保护电流需求量的估算结果也是一致的。

若采用浅埋阳极地床，则动土和占地面积会比较大。由于站内外空间有限，可供选择的 8 处浅埋地床打井位置如图 6.7 中的圆点所示。

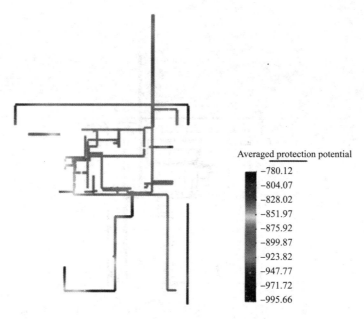

Averaged protection potential

-780.12
-804.07
-828.02
-851.97
-875.92
-899.87
-923.82
-947.77
-971.72
-995.66

图 6.5　单口 39m 深井阳极输出 2A 电流时的保护效果

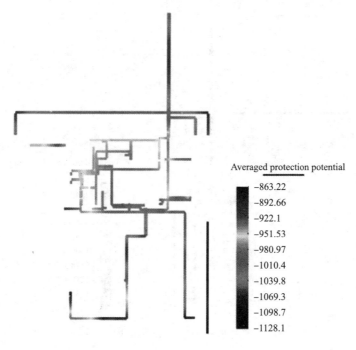

Averaged protection potential

-863.22
-892.66
-922.1
-951.53
-980.97
-1010.4
-1039.8
-1069.3
-1098.7
-1128.1

图 6.6　单口 39m 深井阳极输出 3A 电流时的保护效果

阳极地床的位置对保护效果有较大影响,因此针对以下三种地床分布的保护效果,分别进行了计算,计算结果依次如图 6.8~图 6.10 所示。

①情况一:单独采用站外的 4 口 10m 阳极井(图 6.7 中上面 4 个圆点所示);

②情况二:单独采用排污区附近的 4 口 10m 阳极井(图 6.7 中下面 4 个圆点所示);

③情况三:同时采用 8 口 10m 的阳极井。

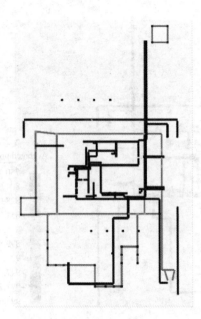

图 6.7 选定的 10m 浅埋阳极井位置（圆点所示）

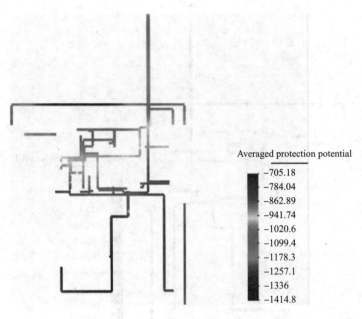

图 6.8 情况一保护效果

由图 6.8～图 6.10 可以看出,采用浅埋阳极地床时,总会存在部分位置达不到保护电位的情况。如果一味调高输出电流,则近端过保护和远端欠保护的现象就会同时出现。浅埋阳极地床的保护效果不如深井阳极地床的保护效果好。

深井阳极地床和浅埋阳极地床这两种施工方案的优缺点对比如表 6.12 所示。由于地下风化岩石层的存在,增加了深井阳极钻井过程中的不确定性,一次成功率不确定。而浅埋阳极地床虽然钻井成功率较高,但过保护和欠保护可能同时出现,保护效果不如深井阳极地

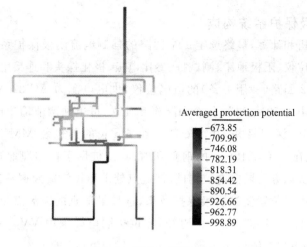

图 6.9　情况二保护效果

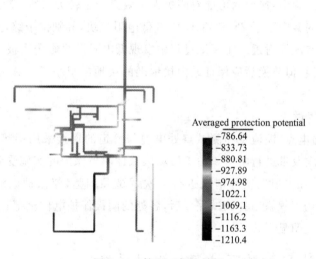

图 6.10　情况三保护效果

床好。为了达到最好的保护效果,拟采用 39m 深井阳极地床。为保证钻井过程一次性成功,避免不必要的浪费,钻井过程中需采用标准测试棒测试不同深度的土壤电阻率,如果存在土壤电阻率过大的情况,及时调整方案。

表 6.12　两种辅助阳极地床方案的比选

	方案一(深井阳极方案)	方案二(浅埋阳极方案)
阳极井深度	39m	10m
阳极井数量	1 口	8 口
站内钻井工作面积	0.07m²	0.28 m²
保护效果估计	能够达到好的保护效果	过保护和欠保护同时出现,但后期可调整程度高
对站内原有设施的破坏风险	站内钻井工作面积小,对站内设施的破坏风险低	站内钻井数量增加,风险升高,但通过挖探坑的方式仍可控
钻井成功率	地下岩石情况不明,钻井成功率不确定	10m 深度范围内无岩石,钻井成功率高

(四)确定阴极保护系统构成

根据前面的分析和计算,最终选定 1 个回路的强制电流阴极保护系统对站内埋地结构进行保护。由恒电位仪、阳极地床、测试桩、参比电极、极化探头和连接电缆组成。

恒电位仪选用 2 回路(一用一备)的恒电位仪,供电电源为 AC 220V,50Hz。恒电位仪每个回路的额定输出为 50V/30A,每个回路相互独立,可单独调节输出电流和输出电压;阳极地床选用 1 口 39m 深阳极井,井内安装 4 组 6m 长的预包装 MMO 阳极,每组含 3 支 MMO 阳极,预包装在直径 ϕ219mm 的钢套管内;测试桩用于检测埋地管道的保护效果,测试桩处安装极化探头以方便断电电位测试;馈流点处采用长效硫酸铜参比电极,施工时可通过在地表移动参比电极位置测试阴极保护效果,选择最适宜的馈流点位置;阳极电缆、阴极电缆采用 VV0.6 - 1kV/ 1×25mm^2 的电缆,零位接阴电缆采用 VV0.6 - 1kV/ 1×16mm^2 的电缆,测试电缆和参比电缆采用 VV0.6 - 1kV/ 1×10mm^2 的电缆。

在以往的实际经验中,接地网可能对阴极保护效果产生较大影响,常需要对接地网进行替换和改造。A 站内共安装了 28 根 ZGD I - 3 低电阻模块,分别位于综合办公室、污水处理装置、深井泵房、放空区等附近。在调试过程中发现低电阻模块影响阴极保护效果时还需采用钢芯锌棒进行替换,但替换后应保证站内接地网的接地电阻小于 1 Ω,以满足防雷防静电等安全性的要求。

(五)安装与调试

安装过程中,通电点、馈流点和测试点处电缆与管道的连接采用铝热焊的方式,焊接完成后采用黏弹体防腐胶带进行防腐。由于站场区域性阴极保护的实施受到外界很多条件的制约,需要在施工工程中根据实际情况进行多次调试和调整,使保护电流的分布尽可能均匀。A 分输站的现场工程施工并调试完成后,各处的阴极保护电位全部达到了预期的要求,且未对干线管道产生明显干扰。

二、某压气站 D 站的区域阴极保护系统

某压气站 D 站最初投产时只是作为清管站兼阴极保护站使用,干线阳极地床采用浅埋的高硅铸铁阳极,与站内埋地管道距离较远(>100m),站场规模也相对较小,如图 6.11 中的小方框所示。但随着管道的进一步建设及生产需求的发展,D 清管站已不断扩建成为压气站,新增加的埋地金属位于原干线阳极地床与干线管道之间,站内埋地管道与原来的干线阳极地床最近处仅为 10m,从而对站内埋地结构产生了较明显的直流干扰。由于 D 站周围特殊的地质和人文环境,干线阳极地床无法改变位置,最终决定采用站内区域阴极保护的措施对站内埋地管道进行保护,以消除直流干扰可能造成的腐蚀影响。

(一)干扰情况检测

为了明确站内的直流干扰情况,在 D 站内接近和远离干线阳极地床的 7 处典型位置(如图 6.12 所示),采用极化探头测试了自然电位和断电电位。其中 7# 位置最靠近干线阳极地床,1#、2#、3# 位置距离干线阳极地床较远。测试结果如表 6.13 所示。

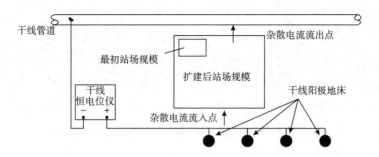

图 6.11 D 站附近干线阴极保护系统位置示意图

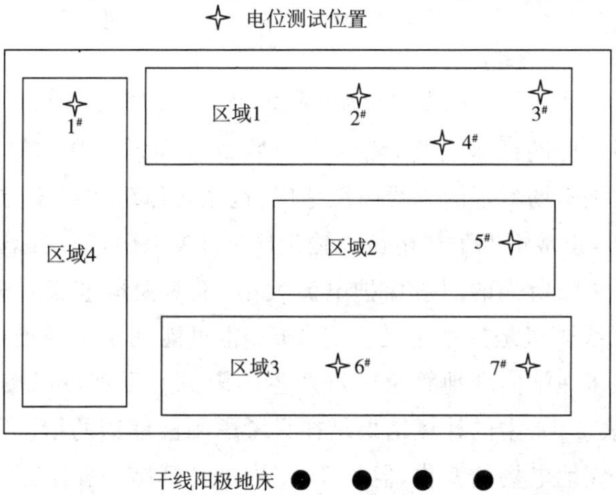

✦ 电位测试位置

图 6.12 D 站内选定的 7 处电位测试位置分布

表 6.13 D 站内电位测试结果

测试位置编号	试片自然电位 / V_{CSE}	试片断电电位 / V_{CSE}	电位偏移 / mV
1	−0.78	−0.74	+40
2#	−0.74	−0.67	+70
3#	−0.8	−0.75	+50
4#	−0.84	−0.84	0
5#	−0.77	−0.82	−50
6#	−0.8	−0.92	−120
7#	−0.8	−0.91	−110

　　由于站场所处位置附近为沼泽地,地下水位高,试片的自然电位偏负。距离干线阳极地床较近的 5#、6#、7# 测试位置,电位发生了明显的负移,为阴极区;距离干线阳极地床较远的 1#、2#、3# 测试位置,电位明显正移,为阳极区。站场内存在明显的直流干扰特征。为了确定干扰为持续干扰还是间歇干扰,选择 3# 测试位置和 6# 测试位置,对管道的通电电位进行了 1h 的连续记录,结果如图 6.13 所示,两处位置电位相差约 200mV 左右。而且两处管道电位均无明显波动,可确定为持续性直流干扰类型。

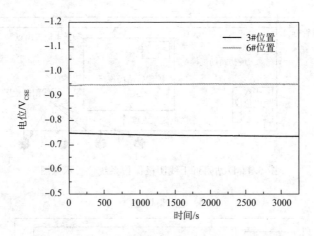

图 6.13   3# 和 6# 位置直流电位随时间的变化曲线

通过对站场周围环境的调查发现,输气站距城镇较远且无高压输电线路、铁轨等干扰源。主要的干扰源就是站场附近的干线阳极地床,这主要体现在两个方面:一方面站外管道采用的是 3PE 防腐层,正常情况下恒电位仪输出应在 1A 以内,但实际恒电位仪的输出电流为 5.5A,远远超过了干线所需的阴极保护电流大小,说明大量电流漏失到站内;另一方面,站内埋地金属距离干线阳极地床最近处只有 10m,很可能处于阳极地床产生的阳极电压锥范围内。干线阳极地床在站内埋地管道附近产生的阳极电压锥可以按照公式进行计算,结果如表 6.14 所示。表 6.14 中的计算结果是在只考虑阳极地床的情况下的结果。附近其他的埋地金属必然会造成地电场的变化,但表 6.14 中的计算结果在确定干扰原因时仍具有参考价值。可以看出,在距离阳极地床 10m 处地电位升高幅度为 6.3V。因此,该输气站场的主要干扰源即为附近的干线阳极地床。在通断干线恒电位仪的条件下,各测试位置的管地电位也发生了同周期的波动,也说明了这一点。按照式(6-4)计算的阳极地床周围电压锥如表 6.14 所示。

表 6.14   阳极地床附近的阳极电压锥

恒电位仪输出	10.8V/5.5A					
与阳极地床的距离/m	0	2	5	10	100	150
地电位升高幅度/V	17.1	14.8	10.3	6.3	0.7	0.5

(二)区域阴极保护系统

直流干扰的削减措施主要包括绝缘、屏蔽、排流和阴极保护等。针对该输气站场的情况,最有效的措施应该是将干线阳极地床移到远离输气站场的位置。但一方面由于 D 站附近的人文和地质特点不支持改变干线阳极地床的位置;另一方面,鉴于管道完整性管理发展的要求,管道管理部门已有在该站场安装区域阴极保护系统以保护站内埋地管道的计划。因此,这里主要采用区域阴极保护的措施来削减直流干扰的影响。按照第一部分中"A 分输站区域阴极保护系统"的设计思路,在 D 压气站内采用深井阳极地床与浅埋阳极地床相结合的方式,对埋地管道进行保护。安装阳极地床的位置如图 6.14 所示,区域阴极保护系统投运后,在 $1^{\#} \sim 7^{\#}$ 位置测试利用极化探头测试的管地电位结果如图 6.15 所示。

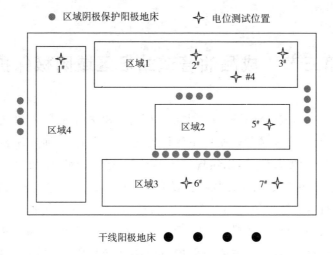

图 6.14 新安装的阳极地床位置

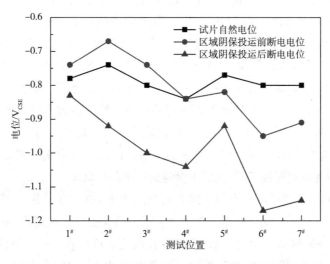

图 6.15 区域阴极保护系统投运前后的管地电位变化

区域阴极保护系统投运后,与试片的自然电位相比, $1^{\#} \sim 7^{\#}$ 位置的断电电位均明显负移。其中 $2^{\#} \sim 7^{\#}$ 位置的电位已经满足 $-0.85V_{CSE}$ 的阴极保护电位准则。 $1^{\#}$ 位置位于站内自用气管线末端,距离阳极地床最远,得到的阴极保护电流较少,在该位置单独安装了 Zn 合金的牺牲阳极以进行附加的热点保护。区域阴极保护系统投运后,干线恒电位仪的输出电流变为 0.6A,在干线沿线测试桩位置测试的断电电位也仍满足 $-0.85V_{CSE}$ 的阴极保护电位准则。这也说明,原来的 5.5A 电流中有很大一部分是作为杂散电流消耗掉的,对于干线真正有效的阴极保护电流仅有 0.6A 左右。

根据 D 压气站的案例可以看出,输气站场的站内埋地金属距离干线阳极地床较近时,会产生明显的直流干扰。靠近阳极地床处为阴极区,远离阳极地床处为阳极区。采用区域阴极保护的方式,通过在站内安装浅埋阳极地床,能够有效地削减这种干扰。而且在以后油气站场扩建时,应详细调查附近阳极地床的确切位置,合理规划并及时采取相应措施,以避免类似情况的再次出现。

第三节 成品油管道站场区域阴极保护

参考第三章的内容,成品油长输管道主要采用密闭输送的方式,在输送不同油品时按照顺序输送的方式进行调度和调整。站内主要设施包括输油泵、混油处理装置、泄放油罐、排污油罐、分离器、清管收发装置等,以实现加压、调压、清管、计量、泄放等多种功能。其占地规模比天然气分输站场略大,每个站场都会设有专门的泄放油罐和排污油罐,通过不同压力级别的泄压管线、排污管线与站内工艺管道、设备进行连接。站内污油罐和泄压罐的体积一般都比较小,如 1 具 100 m^3 泄压罐的罐底板半径约为 $\phi 2570$ mm,且多采用环氧煤沥青进行外壁防腐。成品油分输站场的区域阴极保护系统规模与天然气分输站场基本类似,本节结合某成品油分输站场(E 站)区域阴极保护系统设计、实施的实际案例对相关内容进行介绍。

E 成品油分输站占地面积约 5400 m^2。接收上游来油向下游输送,并同时向附近的城市油库进行成品油分输。站内区域阴极保护的对象主要包括埋地工艺管线、排污管线、泄压管线、泄压罐底板等。埋地管道管径有 $\phi 34 \sim \phi 356$mm 等 8 种规格,外壁总表面积约 219 m^2,并采用增强纤维聚丙烯防腐胶带外防腐。站内还设有 1 座 5 m^3 的地下污油罐,1 座 100 m^3 的泄压罐,罐底板半径 2570 mm,采用环氧煤沥青进行外防腐。站内接地为整体的联合接地网,采用镀锌扁钢作为水平接地材料,ZGD I-3 低电阻模块作为垂直接地材料。站内接地网与埋地管道、设备之间存在电连续性,也成为阴极保护的对象。而且低电阻模块成分主要为石墨,与埋地管道短接容易引起电偶腐蚀,还可能漏失大量的阴极保护电流。

区域阴极保护效果的评价准则与干线管道基本类似,也主要采用 -0.85 V_{CSE} 断电电位准则。有时也采用 100mV 极化准则。但值得指出的是,按照标准要求,在异种金属偶接的条件下应慎用 100mV 准则,其极化电位应至少在电位最负材质自然电位的基础上再负向极化 100mV,才可视为达到阴极保护效果。为了保证站内人员安全,在阳极地床的设计过程中,还应保证阳极区周围的地表电位梯度小于 5V/m,防止因跨步电压对站内人员安全造成伤害。

一、估算保护电流大小

为了估算所需保护电流的大小,应首先统计站内埋地金属结构的组成及规模。与前面提及天然气分输站场的情况类似,主要的埋地金属结构为站内的埋地工艺管道、泄压管道、排污管道和泄压罐底板,管道直径包括 $\phi 34 \sim \phi 356$mm 等 8 种,总表面积约 219 m^2。埋地管道材质为 16Mn 钢、20 钢或 L360MB 钢,外防腐层采用增强纤维聚丙烯防腐胶带防腐,在管道出入土端采用了加强级防腐。站内泄压罐底板半径 $R2570$ mm,底板外壁表面积为 21 m^2,采用环氧煤沥青进行外防腐。站内接地网情况的统计结果如表 6.15 所示,接地结构总

面积约 $140m^2$。

表 6.15　E 成品油分输站埋地金属统计结果

类型	尺寸	数量	表面积/ m^2
埋地钢质管道	$\phi34\sim\phi356mm$	—	219
泄压罐底板	$\phi5140mm$	1	21
ZGD I-3 低电阻模块	$\phi260mm\times1000mm$	85 根	70
镀锌扁钢	$40\ mm\times4mm$	800m	70
合计			380

　　站内与土壤直接接触的金属材料主要包括:防腐层破损处的埋地钢质管道、接地模块和镀锌扁钢。在设计前的现场测试结果显示,各类金属耦合后,整体的自然电位都在 $-0.6V_{CSE}$ 左右。为了估算所需的阴极保护电流大小,一方面结合统计的表面积和单位面积所需的电流密度大小,核算阴极保护电流大小;另一方面在现场采用临时安装的阳极地床进行了馈电实验,以验证阴极保护电流的大小。

　　在管道和罐底防腐层较完好的情况下,阴极保护电流主要消耗在站内庞大的接地网上。随着时间的延长,镀锌扁钢的镀锌层逐渐被腐蚀掉,可以作为裸钢处理。对于接地模块的极化特性已经开展过多项实验室和现场测试。在进行西气东输古浪压气站区域阴极保护工程时,管道设计院和科技研究中心在站内对一根单独的表面积 $0.82m^2$ 接地模块进行了极化,将其极化到 $-0.85V_{CSE}$ 所需要的电流约为 0.4A。将市售的同型号接地模块在实验室粉质黏土环境中的测试结果可以参考前一节中表 6.5 和图 6.3 的结果。因此,接地模块极化到 $-0.85V_{CSE}$ 所需要的电流密度介于 $59\sim488\ mA/m^2$ 之间,与土质条件有关。根据现场实际情况,E 站内接地模块所需的电流密度最终确定为 $60mA/m^2$。假设埋地管道存在 10% 程度的外防腐层破损,镀锌扁钢表面镀锌层完全消耗掉,也按照碳钢处理,所需的电流密度选为 $20mA/m^2$。则 E 站所需的阴极保护电流可按照表 6.16 中的数据进行估算,合计约为 6A 的电流。但是防腐层破损面积的差异、未能统计得到的其他埋地金属(如混凝土中的钢筋、已知接地体长度和数量与实际情况的差异等)、站内电位分布差异都会对实际保护电流的大小产生影响。为了保留一定的余量,在后面的计算中可以将 E 站所需的阴极保护电流大小设为 10A。

表 6.16　E 站埋地金属可能消耗的阴极保护电流

类型	表面积/ m^2	所需电流密度/(mA/m^2)	所需电流/ A
埋地钢质管道	$219\times10\%=21.9$（假设防腐层 10% 破损）	20	0.4
ZGD I-3 低电阻模块	70	60	4.2
镀锌扁钢	70	20	1.4
合计			6

　　为了进一步确定 E 站所需的阴极保护电流大小,在现场进行了馈电实验。在站场东南

角临时安装了一口 15m 的阳极地床,采用预包装的 MMO 阳极输出阳极电流,馈流点选择在工艺区外围的一处镀锌扁钢处进行可靠连接。通电 10A 的电流并极化 24h 后,将恒电位仪设为通断状态,进行通断电电位测试。工艺区外围的金属结构均可极化到 $-0.86V_{CSE}$ 到 $-1.0V_{CSE}$ 的范围内,但由于屏蔽作用的影响,工艺区内部的部分泄压和排污管道的电位仅为 $-0.78 \sim -0.82V_{CSE}$ 左右。为了使电位分布更加均匀,就需要合理调整和规划阳极地床的位置。

二、保护方案的选择和阳极地床的确定

常用的阴极保护方式包括强制电流阴极保护和牺牲阳极的阴极保护两种。牺牲阳极法具有不需要外界电源、运行维护简单、对附近非保护金属构筑物无干扰、有一定排流作用等优点;其不足之处是输出功率较小、运行电位不可调、受环境因素影响较大(如土壤电阻率较高时,其输出电流很小,甚至无电流输出)。因此,主要适用于保护范围相对简单、防腐层质量完好以及能够与非保护设施有效绝缘隔离的场合。强制电流保护法具有输出功率大,保护范围广,保护电位可调、可控,受地质环境条件影响小等优点;其不足之处是需要可靠的外界电力供应,需要定期的管理和维护;强制电流阴极保护系统的阳极地床主要包括深井阳极地床、浅埋阳极地床和柔性阳极地床。柔性阳极地床具有输出电流均匀,不存在干扰,可与管道同沟敷设的优点,很适用于管网错综复杂及需要避免干扰的区域。但是柔性阳极施工时土方工程量较大,容易对站内正常的生产任务产生影响;浅埋阳极地床形成的地表电位梯度大,容易产生屏蔽;而深井阳极地床具有地表电位梯度小、占地面积小,不与地面设施发生冲突的特点。

由于 E 分输站区域阴极保护需要保护的埋地管网与电力接地系统之间无法实现有效的绝缘隔离,需要的保护电流会比较大,大概在 10A 左右。因此,要达到预期的保护效果,牺牲阳极的保护方式在技术上还有较大的局限性,但在强制电流阴极保护系统局部保护不足的地方使用牺牲阳极仍是一种有效的补充方式。因此,E 分输站站场区域阴极保护需主要采用强制电流的阴极保护系统。

按照本章中第二节相同的思路进行阳极地床的设计。采用温纳四极法在现场进行土壤电阻率测试,并按照巴恩斯方法计算分层的土壤电阻率,结果如表 6.17 所示。E 分输站附近各层土壤的电阻率均较小。为了使站内电位尽可能均匀地分布,拟采用深井阳极地床。

为简化计算,接地电阻计算公式 $R = \dfrac{\rho}{2\pi L_a}\ln(\dfrac{2L_a}{D_a}\sqrt{\dfrac{4t+3L_a}{4t+L_a}})$ 中的土壤电阻率 ρ 统一取为 $10\Omega \cdot m$。阳极井内安装 1 支 6m 长的预包装 MMO 阳极,阳极顶端距地面 15m 时,接地电阻为 1.08 Ω。为了留有一定余量,拟设置 2 口 21m 的阳极井作为辅助阳极。按照本章第二节中的方法对阳极表面的电流密度、阳极附近产生的地电位升高程度进行核算,均可满足使用要求。

表 6.17　土壤电阻率分层结果

分层厚度/m	平均土壤电阻率/(Ω·m)
0~10	10.61
10~15	10.16
15~20	8.6
20~25	9.05
25~30	5.6

三、确定阴极保护系统构成

根据前面的分析和计算,最终选定 1 个回路的强制电流阴极保护系统对站内埋地结构进行保护。由恒电位仪、阳极地床、测试桩、参比电极、极化探头和连接电缆组成。恒电位仪选用 2 回路(一用一备)的恒电位仪,供电电源为 AC 220V,50Hz。恒电位仪每个回路的额定输出为 50V/30A,每个回路相互独立,可单独调节输出电流和输出电压;阳极地床选用 2口 21m 深阳极井,井内安装 1 组 6m 长的预包装 MMO 阳极,每组含 3 支 MMO 阳极,预包装在直径 ϕ219mm 的钢套管内;测试桩用于检测埋地管道的保护效果,测试桩处安装极化探头方便断电电位测试;馈流点处采用长效硫酸铜参比电极,施工时可通过在地表移动参比电极位置测试阴极保护效果,选择最适宜的馈流点位置;阳极电缆、阴极电缆采用 VV0.6 - 1kV/ $1\times25mm^2$ 的电缆,零位接阴电缆采用 VV0.6 - 1kV/ $1\times16mm^2$ 的电缆,测试电缆和参比电缆采用 VV0.6 - 1kV/ $1\times10mm^2$ 的电缆。

现场安装调试完成后,在恒电位仪约 15A 的输出电流条件下,E 站内各处的断电电位均达到阴极保护准则的要求。

第四节　原油储罐底板的阴极保护

原油输送站场内的管道大都敷设在管沟或地上管廊中,较少直接埋地敷设。但原油输送管道的首、末站往往设有多座大容量的储罐,用以调节来油、收油(或转运)与管道输量的不均衡,储罐容量一般都比较大。以"旁接油罐"方式运行的管道,其中间站也常设有旁接油罐,用以平衡进出站的输量差。在采用密闭输送方式管道的中间站也都设置有小容量的储油罐,供水击泄放时使用。因此,与天然气、成品油站场区域阴极保护系统主要保护埋地管道不同,在原油输送站场区域阴极保护工程中,阴极保护对象主要为站内原油储罐的底板外壁。为保护储罐底板内壁和罐内介质液面以下的储罐侧壁,也常在罐内安装牺牲阳极,进行阴极保护。

根据储罐容量的差异,储罐材质、罐底板尺寸也不尽相同。按照储罐的材质分,主要包括金属储罐和非金属储罐两大类。金属储罐主要为钢质储罐,非金属储罐包括砖砌罐、石砌罐、钢筋混凝土罐等类型,在我国20世纪50～60年代,钢材短缺的时期得到过部分应用。目前,我国应用最多的主要为立式圆筒形钢质储罐,按其顶部结构又可分为:固定顶罐、浮顶罐、内浮顶罐等,其尺寸参数如表6.18～表6.20所示。

表 6.18 浮顶储罐参数表

序号	公称容量/m³	计算容量/m³	最大允许储存容量/m³	储罐内径/mm	罐壁高度/mm	总高/mm	总重/kg
1	1000	1080	945	12000	9480	≈10480	≈40630
2	2000	2100	1902	14500	12640	≈13640	≈59800
3	3000	3057	2800	16500	14220	≈15220	≈82690
4	5000	5440	4984	22000	14220	≈15220	≈122950
5	7000	7893	7230	26500	14220	≈15220	≈172050
6	10000	10137	9371	28500	15800	≈16800	≈224000
7	20000	20470	18924	40500	15800	≈16800	≈505570
8	30000	32224	30230	46000	19300	≈20300	≈990000
9	50000	54824	50683	60000	19300	≈20300	≈990000
10	70000	76260	70792	67000	21510	≈22510	≈1266000
11	100000	109578	101536	80000	21800	≈22800	≈1700000
12	120000	129963	121306	83000	23900	≈24900	≈1955000
13	125000	134703	125730	84500	23900	≈24900	≈2050000
14	130000	141155	131752	86500	23900	≈24900	≈2140000
15	150000	171216	157865	100000	21800	≈23000	≈2915000

表 6.19 内浮顶储罐参数表

序号	公称容量/m³	计算容量/m³	最大允许储存容量/m³	储罐内径/mm	罐壁高度/mm	总高/mm	总重/kg
1	1000	1154	1038	11000	12640	≈13960	≈27900
2	2000	2266	2039	14500	14220	≈15960	≈46940
3	3000	3382	3044	17000	15400	≈17440	≈69790
4	4000	4446	4001	19000	16180	≈18460	≈88170
5	5000	5570	5013	21000	16580	≈19100	≈110120
6	7000	7894	7104	25000	16580	≈19580	≈149730
7	10000	11367	10230	30000	16580	≈20180	≈210230
8	20000	22287	20058	40500	17800	≈23590	≈372880
9	30000	33803	30422	48000	19180	≈26040	≈550040

表6.20　固定顶储罐参数表

序号	公称容量/m³	计算容量/m³	最大允许储存容量/m³	储罐内径/mm	罐壁高度/mm	总高/mm	总重/kg
1	1000	1202	1060	11000	12640	≈13960	≈27760
2	2000	2349	2067	14500	14220	≈15960	≈48450
3	3000	3496	3083	17000	15400	≈17440	≈69650
4	4000	4588	4050	19000	16180	≈18460	≈91700
5	5000	5743	5072	21000	16580	≈19100	≈111520
6	7000	8139	7188	25000	16580	≈19580	≈151450
7	10000	11720	10316	30000	16580	≈20180	≈214800
8	20000	22931	20216	40500	17800	≈23590	≈376000
9	30000	34708	30644	48000	19180	≈26040	≈568540

　　储罐的构成主要包括罐基础、罐底板、罐壁、灌顶及相关附件。罐基础的稳定性对于储罐的安全使用具有重要作用,为了保证钢质储罐罐基础的安全适用性,我国制定了专门的标准,对钢质储罐的地基处理技术进行规范,并需要定期对罐基础的沉降量进行测试。常用的地基处理方法包括换填垫层法、充水预压法、强夯法、强夯置换法、振冲法、砂石桩法、水泥粉煤灰碎石桩法、水泥土搅拌桩法、灰土挤密桩法、钢筋混凝土桩复合地基法等。具体选用哪种方法则需根据现场实际情况,如:岩土情况、地下构筑物情况、地下水、地面施工条件等进行综合确定。

　　罐底板一般由厚度为5～12mm的钢板焊接而成,直接铺在基础上。钢板材质可以分为碳素钢、低合金钢、奥氏体不锈钢等多种类型。按照底板预制时排版方式的不同,预制底板可以分为弓形边缘板排板型式和非弓形边缘板排板型式。底板排版过程中,排版直径应比设计直径略大。为保证足够的稳定性和安全性,针对不同位置钢板的长度和宽度也都设有最小的要求限值。如:规则中幅板的宽度应不小于1000mm,长度应不小于2000mm。储罐底板的相邻钢板之间、罐底与罐壁之间的连接都是采用焊接的方式,可选用焊条电弧焊、埋弧自动焊、CO_2气体保护焊等多种焊接方法。

　　罐壁由若干层圈板焊接而成,相邻两层圈板的排列采用直线对接方式焊接。储罐顶可分为固定的球形顶和可在罐内液面上浮动的浮顶两种。浮顶由浮盘和密封装置组成。与固定的拱顶罐相比,浮顶罐可以极大地减少油料蒸发损耗及对大气的污染,降低储罐可能发生火灾的危险性,更适合于建造大容量储罐。此外,为了保证储罐的生产安全,储罐周围还常设有一系列的附件及附属设施。如:进出油结合管、呼吸阀、量油孔、放水孔、梯子平台、人孔、阻火器、空气泡沫产生器、储罐冷却水喷淋系统等。

　　储罐外壁暴露在大气环境中,空气中的水汽在一定条件下可以在外壁表面形成水珠,使其受到大气腐蚀的影响。储罐内壁长期接触复杂的油气环境,罐底还可能出现积水,也可能从储罐内部腐蚀罐壁。储罐底板的罐底基础都是经过特殊处理的,回填砂的腐蚀性都相对较弱,但随着使用时间的延长,储罐沉降、地下水渗入也可能导致底板外壁的土壤腐蚀。因此,在储罐的设计和施工过程中都需要制定并实施专门的防腐蚀方案,以延长其使用寿命。GB 50393—2008《钢质石油储罐防腐蚀工程技术规范》中就规定:钢质石油储罐内壁防腐蚀涂层的设计寿命不应低于 7 年,外壁防腐蚀涂层的设计寿命则不应低于 10 年;大于 1000m³ 的钢质石油储罐的外底板应采用阴极保护,阴极保护设计寿命不得低于 20 年;新建 100000m³ 及以上的石油储罐外底板应采用强制电流法阴极保护,阴极保护设计寿命不得低于 40 年。

由于所接触介质的差异,应用于储罐不同位置的涂层类型也不相同。储罐外壁和内壁防腐蚀涂层的底漆常采用富锌类的防腐蚀涂料,在隔绝作用的同时还能起到一定的阴极保护作用。在一些储罐内壁的防腐蚀工程中,也有采用过热喷涂锌、铝及其合金的方式。氟碳类防腐蚀涂料具有良好的耐水性和耐候性,常用作石油储罐外壁防腐蚀涂层的面漆涂料。环氧、聚氨酯类防腐层则主要用于原油储罐 1.5m 以下内壁及内底板部位,并与阴极保护系统配套使用。此外,在一些特殊部位也会使用一些具有特殊功能的涂料。导静电型防腐蚀涂料常用于成品油储罐和原油储罐和气相部位;有机硅类防腐蚀涂料常适用于加热盘管等高温部位;热反射隔热防腐蚀涂料则常用于轻质油储罐外壁及储罐顶壁。

在储罐的阴极保护方面,罐壁内侧和底板内壁常采用牺牲阳极进行保护。储罐底板外壁则既可采用牺牲阳极的方式,也可采用强制电流的方式进行保护。采用牺牲阳极的方式时,牺牲阳极还可以兼做储罐的防雷和防静电接地极。一般而言,罐底板直径小于 30m 时可考虑采用牺牲阳极的保护方式,但对于大型储罐和储罐群则需要采用强制电流的方式进行保护。由于储罐内外接触环境的差异,在进行阴极保护的相关设计时,需要考虑的因素也不相同。在设计内壁的阴极保护系统时,液面高度、腐蚀性介质成分、介质温度等都会影响实际的电流需求量,带有涂层的储罐表面进行阴极保护时,保护电流密度常取 5~10mA/m²,并留有 10% 的裕量。裸钢表面的保护电流密度范围可考虑取 30~150mA/m²,在充海水进行试压时,临时设计阴极保护系统的保护电流密度可取 70~100mA/m²。含有去极化剂(如 H_2S 和 O_2)和较高温度的环境下,则需要更高的保护电流密度。在设计底板外壁的阴极保护系统时,需要考虑的因素与埋地管道的类似,包括:罐区和储罐的设计资料、相邻的地上和地下金属构筑物分布和电缆导管的路径、可利用电源位置、可能的干扰源和杂散电流的存在与否、土壤电阻率、地下水位、土壤腐蚀情况、冰冻线深度、基岩深度、已有的或规划中的阴极保护系统、系统的电绝缘性、电连续性、接地极、现场施工条件、其它维护和运行参数。关于辅助阳极、牺牲阳极材质的选择可参考第四章中的相关内容。辅助阳极材料可选用高硅铸铁、石墨、钢铁等制成的井式阳极,也可在储罐建设期间采用混合金属氧化物制成的网状阳极。部分储罐在建设期间,会在储罐罐底外壁下安装由高密度聚乙烯等非导电合成材料制成的防渗膜衬垫层,用来控制被储存介质的意外泄漏。在这种情况下,网状阳极或带状阳极以及参比电极则需安装在罐底和衬垫层之间,以避免对阴极保护电流的屏蔽。当储罐底板发生泄漏,在原有储罐上方安装辅助罐底后,也应注意进行类似处理,将阳极和参比电极安装在辅助罐底和原有罐底之间。SY/T 0088—2016《钢质储罐罐底外壁阴极保护技术标准》中推荐的辅助阳极布置形式包括罐周直立式、罐旁深井式、罐底斜角式、罐底水平式等多种方式。为了使保护电位分布更加均匀,实际改造工程中常采用深井阳极与浅埋阳极相结合的方式。

以某成品油输送管道的首站 F 站为例,站内设有多具不同容量的 20000 m³ 储罐,均采用了不同类型的涂层进行了外防腐。通过对表面进行除锈,达到标准规定的 Sa 2.5 级(个别部位手工除锈到 St 3 级),去除表面油污、灰尘等杂质后,涂刷防腐层。为防止储罐外壁、附件、栏杆等受到大气腐蚀影响,采用"环氧富锌底漆＋环氧云铁中间漆＋丙烯酸聚氨酯面漆"的方式进行外防腐。储罐底板外壁采用"富锌底漆＋环氧煤沥青"的方式进行外防腐,以防止土壤腐蚀。储罐内壁采用"富锌底漆＋环氧导静电防腐蚀面漆"的方式进行防腐,以防止储油罐内底板及油水分界线以下的储罐内壁腐蚀。一定程度的绝缘和防腐是进行阴极保护的前提,涂层涂覆完成后则需按相关标准进行涂层外观、厚度、粘结力、孔隙率、表面电阻、漏点等性能的检测。

采用网状阳极对储罐底板外壁进行阴极保护时,可参照 Q/SH0086－2007《钢制储罐罐底外壁阴极保护网状阳极系统技术要求》中的相关规定进行。假设底板外壁防腐层有效率为 50%,所需的阴极保护电流密度取 10mA/m²。混合金属氧化物阳极带之间通过钛带进行电连接,并通过钛导电片、双 PVC 铠装铜电缆连接到恒电位仪上。

在储罐的阴极保护评价准则方面,与埋地管道也并无太大的区别,可参考如下:当钢质原油储罐内底板施加阴极保护措施时,罐/地电位应为 $-1100\sim-850\mathrm{mV_{CSE}}$;当钢质储罐外底板或与土壤接触的壁板施加阴极保护措施时,罐/地电位应为 $-1100\sim-850\mathrm{mV_{CSE}}$,或者罐地电位负向极化值应不小于 100mV;当外底板的土壤透气性较差或存在硫酸盐还原菌时,则罐地电位应负于 $-950\mathrm{mV_{CSE}}$ 或更负,当外底板土壤为高电阻率(>500Ω·m)的砂石环境时,则罐地电位应负于 $-750\mathrm{mV_{CSE}}$ 或更负。

上述准则中提到的电位都是指罐底所有位置的极化电位。由于大型储罐底板直径较大,若阳极设计不合理可能导致电流分布的不均匀,经常造成罐底不同位置的极化效果具有明显差异,仅测量某一点的电位并无法完全反映储罐底板的真实保护程度。因此,在储罐建设时就应考虑在罐底中心埋设参比电极,并在罐周不同周向位置设置多个测试点。在二者之间的过渡位置,也应根据罐径大小、阳极地床类型等实际情况,增加埋设部分参比电极,以方便测试和评价,如图 6.16 所示。对于已建储罐,也可采用水平钻孔的方法将参比电极的带孔塑料管安装到罐底的砂层下面,以方便测试。但钻孔过程中,钻孔设备应具有导向功能,以免损伤罐基础。罐底安装的参比电极可选用饱和硫酸铜参比电极,但其随季节变化可能出现冻结,或因电解液外渗影响测试的准确性。在实际施工过程中,常采用饱和硫酸铜参比电极与锌参比电极相结合的双电极方式,以方便校准和测试。在对测试的电位进行分析时,也应注意测试过程中储罐内液位高度可能产生的影响,液位较高时罐底与其下部垫层接触紧密,阴极表面积增加,可能会出现欠保护的现象。罐内液位高度降低时,阴极表面积减小,测试结果可能就会达到了保护标准。因此,在评价其整个寿命周期的保护效果时,应对不同条件下的测试结果进行综合测试和分析,以评价其真实保护效果的变化情况。

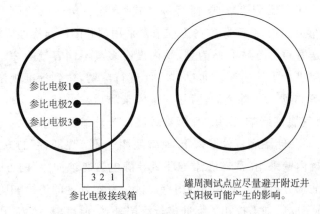

参比电极接线箱

罐周测试点应尽量避开附近井
式阳极可能产生的影响。

图 6.16 储罐附近电位测试位置示意图

以我国东北某站场储罐库的 9 座储罐为例,采用 5 口深井阳极地床对储罐底板外壁进行区域阴极保护,现场恒电位仪的实际输出电流在 $10\sim12\mathrm{A}$ 左右。罐底板边缘与中心部分的电位差可以达到 $200\mathrm{mV}$,由于储罐群直径较大,即使采用深井阳极地床也可能导致储罐底板外壁电位的不均匀分布。与井式阳极地床相比,储罐底部的网状阳极地床可以使保护电流的分布更加均匀。某 $20000\mathrm{m}^3$ 储罐的直径约为 $38\mathrm{m}$,在罐底采用网状阳极进行保护。结合现场实际情况,当给定电流为 $0.2\mathrm{A}$ 时,平均保护电流密度为 $0.175\mathrm{mA/m}^2$,利用罐底径向埋设的参比电极测得的断电电位在 $-0.66\mathrm{V_{CSE}}$ 左右。采用数值模拟软件计算的结果如图 6.17 所示,极化电位的分布整体较均匀。但近网状阳极在工作中会产生氧气聚集在罐底板周围,氧气作为去极化剂则会明显改变罐底板外壁的实际保护效果。现场实际测试数据与模拟数据的差别,也可能是由于现场实际环境与模拟过程中采用极化曲线的测试环境差异造成的。

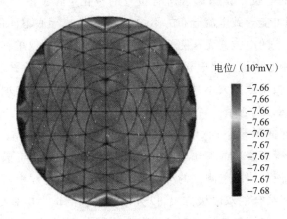

电位/（$10^2\mathrm{mV}$）

−7.66
−7.66
−7.66
−7.66
−7.67
−7.67
−7.67
−7.67
−7.68

图 6.17 某储罐地板电位分布的数值模拟结果

储罐的罐周外围一般都会有一圈垂直打入地下的垂直接地系统,其顶部通过扁钢水平环绕一周进行连接,再通过接地引线连接至储罐,可以作为单独的接地系统存在,也可以接入站场的联合接地网。这部分接地网也会消耗一些阴极保护电流,影响最终的保护效果。

仍以图 6.17 中的储罐为例,施加的总电流大小为 0.2A 时,分别流向储罐底板和周围接地极的电流大小如表 6.21 所示。流向接地极的电流比流向储罐底板的电流明显更大,也说明接地系统是站场区域阴极保护中最大的电流消耗点。随着接地极自然电位的负向移动,接地极消耗的电流减小,更多的电流流向储罐底板外壁。因此,为了提高防雷防静电接地系统与区域阴极保护系统的兼容性,建议在以后选择站场接地材料的过程中更加倾向于具有牺牲阳极特性的材质,如钢芯锌棒等。

表 6.21 储罐接地极自然电位对阴极保护的影响

接地极自然电位	罐底板电流 / mA	接地极电流 / mA
接地极自然电位比罐底板正 200mV	17	183
接地极自然电位与罐底板相同	44.87	154.25
接地极自然电位比罐底板负 200mV	72.4	127.6

除强制电流阴极保护系统外,牺牲阳极也可应用于小型储罐底板外壁和储罐底板内壁的阴极保护。以一具 $10000m^3$ 容量的储罐为例,其底板直径约为 30m,表面积约为 $706.5m^2$。国内的储罐底板上均涂刷了防腐涂层以抑制腐蚀,选用的阴极保护电流密度取为 $10mA/m^2$ 时,需要的保护电流总大小为 7A 左右。采用镁合金牺牲阳极对储罐底板外壁进行阴极保护时,牺牲阳极也应安装在储罐底板与底部防渗膜之间,以避免对阴保电流的屏蔽。储罐底板内壁常采用铝合金牺牲阳极进行保护,牺牲阳极铁芯通过焊接的方式焊接在底板上,并沿底板周向和径向均匀分布。

在测试储罐阴极保护的真实效果时,极化电位可以较好地反应储罐底板的实际保护效果。但由于现场环境的复杂性,往往较难准确测试到储罐真实的极化电位。在阴极保护相关测试之外,许多管道运营公司还会定期开展储罐的声发射在线监测,并结合储油罐每5～7年的大修理周期进行开罐无损检测、储罐基础沉降及几何变形检测等,以保证储罐使用过程中的安全性和可靠性。

参考文献

[1]黄留群 . 国内长输油气管道站场区域阴极保护技术概况 . 防腐保温技术 . 2009,17(3):20－25

[2]陈航 . 长输油气管道工艺站场的区域性阴极保护 . 腐蚀与防护 . 2008,29(8):485－487

[3]陈洪源,范志刚,刘玲莉,等 . 区域性阴极保护技术在输气站场中的应用 . 油气储运 . 2005,24(5):41－44

[4]刘玲莉,陈洪源,刘明辉,等 . 输油气站场区域性阴极保护技术 . 油气储运,2005,24(7):28－32

[5]刘玲莉,陈洪源,刘明辉,等 . 输油气站区阴极保护中的干扰与屏蔽 . 管道技术与设备 . 2005,2:31－33

[6]张丰,陈洪源,李国栋,等 . 数值模拟在管道和站场阴极保护中的应用 . 油气储运 . 2011,30(3):208－212

[7]马伟平,张国忠,白宗成,等 . 区域性阴极保护技术研究进展 . 油气储运 . 2005,24(9):38－42,48

[8]郑安升,丁睿明,廖煜焰,等.西气东输古浪压气站区域性阴极保护方案设计与实施.腐蚀与防护,2010,31(10):794-796

[9]秦健,廖良兵.钢质石油储罐罐底外壁牺牲阳极阴极保护.全面腐蚀控制.2013,27(11):44-47,69

[10]梁成浩,吕升忠.10万 m³ 原油储罐罐底内底板腐蚀与牺牲阳极阴极保护.管道技术与设备.2004,4:30-32

[11]Hu Yabo,Zhang Feng,Zhao Jun,Regional cathodic protection design of a gas distribution station,19th international corrosion congress,2014,Jeju

[12]Hu Yabo,DC interference of impressed anodes on metallic structure buried in an adjacent gas station,NACE annual corrosion conference,2015,Houston

[13]GB/T 50756—2012 钢制储罐地基处理技术规范

[14]SH/T 3530—2011 石油化工立式圆筒形钢制储罐施工技术规程

[15]GB 50393—2008 钢质石油储罐防腐蚀工程技术规范

[16]SY/T 0088—2016 钢质储罐罐底外壁阴极保护技术标准

[17]Q/SH 0086—2007 钢制储罐罐底外壁阴极保护网状阳极系统技术要求

[18]SY/T 0087.3—2010 钢质管道及储罐腐蚀评价标准—钢质储罐腐蚀直接评价

第七章　杂散电流干扰与阴极保护

　　杂散电流是指在非指定回路中流动的电流,杂散电流进入长输管道后会在电流的流出点位置产生严重的腐蚀。阴极保护技术的发展过程中,也始终与环境中的杂散电流干扰有密切关系。美国工程师 Kuhn 最初在工程中实际应用阴极保护技术,在一定程度上,也是为了抑制沿线直流干扰可能对管道造成的腐蚀影响。我国最早建设的东北输油管网运行期间,在一些地区也曾遭遇过城市轨道交通、矿山运输系统所造成的严重直流干扰腐蚀。在不断的摸索和实践过程中,也针对性地建立了一系列阴极保护、排流相关的干扰腐蚀控制技术。随着近年来城市基础设施、高压输电线路、高压电气化铁路建设的大力发展,油气长输管道与各类干扰源的交叉、并行关系也越来越多,管道所受到的交直流干扰程度也越来越复杂,部分管道还可能处于交直流干扰同时存在的混合干扰状态,给阴极保护系统的运行、检测、评价和维护提出了更多的问题。随着研究的深入,地磁暴、潮汐相关的地电流可能对管道产生的干扰影响,也受到了越来越多的重视,相关的干扰评价与防护技术也在不断更新。

　　管道交直流干扰状况的变化会从本质上影响管道的电化学活性,从而加速管道的腐蚀。阴极保护技术可以在一定程度上抑制管道的干扰腐蚀,但过负的阴极保护电位反而可能加速防腐层剥离和管道的腐蚀。在管道沿线安装的固态去耦合器、二极管、控制电位整流器等排流设施可以有效排除管道的干扰电流,但也使得管道真实极化电位的测试更加困难。本章主要介绍阴极保护与不同类型干扰状况的交互作用,其中第一节介绍杂散电流干扰的基本特点;第二节介绍直流干扰相关的识别、检测、评价及防护技术;第三节介绍交流干扰相关的识别、检测、评价及防护技术;第四节简要介绍地电流干扰的一些典型特点。

第一节　杂散电流干扰的特点

　　杂散电流造成的腐蚀在本质上是一种电解腐蚀,腐蚀特征多表现为释放电流的阳极区的局部腐蚀。电化学原理与管道在土壤或水溶液中的自然腐蚀一样,都是具有阳极过程和阴极过程的氧化还原反应,只是由于杂散电流的流入和流出,使得管道沿线可明显区分为独立的阳极区和阴极区。可以按照法拉第定律对杂散电流造成的腐蚀速率和质量损失进行计算:

$$W_{t} = \frac{M}{nF} \times t \times I_{corr} \tag{7-1}$$

式中　W_t——金属的失重重量;

　　　M——金属的摩尔质量;

　　　n——电化学反应过程中的电子转移数量;

　　　F——法拉第常数,取 96500C/mol;

　　　t——电流持续时间;

　　　I_{corr}——通过的电流大小。

在上述公式中假设了腐蚀电流大小 I_{corr} 为恒定值,适用于稳态直流干扰的状况。当 I_{corr} 随时间 t 发生变化时,表现为动态直流干扰,则应采用积分的方式进行失重计算:

$$W_t = \frac{M}{nF}\int_{t1}^{t2} I_{corr}\,\mathrm{d}t \qquad (7-2)$$

通过恒定直流电时,部分常用金属材料的腐蚀失重数据如表 7.1 所示。在理论条件下,1A 大小的直流杂散电流流出钢质材料时,在土壤中 1 年能够腐蚀 9.13kg 的钢铁。交流电的电流大小和方向随时间而变化,对金属材料的腐蚀作用也相对较小。一般认为,交流电流产生的金属腐蚀失重仅为同等强度直流电流的 10% 左右。

表 7.1　部分金属材料的理论消耗率数据

金属种类	氧化态离子	理论消耗率/[kg/(A·a)]
Al	Al^{3+}	2.94
Cr	Cr^{3+}	5.65
Cu	Cu^{2+}	10.38
Fe	Fe^{2+}	9.13
Pb	Pb^{2+}	33.9
Mg	Mg^{2+}	3.97
Ni	Ni^{2+}	9.59
Zn	Zn^{2+}	10.7

一、杂散电流腐蚀的特点

在加速埋地钢质管道的腐蚀方面,杂散电流干扰腐蚀往往具有以下特点:

(一)腐蚀强度高、危害大

埋地钢质管道在没有杂散电流腐蚀时,只发生自然腐蚀,大部分属于原电池腐蚀的模型,其驱动电势只有几百毫伏,而所产生的腐蚀电流最大不过几十毫安,自然腐蚀的速度很缓慢,一般经过一段较长时间的积累才能观察到;而埋地金属构筑物在土壤中的杂散电流腐蚀,则属于电解电池的原理,腐蚀速度相对较快,可以是自然腐蚀速度的几十甚至上千倍,已发现该类腐蚀的最快腐蚀速度超过了 15mm/a。金属受杂散电流腐蚀时,存在阴极区和阳极区,它们在空间位置上是彼此分开进行的,但自然腐蚀不具备这一特点。外来电流中的直流电流或电位差造成了土壤溶液中的金属腐蚀,其腐蚀量与杂散电流强度成正比。即假设有 1A 的电流从钢管表面流向土壤溶液,那么一年就会发生 9.1kg 钢铁的电解腐蚀。而实际土壤中的杂散电流强度很大,管地电位可能高达 8~9V,通过的最大电流能达几百安培,能够使壁厚为 7~8mm 的钢管在 4~5 个月就发生腐蚀穿孔。因此,杂散电流对埋地钢质管道的使用寿命和安全运行影响很大。

(二)范围广、随机性强

杂散电流的作用范围很广,其影响可达几千米、几十千米(高压直流输电线路接地极的影响范围甚至达 100km),这与引起杂散电流的外部电流源密切相关。杂散电流腐蚀的发生又常常是随机变化的,无论电流方向,还是电流强度,都是随外界电力设施的负载情况、轨道的连接与绝缘状况、管道绝缘层状况的变化而变化。因此,杂散电流的动态干扰给其检测、评价和排除带来了很大的困难。

(三)腐蚀激烈,且集中于局部位置

杂散电流的电流可能高达几十甚至上千安培,它引起的腐蚀比一般的土壤腐蚀严重得多。杂散电流引起的干扰腐蚀主要集中在埋地管道外防腐层的缺陷处,特别是在杂散电流流出的部位,管体将发生快速腐蚀,腐蚀速度遵循法拉第定律;而在杂散电流流入区域,导致电位的负向偏移,甚至可能发生析氢破坏。如果受干扰管体上有 $1cm^2$ 的防腐层破损,且在该处有 1mA 的杂散电流流出,杂散电流对管体的腐蚀速率为 1.17mm/a。如果杂散电流强度更大,或流出区域的面积更小,管体的腐蚀速率会更高。

(四)被干扰管体的电位发生偏移

如果仅为直流杂散干扰腐蚀,在杂散电流流出区域,管地直流电位会正向偏移;在杂散电流流入区域,管地直流电位会发生负向偏移,而管地交流电位很小或可以忽略;因此,可根据管地直流电位来检测管道的直流干扰情况以及干扰程度的判别。如果是交流腐蚀,主要根据管地交流电位的变化情况或交流电流密度、交流与直流电流密度比等参数来进行检测与评价。

(五)治理难度大

由于杂散电流腐蚀是杂散电流的本身特性、所影响的埋地金属结构及其服役的土壤环境以及周围的其他金属结构等多方面因素的综合结果,所以其腐蚀行为差别很大;此外,由于杂散电流干扰源本身及其影响范围内的埋地金属结构、服役环境也在不断地发生变化,因此每个杂散电流干扰腐蚀的实例都有其独特性。由于目前对杂散电流干扰腐蚀的基础研究尚不深入,大多数治理措施都是基于工程经验,还缺乏足够的理论支持,因此在某个工程项目上效果良好的治理方法在另外一个干扰事例中可能效果不好、没有效果、甚至产生反作用。而目前的治理主要是受干扰方的单方面治理,其治理效果会因其他条件的变化而发生反复。

二、杂散电流干扰的危害

杂散电流是一种有害的电流,对埋地金属管道及其附属电气设施的正常运行产生不同程度的影响,还可能对管道操作和维护人员的人身安全、其他埋地金属构筑物造成不同程度

的影响。特别是在交、直流叠加的情况下,交流电的存在可引起电极表面的去极化作用,造成腐蚀加剧甚至短时间的腐蚀穿孔。交流干扰会加速防腐层老化,引起防腐层剥离,干扰阴极保护系统正常运行,严重时还会导致镁合金牺牲阳极系统发生急性逆转,降低牺牲阳极的电流效率,从而影响管道的防腐效果。在发生雷击、短路等故障情况下,非常高的瞬时电压可能穿越土壤,并形成电弧熔蚀管道防腐层、击穿绝缘垫而导致绝缘法兰失效等;严重时故障电流可能危及管道生产操作人员的人身安全,甚至可能烧熔管壁发生爆炸起火等安全事故。

(一)引起埋地金属管线腐蚀

在没有杂散电流通过时,埋地金属构筑物所承受的渗透压与溶解压通常会保持平衡状态,不会发生电化学腐蚀。但当这些金属构筑物上有流过杂散电流时,所承受的渗透压与溶解压的平衡状态就会被打破,就要发生电化学腐蚀。在这些情况下,会同时发生阳极反应和阴极反应。在阳极反应中,阳极电流从金属构筑物流向土壤;在阴极反应中,阴极电流从土壤流向金属构筑物。在杂散电流流过时,如果埋地金属构筑物的阳极电流大于阴极电流,阳极反应增加,就会发生电化学腐蚀;如果阳极电流小于阴极电流,阴极反应增加,就会产生阴极保护;所以杂散电流腐蚀发生在阳极区,多为局部集中的剧烈腐蚀,会形成快速的局部腐蚀甚至发生管线腐蚀穿孔,严重威胁着管道的安全运行。

(二)威胁管道沿线工作人员的人身安全

在油气管道与高压交流输电线路接近、交叉或者长距离平行情况下,交流输电线路正常运行时,其电流会通过磁耦合在管道上产生纵向感应电动势,使管道的对地电位不为零。如果施工和维护人员接触到带电管道裸露的金属部分,该电压会加载到人体上。在接触电压较高时,可能影响施工和维护人员的正常工作甚至危及人身安全。当交流输电线路发生接地短路时,交流线路上的电流幅值是正常运行的数倍,大大增加了对管道的感性耦合程度。同时,短路入地电流抬高土壤电位,并通过阻性耦合进一步影响油气管道的对地电位。特别是随着3PE防腐结构和高绝缘防腐材料的大量应用,埋地管道干线外防腐层的绝缘性能进一步大幅提高,高压输电电线等强电线路对埋地管道的电磁影响更加显著。

(三)使某些附属的电气设备无法正常工作

在杂散电流严重的地段,可能导致阴极保护恒电位报警、工作中断,也可能使某些电气设备发生误动作等行为,影响电气设备的正常工作。

第二节   直流干扰条件下的阴极保护

一、典型的直流干扰源

直流干扰是指因直流杂散电流导致的构筑物内的直流电扰动。管道外防腐层都具有一定的绝缘性能,但在使用过程中也会发生不同程度的劣化和破损。防腐层破损点则往往成为直流杂散电流进入、流出管道的通道。外部直流杂散电流流入管道的位置成为阴极区,流出管道的位置成为阳极区。直流干扰不仅会在阳极区加速管道腐蚀,还可能在阴极区使得保护电位过负,促进防腐层的剥离,甚至还可能影响管道的应力腐蚀开裂行为。为此,国内外都已制定了相关的标准,以方便对直流干扰腐蚀行为的调查和评价。按照直流干扰产生的机理划分,直流干扰主要包括阳极干扰、阴极干扰和混合干扰等三种类型。按照前面几章的论述,在强制电流的阴极保护系统中,辅助阳极地床周围会形成阳极电压锥,被保护管道周围会形成阴极电压锥。外部金属结构经过阳极电压锥时,金属结构附近的地电位比远方大地更高。在阳极电压锥的作用下,电流会流入外部金属结构,称为阳极干扰;外部金属结构经过阴极电压锥时,金属结构附近的地电位比远方大地更低。在阴极电压锥的作用下,电流会流出外部金属结构,称为阴极干扰;外部金属结构的不同位置同时位于阳极电压锥和阴极电压锥时,受到两种电压锥的共同作用,电流流动的驱动电压更大,电流在阳极电压锥附近流入管道,在阴极电压锥附近流出管道,称为混合干扰。许多学者根据现场工程实际,也总结出了一些经验性的指标。Morgan 的研究表明,当外部埋地结构附近的土壤与远地点电位差为 1.5V 时,外部埋地结构上出现明显的干扰;电位差为 0.3V 时,干扰不明显。部分学者也指出当管道附近的地电位变化超过 0.5V 时,才会产生干扰。Rogelio 的研究表明,当外部埋地结构附近的土壤与远地点电位差占阳极顶端土壤与远地点电位差的 5% 时,可以认为外部埋地结构相对于阳极地床为远方大地,不易出现干扰。我国的国标中出于安全考虑也要求阳极地床区域的地表电位梯度应小于 5V/m,以避免过大的跨步电压可能对人员造成的伤害。

　　能够对埋地钢质管道造成直流干扰的干扰源主要包括:直流供电的交通运输系统(如地铁)、高压直流输电线路(HVDC)、矿区内的直流供电设备、直流电焊机、其他埋地结构物的阴极保护系统等。按照直流干扰源供电方式的差异,其对埋地管道的干扰还可分为静态直流干扰和动态直流干扰两种类型。一般来说,其他结构物的阴极保护系统在管道上产生的直流干扰相对较稳定,干扰程度和受干扰的位置随时间没有变化或变化很小,常称为静态直流干扰。参考第六章中,站内管道受干线阴极保护系统影响时,其电位随时间的变化曲线如图 7.1 所示,电位随时间变化基本没有波动,表现为持续性的稳定直流干扰。而地铁与管道并行或交叉的位置附近,在地铁通过和不通过的两种状态下,泄漏到土壤中的直流杂散电流方向、大小有明显差异,干扰程度和受干扰的位置也随时间不断变化,常称为动态直流干扰。如图 7.2 所示,即为典型的地铁干扰条件下,管道直流电位随时间的变化曲线。当地铁经过时,管道上的直流电位出现很大的瞬时正值或负值。而在地铁未经过的期间,管道的直流电位则一直保持在较稳定的水平。

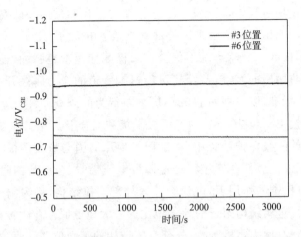

图 7.1　站内管道受干线阳极地床影响下的电位情况

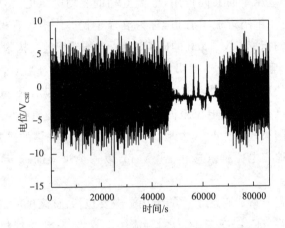

图 7.2　埋地管道受地铁影响下的电位波动情况

近年来管道外防腐层类型逐渐由以前的石油沥青、煤焦油瓷漆等转变为 3PE 和环氧粉末防腐层,防腐层绝缘性能的增加,也是造成直流干扰越来越严重、影响范围越来越广的重要原因。特别是 3PE 防腐层,虽然具有较强的耐划伤性能,可以有效降低所需的阴极保护电流大小。但其面电阻率较大,直流杂散电流一旦从防腐层破损位置进入管道后,则较难流出管道。当直流电流泄放的阳极区仅集中在面积很小的防腐层破损位置时,电流的集中释放会形成很高的电流密度,从而造成严重的点蚀失效事故。

(一)外部阴极保护系统产生的干扰

不同阴极保护系统之间的相互干扰是直流干扰中的一种常见情况。尤其在设计阶段没有定量分析,仅按工程经验进行估计时,往往会造成很多遗留问题。油气长输管道干线经常与其他管道存在并行、交叉,干线管道与站场内管道的两套阴极保护系统电场之间的相互作用,也会造成不同程度的直流干扰。第六章中介绍了干线阳极地床干扰站内埋地管道的一个例子,就是由于站内埋地管道位于干线阳极地床所产生的阳极电压锥内部造成的。由于区域阴极保护系统的输出电流大小多为几安培,甚至几十安培,比干线阴极保护系统的输出电流大很多。特别是采用浅埋阳极地床的区域阴极保护系统施工完成后,对干线管道产生干扰的案例则往往更多。随着数值计算技术的发展,根据阴极保护体系在其周围产生的电场分布、受电干扰构件位置和构件表面电化学行为等参数,就可以在设计阶段大致估计阴极保护系统可能对外部结构产生的干扰程度。也有学者基于稳态电场的理论,曾提出了简单的解析算法作为大致参考。当一条阴极保护管道附近有一水平管道与其垂直交叉时,两管道垂直距离为 h_1,则在交叉管道上产生的干扰电位差可大致按下式进行计算:

$$\Delta U = U_0 - U_P = \frac{j\rho}{2\pi}\ln\left(\sqrt{\frac{h_1^2 \times (2h-h_1)^2}{(y^2+h_1^2)\times[y^2+(2h-h_1)^2]}}\right) \tag{7-3}$$

式中　U_P——受干扰管道距交叉点距离 y 处的电位;

U_0——受干扰管道在交叉点的电位;

h——阴极保护管道的埋深;

h_1——受干扰管道和阴极保护管道的垂直距离。

阴极保护系统施工完成后,在通断干扰源供电设备的条件下,测试被干扰结构的电位变化情况是判断不同阴极保护系统之间是否存在相互干扰的一个重要方法。若被干扰结构电位表现出于恒电位仪通断过程同周期的波动情况,则可以认为存在干扰。图 7.3 为相互并行的两条管道,在中断其中一条管道恒电位仪的过程中,两条管道的电位均出现相同周期的波动,说明两套阴极保护系统之间存在相互干扰。对于采用整流器给管道提供阴极保护电流时,由于整流和滤波效果有限,管道上也可能存在 100Hz 或相应整数倍频率 Hz 的波纹信号,也可采用示波器对管道电位波形进行测试和分析,以判断管道上是否存在其他的整流器信号。在进行密间隔电位测试前,常需要进行该项测试,以保证在没有外部干扰的条件下,测得真实的管道极化电位。

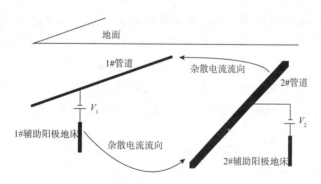

图 7.3　一种典型的直流干扰情况

(二)直流供电运输系统产生的干扰

随着我国城市基础建设的大力发展,城市周边的埋地管道经常受到来自地铁、轻轨等强烈的直流杂散电流干扰,造成阴极保护系统不能正常工作,已成为影响管道安全运行的重大风险。轨道交通一般采用 DC 1500V 或 DC 750V 的接触网供电系统,在直流牵引变电所中,将一次电压转换成接触网电压,为接触网供电。接触网一般与牵引变电所的正母线相连,将直流电传导到机车后,经回流系统连接到牵引变电所的负母线。其中,回流电路组成可以是走行轨、回流轨、回流导体、回流电缆等多种回流方式。轨回流系统是指回流电路中由走行轨构成的回流系统。回流导体是指与线路平行并与走行轨按一定间隔作连接的导体。回流轨是指代替走行轨流通牵引回流的导电轨;回流电缆是指将所有回流电流集中连回牵引变电所的绝缘回流导体。按照 GB/T 28026.2—2011《轨道交通地面装置 第 2 部分:直流牵引系统杂散电流防护措施》的规定,以下系统均可能产生杂散电流:

①以走行轨作为回流导体的直流牵引系统,包括与直流牵引系统轨道有连结的其他线路区段;

②与走行轨回流系统有相同供电电源的直流无轨电车系统;

③不以走行轨为回流轨的直流牵引系统。

以走行轨为回流系统时,电流流动的正常回路为:牵引变电所正极—接触网—机车—钢轨—牵引变电所负极,如图 7.4 所示。为了减小杂散电流向周围土壤中的泄漏,一方面应尽量降低铁轨的纵向单位电导,另一方面应做好铁轨与大地之间的绝缘。在正常工况下,不同结构线路的纵向单位电导建议值如表 7.2 所示。

表 7.2　单线区段单位电导建议值

牵引系统	露天时/(S/km)	隧道内/(S/km)
铁路	0.5	0.5
开式路基大宗运输系统	0.5	0.1
闭式路基大宗运输系统	2.5	—

注:开式路基是指走行轨顶部处于路基平面之上的路基;闭式路基是指走行轨顶部与路基平面处于同一水平的路基。

按照 CJJ 49—1992《地铁杂散电流腐蚀防护技术规程》中的规定,兼做回流的地铁走行轨与大地或隧洞主体结构之间的过渡电阻值,对于新建线路不应小于 $15\Omega \cdot km$,对于运行线路不应小于 $3\Omega \cdot km$。木质轨枕必须采用绝缘防腐剂进行防腐处理,枕木的断面和螺纹道钉孔,必须经过绝缘处理,或设置专门的绝缘层。回流母线也常设有绝缘护层,回流导体和回流轨应做到与地绝缘。所有这些措施都是为了尽量减少牵引电流向周围土壤中的泄漏,但现实情况中,由于材料和施工工艺等条件的限制,钢轨对地的完全绝缘是不现实的,必然会有部分牵引电流经钢轨流入大地,成为直流干扰腐蚀的电流源。

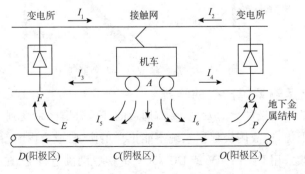

图 7.4　直流牵引供电系统示意图

为了控制与地铁相关结构受到杂散电流干扰而产生的腐蚀影响,标准中对不同材料允许泄漏电流的密度也作了规定,如表 7.3 所示。

表 7.3 地铁结构允许泄漏的电流密度

材料与结构	生铁	混凝土中的钢筋	钢结构
允许泄漏电流密度/$(mA \cdot dm^{-2})$	0.75	0.60	0.15

(三)动火焊接过程中产生的干扰

电焊机是管道动火施工过程中常用到的设备。动火焊接过程中,电流除在管道中流动,也会泄漏到土壤中,形成杂散电流。1 台电焊机输出电流可达几百安培,若多台电焊机同时进行施工,则会大大增加此管线及周围邻近设施的杂散电流,使不同管道与储罐之间产生不同的电位差。当设备设施之间电位差在 1.2 V 以上时,还可能产生电火花,造成易燃油气的爆燃事故。许多学者都研究了焊接过程中,可能在管道内形成杂散电流的强度,和对管道电位可能产生的影响。同期施工的电焊机数量增加,可能产生的杂散电流强度也更大。随着与电焊点距离的增加,管道中的杂散电流大小降低,管道电位与未焊接时的偏移程度也有所降低。为了有效降低焊接过程中杂散电流可能产生的危害,在实际施工过程中,常需要在距离管道动火电焊点尽可能近的位置以及管道与容器之间加装绝缘盲板,在电焊点附近管道加装接地保护,使电焊机二次回路接线良好接触,减小导线和管道的接触电阻。

(四)高压直流输电系统产生的干扰

随着国民经济和电力工业的不断发展,我国高压直流输电技术得到了迅速发展,且正在成为电力输电系统中的重要组成部分。截止到 2005 年,我国已建成并投运的高压直流输电工程共有 5 个。高压直流输电线路的运行包括双极运行和单极运行两种方式。在双极对称运行过程的理想情况下,并不会有电流流过接地极泄漏到周围土壤中。但实际上,由于触发角和设备参数的差异,常会产生不平衡电流,其大小大致可控制在系统额定电流的 1% 以内。在双极不对称运行过程中,流过接地极的电流则为两极运行电流的差值。近几年,为了控制直流工程对地磁台的影响,一般要求将直流系统的不平衡电流控制在 10A 以内。单极运行过程中则需以大地作为电流的返回方式,主要发生在投运初期或线路定期的维检修过程中。在高压直流输电系统的建设初期,为了尽快地发挥经济效益,往往需要将先建起来的一极投入使用,持续时间一般在半年左右。或当输电系统的一极因故障退出运行,要求另一极应具有的暂态过负荷能力时,流过接地极的暂态过电流也应由系统稳定计算确定。根据直流输电工程的设计经验,最大暂态电流一般可取正常额定电流的 1.25~1.5 倍,持续时间约为 3~10s。通过接地极的电流可以从接地极流向大地,此时接地极作为阳极;也可以从大地流向接地极,此时接地极作为阴极。总行多数,双极运行过程中的不平衡电流、单极运行过程中接地极直接泄放的电流,都会成为杂散电流,对接地极附近的埋地钢质管道产生干扰影响。

在接地极的场地选择和布置方面,我国在高压接地极的施工方面大都采用临时性征地,在对地面跨步电压进行核算的基础上,并不限制人员进入,以不妨碍耕种。在场地允许的情况下，一般优先选择单圆环形布置接地极；其次采用双同心圆环形布置，且内外圆环直径之比一般设置为 $0.65\sim0.75$ 之间。我国南方某接地极中心塔附近的双同心圆环形布置接地极形式如图 7.5 所示，圆环内径为 240m，圆环外径为 340mm。

图 7.5　某高压直流接地极的双同心圆形布置示意图

为了尽可能减少高压直流接地极对临近结构的影响，在接地极的选址过程中，需要至少收集接地极址 50km 范围内现有和规划中的电力设施、地下金属管线、铠装或接地电缆和铁路等设施资料，并进行全面的技术评估。接地极极址与换流站、220kV 及以上电压等级的交流变电站、地下金属管道、通信电缆、铁路等设施应有足够的距离。理论分析结果表明，直流地电流对管道的电腐蚀程度除了和接地极与地下金属设施的距离(d)、走向等因素有关外，还与地下金属设施几何长度(L)密切相关。在其他条件不变的情况下，设施 L 越大，电腐蚀程度越严重。在一般情况下，当 $d>10$km 或 L/d 小于 1 时，地下金属构件几乎不受到干扰腐蚀影响。

当接地极与管道距离较近时，则需要对可能产生的影响进行计算和评价。流过金属管道的电流是计算金属腐蚀量的基础，流经金属管线的电流密度可以采用以下方法进行估算。但当需要更精确的计算结果时，还应采用数值计算的方法，针对管道和接地极建立合适的模型，进行数值计算。

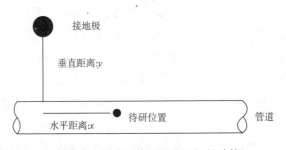

图 7.6　流经金属管线电流的解析计算

如图 7.6 所示,将土壤简化为均匀介质,并将接地极简化为点电流源,金属管线上某点 P 的电位可近似表示为:

$$V = \frac{I_0 \rho}{2\pi(x^2 + y^2)^{1/2}} \qquad (7-4)$$

式中　V——金属管线上 P 点的电位;

　　　I_0——接地极等效入地电流,若 $I_0 > 0$ 为阳极,$I_0 < 0$,为阴极;

　　　ρ——土壤电阻率;

　　　x——金属管线上 P 点距近端的距离;

　　　y——金属管线近端距接地极的距离。

金属管线上 P 点处的泄漏电流密度可近似表示为:

$$j = \frac{I_0 \rho}{2\pi^2 dR} \frac{2x^2 - y^2}{(x^2 + y^2)^{5/2}} \qquad (7-5)$$

式中　j——金属管线上 P 点处的泄漏电流密度,$j > 0$ 表示电流流出金属管线,$j < 0$ 表示电流流入金属管线;

　　　d——金属管线直径;

　　　R——金属管线单位长度的电阻。

二、直流干扰对管道及其阴极保护系统的影响

直流干扰可能对管道及其阴极保护系统产生的影响主要体现在以下方面:

(一)管道腐蚀、外防腐层剥离和氢脆

直流杂散电流流入管道的位置为阴极区,会使得管道电位负向移动;流出管道的位置为阳极区,会使得管道电位正向移动。表 7.4 为我国某密集管网区,不同管道受直流城铁影响时,管道自然电位的最正值和最负值统计表。虽然测试的数值中可能含有杂散电流造成的 IR 降,但仍可以看出:在直流干扰条件下,管道不同位置的电位会发生明显的正向和负向偏移。图 7.7 为直流干扰条件下管道表面发生的明显点蚀。在我国某管道的开挖检查过程中,还曾发现过由直流干扰造成的带状蚀坑群,最深处的腐蚀深度已达 5mm,而且具有典型的电解腐蚀特征。

表 7.4　管道在城铁干扰下的自然电位波动情况

管道	正电位最大值/V_{CSE}	负电位最大值/V_{CSE}
1# 管道	4.000	−2.230
2# 管道	2.050	−6.200
3# 管道	5.000	−7.000
4# 管道	1.555	−5.700

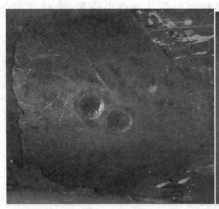

图 7.7　杂散电流干扰造成的管体腐蚀

　　直流杂散电流除加速管道腐蚀外,还可能在阴极区造成防腐层的阴极剥离和管体的氢致开裂。防腐层剥离后则可能屏蔽阴极保护电流,并在剥离区域形成氧浓差电池,加速管体的腐蚀。国内外的相关标准针对不同防腐层的耐剥离性能都制定了标准的测试方法,通过在带涂层试件上预制划透涂层的放射线,在施加阴极电流的条件下测试其剥离半径。SY/T 0315－2005《钢质管道单层熔结环氧粉末》标准中规定,实验室涂覆试件的 28 天的阴极剥离半径应小于等于 8.5mm,24h 或 48h 的阴极剥离半径应小于等于 6.5mm。现场实践过程中也发现,存在直流干扰时,管道外防腐层破损位置的过负电位,经常会导致其附近防腐层的剥离,防腐层与管体粘结性能降低。当阴极区管道的电位过负,氢离子或水分子得到电子发生还原反应时,生成的氢原子会吸附在金属表面并向材料内部进行扩散。金属材料内部的氢积累到一定程度后,就可能对其机械性能造成损伤,甚至产生氢致裂纹,导致材料提前失效。

(二)对人员、设备安全的影响

　　直流杂散电流泄漏到土壤中,会产生跨步电压,影响人身安全。特别是以高压直流输电系统为例,其释放到大地中的电流较大,为几千甚至几万安培,在设计过程中都需要对最大允许的跨步电压进行详细计算。目前,世界上大多数国家均将 5mA 的电流大小,建议为人在带电大地上行走时感到难受的电流限值。当人赤脚站在湿地上,两脚跨开 1m 时,不使人感到难受的最大允许跨步电压可以按下式进行计算:

$$E_k = 5 + 0.03\rho_s \tag{7-6}$$

　　式中　E_k——地面最大允许的跨步电压,V/m;

　　　　　ρ_s——表层土壤电阻率,$\Omega \cdot m$。

　　按照上式确定的地面最大允许跨步电压是安全的,一般无需设置围墙,对接地极进行专门保护。

　　表 7.5 列举了世界上现有部分陆地高压直流接地极的额定电流、最大允许跨步电压、实测值、极址条件、投运时间的情况。直流接地极最大允许跨步电压设计控制值比交流低得多。在进行接地极设计时,常需要采用最大暂态电流(一般取正常额定电流的 1.25～1.5

倍),用于计算地面最大跨步电压。

表 7.5　部分接地极最大跨步电压设计准则及工程实例

工程名称	额定入地电流/A	土壤电阻率/（Ω·m）	跨步电压计算值		实测跨步电压/（V/m）	投运时间
			计算电流/A	跨步电压/（V/m）		
新西兰北岛—南岛	1200	61.5	1200	13.0	4.9/6.7	1965
温哥华岛	1700	1.5	3400	80.0	1.0	1968
太平洋联络线	1800	70	1800	8.5	—	1970
斯卡格拉克	1000	10.46	1000	10.4		1970
纳尔逊河I回	2000	70/250	1800	10/10	8.0	1971
纳尔逊河II回	2000	70/90	4000	10/7.1	10/11	1978
卡波拉巴沙-阿波罗	1800	—	3300	20/20	1.0	1977
GN（中国）	1200	25/2.5	1650	3.6/1.0	4.9/1.5	1989
TG（中国）	1800	28/180	2700	4.3/7.1	4.5/8.0	2000
SC（中国）	3000	20	4500	2.12	2.13	2002

高压直流输电线路接地极泄漏的直流杂散电流,还可能在其附近阀室内管道上产生几百伏的直流电压。表 7.6 为某接地极放电过程中,在其附近油气管道阀室内地上管道上产生的电压大小。阀室气液联动阀上安装的绝缘卡套可承受的交流电压约为 2.5kV,直流电压约为 2.65kV。但也曾发生过接地极放电过程中,绝缘卡套发生放电烧蚀的现象,主要是由于卡套内部螺纹尖端场强畸变,端部湿污引起其绝缘水平下降造成的。

表 7.6　某接地极放电过程中阀室内管道的电位情况　　　　　　　　V

入地电流	2400		1200	
电流极性	阴极	阳极	阴极	阳极
1♯阀室	−23.4	34	−26.7	27
2♯阀室	159	−139	39	−45.5
3♯阀室	160	−128	36	−40
4♯阀室	−40.5	50	−31.5	37

（三）影响管道阴极保护系统的运行和保护效果

直流干扰对管道阴极保护的影响主要体现在两个方面。一方面,直流干扰会影响阴极保护系统的正常运行,使恒电位仪不能正常工作,或加速牺牲阳极的腐蚀;另一方面,在管道的阳极区,直流干扰电流和阴极保护电流的方向相反,会大大抵消阴极保护系统的保护效果。

整流器和恒电位仪是强制电流阴极保护系统的核心元件,在直流干扰环境中常无法正常工作。国内部分管道运营公司发布的恒电位仪技术规格书都要求:在恒电位工作模式下,当通电点电位偏离控制电位 30～100mV 时,恒电位仪应能声光报警;当恒电位仪无法恒电位运行时,应能自动转换成恒电流的工作方式。以国内某型号的高频开关恒电位仪为例,其规格参数中给出的抗直流干扰能力最高为24V;恒电位运行时控制电位的可调范围为 $-3000\mathrm{mV}$ 到 $0\mathrm{mV}$,当测试电位与给定控制电位的差值大于50mV时,出现声光报警。当恒电位仪无法正常运行时,则自动转入恒电流工作模式。现场实际工程中,若反馈管道实际电位到恒电位仪的馈流点位于直流干扰的阴极区时,测得的管道保护电位偏负,则会导致恒电位仪输出电流的降低。对于国内部分受直流干扰影响的3PE管道上,管道电位明显偏负,其干线恒电位仪的电流输出也基本为零。当馈流点位于直流干扰的阳极区时,则会使恒电位仪的输出电流过大,导致部分管段可能出现过保护的情况。当恒电位仪的输出电流增大到超过额定电流时,也会自动跳转到恒电流的工作状态。国内部分管道运营公司常将恒电流的运行状态看做为故障运行状态,给管道管理和控制工作带来了较大困扰。随着管道沿线直流干扰现象的增加和干扰强度的增强,如何合理设置恒电位仪或整流器的工作状态、保证其正常工作已经成为摆在管道运营者面前的一个重要课题。

直流杂散电流还可能影响附近变压器的正常工作。当变压器的中性点接地位于直流杂散电流的影响范围内时,直流电流可能从中性点流入变压器。在直流电流的偏磁影响下,使得励磁电流工作在铁芯磁化曲线的饱和区,导致变压器损耗增加、噪声增大,影响用电设备的正常工作。DL/T 5224—2014《高压直流输电大地返回系统设计技术规范》要求,在进行高压直流接地极设计时,应按照1.1倍的额定电流(最大过负荷电流)计算其可能对电力变压器磁饱和的影响。同时给出了部分国外厂家生产的变压器所容许的直流电流大小,如表7.7所示。

表 7.7　部分国外厂家所生产变压器容许的直流电流

生产厂家	容量/MV·A	额定电压/kV	类型	硅钢片/磁通密度/T	允许直流电流/(A/相)
MITSUBSHI	3×250	500	单相自耦	冷轧/1.7	≤4
GECALSTHOM	3×250	500	单相自耦	冷轧/1.6	≤5
BD	150	220	三相三柱	冷轧/—	≤2.07
XA	150	220	三相三柱	冷轧/—	≤3.9

当管道沿线采用牺牲阳极的阴极保护方式时,直流干扰还可能改变牺牲阳极的消耗率,导致牺牲阳极提前失效。牺牲阳极为杂散电流的流入提供了低电阻通道,可能会引入更多的杂散电流,从而加大了其他位置的阳极或防腐层破损点的输出负担。因此,就需要安装额外的排流设施或附加阴极保护,并在牺牲阳极和管道之间连接二极管等单向导通装置,以减少牺牲阳极吸收的杂散电流。

按照第二章的内容,直流干扰电流流过管道与土壤界面时,会产生明显的极化作用,使得管道的保护电位偏离预期的效果。当干扰电流过大,阴极保护电流无法对其进行有效补偿时,管道极化电位正于 $-0.85\mathrm{V_{CSE}}$,造成管段的欠保护。而且在直流干扰管段,在外腐蚀直接评价过程中对防腐层缺陷的危险程度进行评价时,也应注意:防腐层破损程度越小,可能造成的局部腐蚀电流密度越大,腐蚀穿孔的风险也越高。直流干扰还会影响管道真实极化电位的测试结果。图 7.8 为某受地铁影响管道的密间隔电位测试结果,由于无法同步中断干扰源的杂散电流,干扰管段的通电电位与断电电位基本相同。采用极化探头、试片断电法等方法能够在一定程度上消除杂散电流的影响,但目前国内外针对试片断电法尚未形成明确的标准,试片断电法测试的断电电位与管道真实极化电位的对应效果,也还需要进一步的研究。国内相关学者也已立项开展相关的研究工作。

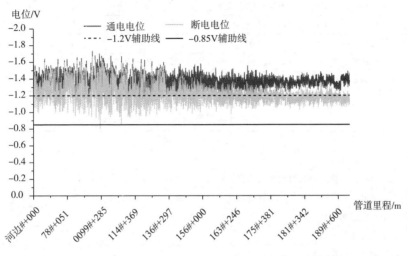

图 7.8 某受地铁干扰管道沿线密间隔电位测试结果

三、直流干扰的检测与评价

当怀疑管道上存在直流干扰时,就应收集相关资料,开展调查和测试。在被干扰管道上应进行调查和测试的内容主要包括:

①本地区管道的腐蚀实例及被干扰管道腐蚀的形貌特征;

②管地电位及其分布;

③管壁中流动的管道干扰电流;

④流入、流出管道的管道干扰电流大小与部位;

⑤管轨电压及其方向;

⑥管道外防腐层绝缘电阻率;

⑦管道外防腐层缺陷点;

⑧管道沿线土壤电阻率;

⑨地电位梯度与杂散电流方向;

⑩管道现有阴极保护和干扰防护系统的运行参数及运行状况;

⑪管道与其他相邻、交叉的管道或其他埋地金属构筑物间的电位差以及其他相邻、交叉的管道或其他埋地金属构筑物的阴极保护和干扰防护系统的运行参数和运行状态;

⑫其他需要测试的内容。

针对前面小节中的不同直流干扰源类型,还应对应的收集相关资料。针对高压直流输电系统、直流牵引系统、阴极保护系统及其他直流用电设施,所需进行的调查测试项目分别如表 7.8～表 7.11 所示。

表 7.8 高压直流输电系统应收集的相关资料

序号	相关项目
1	建设时间、电压等级、额定容量和额定电流
2	线路分布情况及其与管道的相互位置关系
3	接地极的尺寸、形状及其与管道的相互位置关系
4	单极大地回线运行方式的发生频次和持续时间
5	接地极的额定电流、不平衡电流、最大过负荷电流和最大暂态电流
6	其他需要测试的内容

表 7.9 直流供电牵引系统应收集的相关资料

序号	相关项目
1	建设时间、供电电压、馈电方式、馈电极性和牵引电流
2	轨道线路分布情况及其与管道的相互位置关系
3	直流供电所的分布情况及其与管道的相互位置关系
4	电车运行状况
5	轨地电位及其分布
6	铁轨附近地位梯度
7	其他需要测试的内容

表 7.10 外部构筑物阴极保护系统应收集的相关资料

序号	相关项目
1	阴极保护系统类型、建设时间和保护对象
2	辅助阳极地床与受干扰管道的相互位置关系
3	外部构筑物与受干扰管道的相互位置关系
4	辅助阳极材质、规格和安装方式
5	阴极保护系统的控制电位、输出电压和输出电流
6	阴极保护对象的防腐层类型及等级
7	阴极保护对象的对地电位及其分布
8	其他需要测试的内容

表 7.11 其他直流用电设施应收集的相关资料

序号	相关项目
1	直流用电设施的用途、类型和建设时间
2	直流用电设施及其接地装置与管道的相互位置关系
3	电压等级、工作电流和泄漏电流
4	运行频次和运行时间
5	其他需要测试的内容

针对管道的测试大都利用管道现有的测试桩作为测试点,采用长时间连续测试的方式记录管地电位。测试时间一般选择在干扰源负荷的高峰时间段内进行测试,测试过程应至少覆盖一次负荷变化周期,并反映出干扰源负荷的高峰、平峰和低谷三个时间段内管道上的干扰程度。在典型位置进行测试时,测试时长还常设置为 24h,测试读数间隔一般取 1s。测试过程中需要用到的测试仪器包括存储式电压记录仪、电压表、电流表、直流电位差计等,主要用于管道直流电位、电位差、干扰电流、排流电流、地电位梯度的相关测试。在进行土壤电阻率、接地电阻、防腐层缺陷点、排流电流的测试过程中,还常会用到接地电阻测试仪、防腐层检漏仪、标准电阻等。

管地电位测试的主要采用直流电压表和参比电极在测试桩位置进行。将管地电位测试值与自然电位的差值确定为电位的偏移值:

$$\Delta V_{PS} = V_{PS} - V_N \tag{7-7}$$

式中　ΔV_{PS}——电位偏移值;

　　　V_{PS}——管地电位的测试值;

　　　V_N——管道的自然电位。

在规定时间内连续测试数据偏移的平均值则可以按以下公式进行计算:

$$\overline{\Delta V_{PS}}(\pm) = \frac{\sum_{i=1}^{n} \Delta V_{PSi}(\pm)}{k} \tag{7-8}$$

式中　$\overline{\Delta V_{PS}}(\pm)$——规定时间段内管地电位正向或负向偏移值的平均值;

　　　i——电位正向或负向偏移值数据的序号;

　　　n——测试数据中电位正向或负向偏移的次数;

　　$\Delta V_{PSi}(\pm)$——第 i 个正向或负向电位偏移值;

　　　k——规定测试时间段内全部读数的总次数。

地电位梯度与杂散电流方向测试常采用十字交叉法,如图 7.9 所示。采用 4 支对称交叉分布的参比电极进行测试,其中 2 支平行于管道的方向布设,2 支垂直于管道的方向布设,间距一般大于 20m。每 2 支参比电极之间连接直流电压表或直流电位差计,按相同的时间间隔记录两个方向的电位差值。将电位差值按照矢量合成法求出矢量和,则地电位梯度的方向就是沿矢量和指向坐标原点的方向。矢量和大小除以对应的参比电极间距,就是地电位梯度大小。在一条管段上选取多个测试点进行类似测试后,就可以判断杂散电流来源的大概强度和所处大致方位。

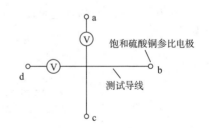

图 7.9　地电位梯度与杂散电流方向测试接线图

在测试过程中,还可能涉及一些针对干扰源的测试。以轨道交通为例,若现场条件允许,可测试的内容包括管轨电压测试和轨地电位测试,用于辅助现场直流干扰状况的评价和排流方案的设计。

在进行管道沿线的密间隔电位测试过程中,也常可以根据沿线电位的分布情况,确定管道是否存在直流干扰。在管道沿线进行密间隔电位测试时,若在最初的 0~20m 里程的管段中,管道的通电电位比断电电位更正。在随后的里程中,电位恢复正常,通电电位比断电电位更负。也说明管道沿线可能存在直流干扰,而且 0~20m 里程范围内的管道附近为杂散电流的流出点,表现为阳极,管地电位发生正向偏移。根据实践经验,即使几十公里之外的阴极保护系统也可能使得管道电位发生明显偏移。为了保证密间隔电位测试过程中断电电位测试的准确性,国内外一些检测公司在进行密间隔电位测试前常需要采用示波器对管地电位的波形进行分析,以确定管道上不存在尚未中断的外部电源。

通过测试管道中的电流大小和方向,按照电流分布的基尔霍夫原理,也可用于识别和评价杂散电流干扰。与电位测试相比,电流测试结果与腐蚀速率更加直接相关,但测试过程也更加复杂,受现场环境影响较大。常用的管中电流测试方法主要包括两线法、四线法和电流环的方法。

两线法的测试原理如图 7.10 所示,可以通过测试一定长度管段两端的电压降,结合管道规格参数计算管道内的电流大小。该方法适用于具有良好外防腐层、被测管段无分支、无接地极,而且已知管径、壁厚、长度、管材电阻率的管道。

$$I = \frac{V_{ab} \cdot \pi(D-\delta)\delta}{\rho L_{ab}} \tag{7-9}$$

式中 I——ab 段的管内电流;

V_{ab}——ab 段管道之间的电位差;

D——管道外径;

δ——管道壁厚;

ρ——管材电阻率;

L_{ab}——ab 间的管道长度。

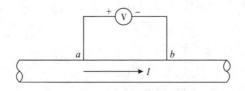

图 7.10 电压降法测试管中电流

四线法又称为标定法,其测试原理如图 7.11 所示,可用于二线法测试不适用的大多数情况。合上开关后调节变阻器,使电流表的读数 I_1 约为 10A,记录 I_1 准确读数,并同时记录电压表测量的 c、d 两点间的电位差 V_1。再调节变阻器,使电流表读数 I_2 约为 5A,记录 I_2 准确读数,并同时记录电压表测量的 c、d 两点间的电位差 V_2。就可以按照以下公式计算校正因子

$$\beta_1 = \frac{I_1}{V_1 - V_0}, \beta_2 = \frac{I_2}{V_2 - V_0}, \beta = \frac{\beta_1 + \beta_2}{2} \tag{7-10}$$

式中　β_1——施加 I_1 电流大小时的校正因子；

　　　β_2——施加 I_2 电流大小时的校正因子；

　　　β——平均校正因子；

　　　V_0——未施加标定电流时 cd 间的电位差；

管道中电流大小 I 可以表示为：

$$I = V_0 \times \beta \tag{7-11}$$

电流环检测主要基于霍尔原理，将霍尔传感器安装在管道附近时，就可以将管道中的直流电流信号转换为直流电压信号并进行测试，如图 7.12 所示。现有的电流环一般可以测量 5mA～200A 的电流大小，分辨率约为 1mA，精度为 ±100mA。现场使用过程中，当阴极保护电流过小时，其测试误差也往往相对较大。而且在对埋地管道测试前，还需要进行开挖探坑作业，测试工程量和造价也相对较高。

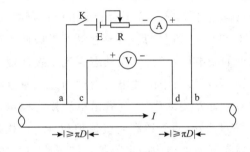

图 7.11 标定法测试管中电流

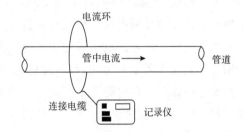

图 7.12　电流环法测试管中电流

目前，也有检测公司采用智能杂散电流检测仪（SCM）对管道沿线杂散电流产生的电磁场进行检测。据报道，智能杂散电流检测仪可以通过记录、分析管道沿线的电位、电流、磁场分布情况，确定杂散电流的流入点和流出点。已经在一些工程案例中进行了应用，但其在复杂环境中的适用性和准确性则还需要更多数据的验证。

根据前面提及的地面检测数据，直流干扰程度的评价指标主要为管地电位、地表电位梯度等。按照 GB 50991—2014《埋地钢质管道直流干扰防护技术标准》的规定，在管道的设计阶段、未实施阴极保护前、实施阴极保护后，用于评定直流干扰程度的标准都不相同。

管道工程处于设计阶段时，管道尚未进行安装，主要采用地表电位梯度的测试结果对潜在的直流干扰程度进行评价。通过测试管道拟经路由两侧各 20m 范围内的地电位梯度判断土壤中杂散电流的强弱，当地电位梯度大于 0.5mV/m 时，应确认存在直流杂散电流；当地电位梯度大于或等于 2.5mV/m 时，应评估管道敷设后可能受到的直流干扰影响，并应根据评估结果预设干扰防护措施。

对于管道已经安装，但没有实施阴极保护的管道，主要通过管地电位相对于自然电位的偏移值判断直流干扰的程度。当任意点上的管地电位相对于自然电位正向或负向偏移超过

20mV,应确认存在直流干扰;当任意点上管地电位相对于自然电位正向偏移大于或等于100mV时,就应及时采取干扰防护措施。对于已投运阴极保护的管道,阴极保护已经能够在一定程度上抑制直流干扰的发生,主要通过测试综合作用下的管道电位情况,来判断直流干扰的程度。当干扰导致管道不满足最小保护电位要求时,则应及时采取干扰防护措施。

上述指标主要针对静态直流干扰而言,澳大利亚的相关标准 AS 2832.1—2004 中还针对动态直流干扰的评价准则进行了规定。对于涂层性能良好的结构或已证实对杂散电流的响应为快速极化和去极化的结构,应遵循以下准则:①电位正于保护准则的时间不应超过测试时间的 5%;②电位正于保护准则+50mV 的时间不应超过测试时间的 2%;③电位应正于保护准则+100mV 的时间不应超过测试时间的 1%;④电位正于保护准+850mV 的时间不应超过测试时间的 0.2%。对于涂层性能较差的结构或对杂散电流的响应为缓慢极化和去极化的结构,其电位正于保护准则的时间不应超过测试时间的 10%。

上述提及的电位测试中,测得的大都是通电电位。因外部的直流杂散电流无法实现同步中断,含有较大的 IR 降,并不能反映管道的真实极化情况。为了对断电电位进行测试,常采用的方式是试片断电法。将试片与管道连接,极化一段时间后,在连接断开的瞬间测试试片的断电电位。试片断电法适用于单个时间点的断电电位测试,在动态直流干扰环境中的使用也受到较大限制。为此,有学者也曾在工程实际中采用试片电流密度的方式对直流干扰状况进行评价。在可能产生直流干扰的典型位置安装试片,并与管道电连接后模拟防腐层破损,通过测试流过试片的电流方向和电流密度大小,对管道在阴极保护和直流干扰条件下的综合保护效果进行评价。在某管道受到其附近外部结构阴极保护系统影响的案例中,基于试片电流方向和电流密度大小也可以对阴极保护效果进行评价。即使在外部干扰存在的条件下,电流方向均为通过试片流入管道,电流密度大小也在允许的范围内。在结合直流干扰对牺牲阳极使用寿命影响的基础上,判定受干扰管道仍满足阴极保护标准并可继续使用。即使在动态直流干扰条件下,也可以利用连续测试的直流电流密度大小和波动情况,计算确定实际的保护效果。

在将管道开挖暴露后的直接检查过程中,当被干扰管道具有如下的腐蚀形貌特征时,可判定发生了直流杂散电流干扰腐蚀:腐蚀点呈孔蚀状、创面光滑、有金属光泽、边缘较整齐;腐蚀产物呈炭黑色细粉状;有水分存在时,可明显观察到电解过程迹象。

以上标准更多是针对直流干扰程度指标的单项评价,在将其和防腐层、阴极保护等外腐蚀控制措施进行综合评价时,也常用到矩阵评价法,如表 7.12 所示。在存在直流干扰的管段,小的防腐层缺陷往往造成电流的集中释放,更容易导致管道的腐蚀穿孔,在外腐蚀风险的评价过程中,其风险等级也越高。

表 7.12　杂散电流干扰条件下的外腐蚀风险评级矩阵

防腐层缺陷大小	阴极保护电位		
	＞－0.85V$_{CSE}$且不满足 100mV 准则	＞－0.85V$_{CSE}$但满足 100mV 准则	≤－0.85V$_{CSE}$
小	重	重	中
中	重	中	轻
大	中	轻	轻

四、直流干扰防护措施

目前,工程上针对直流干扰采取的防护措施,主要包括:阴极保护、排流保护、防腐层修复、等电位连接、绝缘装置跨接、绝缘隔离和屏蔽等措施。

阴极保护是可以在一定程度上抑制直流干扰的。而且对于已经采用强制电流阴极保护的管道,也应首先通过调整现有的阴极保护系统来抑制干扰。以第六章中某 D 压气站的区域阴极保护系统为例,就是通过区域阴极保护系统的设计和施工,来抑制干线阳极地床对站内埋地管道产生的直流干扰。目前市售的恒电位仪或整流器输出规格最大为 50V/50A,若一味增加恒电位仪的输出,还可能产生很多附加的不良影响。因此,采用阴极保护抑制直流干扰的方式也是有使用限度的,特别是对于高压直流接地极单极放电时产生的电流等级过高,恒电位仪的输出往往并无法完全抵消其对管道可能产生的干扰影响。以某次高压直流接地极的放电过程为例,放电开始后,恒电位仪的输出迅速增大,并自动从恒电位转为恒电流模式,通电点电位从 －1.3V 迅速正向偏移至 8.5V 左右,输出电流也从 0.4A 突增至6.6A,关闭恒电位仪后通电点电位正向偏移至 10V 左右。这也说明,恒电位仪输出能力有限,在完全消除直流干扰方面受到限制。

当调整被干扰管道的阴极保护系统不能有效抑制干扰影响时,则应主要采取排流保护或其他防护措施。常用的直流排流保护方式包括接地排流、直接排流、极性排流和强制排流4 种方式,其适用范围如表 7.13 所示。

表 7.13　常用的直流排流方式及其适用范围

方式	接地排流	直接排流	极性排流	强制排流
适用范围	适用于管道阳极区较稳定且不能直接向干扰源排流的场合	适用于管道阳极区较稳定且可以直接向干扰源排流的场合。此方式使用时须征得干扰源方同意	适用于管道阳极区不稳定的场合。如果向干扰源排流,被干扰管道需位于干扰源的负回归网络附近,且须征得干扰源方同意	适用于管道与干扰源电位差较小的场合,或者位于交变区的管道。如果向干扰源排流,被干扰管道需位于干扰源的负回归网络附近,且须征得干扰源方同意

直接排流、极性排流、强制排流等方式都是将管道与干扰源的负回归网络进行连接,使杂散电流直接回流到干扰源的原定回路中。其优点在于从本质上对干扰程度进行了缓解,而且排流过程中不会在土壤中造成新的杂散电流,通过在管道和干扰源之间连接二极管、强制排流设备,还可以提高排流效率,避免从干扰源再次引入杂散电流;但在实施过程中往往需要要求管道与干扰源距离较近,并与干扰源方进行沟通后方可实施。以某受城铁干扰的管段为例,其距离城铁的距离较近,安装了一套大功率的极性排流系统进行排流,最大排流电流可以达到 100A 以上,不仅有效消除了该管道自身的杂散电流腐蚀,而且改善了该地区管道沿线杂散电流的分布状况,同时缓解了可能对其他管道产生的干扰。

当管道与干扰源距离较远时,往往只能采用接地排流的方式,这也是目前工程中较常用的一种排流方式。接地排流是将管道与接地体进行连接,将杂散电流排放到周围土壤中的一种方式。为了避免阴极保护电流的流失,在管道和接地体之间也常采用二极管、场效应管等单向导通器件或可控电位的智能排流装置。可选用的接地体材料包括钢管、锌带牺牲阳极、镁合金牺牲阳极等多种类型。其优点在于施工方便,不涉及与干扰源方的沟通和协调;但采用接地排流仅仅是将某一管道某一管段位置的直流干扰电流排流到大地中,实际增加了该地区杂散电流分布的复杂程度,可能对该管道的其他位置或附近的其他埋地结构造成二次直流干扰。其最佳的排流效果也常需要现场不断调整、测试或通过数值模拟计算来确定。

极性排流器常采用的结构为二极管与镁合金牺牲阳极的接地装置,在缓解管道过正电位的同时,还不会对阴极保护效果产生影响。这种排流器在解决我国东北管网受轻轨、采矿设施的直流干扰方面,起到了良好的排流效果,各处排流设施的排流电流大都在 2A 左右。近年来,国内外的许多专利还报道了各种可控制电位的直流排流设施,其工作原理类似于恒电位仪。在确定预设的控制电位后,排流器根据实测电位值可自动调节排流电流大小,尤其适用于受动态直流干扰管道的排流防护。

防腐层修复作为一种辅助性的干扰防护措施,与其他防护措施配合使用时,往往具有积极意义。位于管道阴极区的防腐层缺陷应及时修复,以减少流入管道中杂散电流的强度。但对于管道阳极区的防腐层缺陷应待该管段转变为阴极区或干扰消除后方可进行修复,否则杂散电流将集中到更少的未修复缺陷位置进行释放,反而可能加速管道的腐蚀穿孔。以我国大连某条受矿山内直流供电牵引系统影响的输油管道为例,1978 年 8 月在 426# 测试桩 +60m 的位置处发生第一次腐蚀穿孔漏油事故后,对泄漏点附近的防腐层缺陷进行了修复。但 4 个月后,在上次修复位置附近的 425# 测试桩 +360m 的位置又发生了第二次腐蚀穿孔漏油事故。防腐层局部修复后可能会改变管道沿线的电流和电位分布,阳极区和阴极区的位置也可能发生变化。因此,在表现为阳极区特征的管段范围内应谨慎进行防腐层的修复,以避免因修复不彻底造成更大的腐蚀风险。

等电位连接、绝缘隔离、绝缘装置跨接、屏蔽等方法也可应用于特殊条件下的直流干扰防护措施,其适用性常需根据实际情况进行具体分析。如并行或交叉管道之间采用相互独立的阴极保护系统时,常采用均压线的方式将不同的被保护结构之间进行等电位连接,以抑制相互的直流干扰;绝缘隔离主要通过安装额外的绝缘设施,将较强的直流干扰进行分段隔离、处理;但安装绝缘装置后,其两端防腐层存在缺陷,在足够的电位差驱动下也可能引入新的腐蚀,有时也需要对绝缘装置进行跨接。屏蔽则是将金属导体埋设在被干扰管道与干扰源之间,用于截获可能流向管道的杂散电流,并返回到干扰源负极,但采用多大规模的屏蔽措施才能消除杂散电流的影响,国内外并没有相关的标准,成功的实际工程应用案例也相对较少。而且屏蔽线采用铜缆等相对于管道的正电位金属时,屏蔽线与管道的连接反而可能加速管道的电偶腐蚀。

干扰防护措施实施后,还应进行防护效果的评定测试。一般要求管地电位应达到阴极保护电位标准或达到、接近为不受干扰时的状态,而且不应对其他埋地结构产生干扰。若无法满足时,则需要计算管地电位正向偏移平均值比,评价管地电位正向偏移的减缓程度。

$$\eta_V = \frac{\overline{\Delta V_{PS1}(+)} - \overline{\Delta V_{PS2}(+)}}{\overline{\Delta V_{PS1}(+)}} \times 100\% \tag{7-12}$$

式中 η_V——电位正向偏移平均值比;

$\overline{\Delta V_{PS1}(+)}$——采取防护措施前电位正向偏移平均值;

$\overline{\Delta V_{PS2}(+)}$——采取防护措施后电位正向偏移平均值。

直流干扰防护效果的评定指标至少应满足表7.14中的要求。

表7.14 直流干扰防护效果评定指标

干扰防护方式	干扰时管地电位/V	电位正向偏移平均值比/%
直接向干扰源排流的直接、极性和强制排流方式	>+10V	>95
	+5~+10	>90
	<+5	>85
通过排流接地体排流大接地、极性和强制排流方式以及阴极保护等其他防护方式	>+10V	>90
	+5~+10	>85
	<+5	>80

五、直流干扰案例分析

由于现场管中电流的测试相对困难,目前的测试大多集中在杂散电流对埋地结构及其阴极保护系统电位的影响上,而电位只有转换成电流,才能更明确的反应埋地结构的腐蚀行为。为此,本小节中介绍一种实验室模拟杂散电流干扰的实验装置,可以同时监测电连续结构不同位置的电位和相互之间的电流流动,以研究杂散电流干扰条件下金属的腐蚀行为、腐蚀机理和减缓措施。

实验采用的杂散电流模拟装置如图7.13所示。其中电解槽两端的两个石墨电极分别和恒电流仪的正负极相连,实验过程中施加20 mA恒电流直流电来模拟土壤中的直流杂散电流。所采用的试样结构如图7.14所示,图中灰色部分为五个长条状试样,每两个试样之间间隔10 mm,其余白色部分为有机玻璃。试样经砂纸打磨至800#后用硅胶将试样与有机玻璃间的缝隙密封,酒精冲洗,吹干待用。由于试样在长度方向上远远大于宽度方向,可以认为试样表面的电流都是沿着宽度方向的,是一维的电流。试样背部焊有导线,并和图中的标准 10 Ω 电阻相连。为了后面的表述方便,将图 7.14 中靠近正极石墨的两个试样位置从左到右依次定义为 L1 和 L2,中间的试样位置定义为 M,右侧的两个试样位置从右到左依次为 R1 和 R2。实验过程中利用万用表测量标准电阻上的电压以及每个试样相对于参比电极的电压,换算后得到通过每个试样表面的电位和电流密度。为了获得较大的电位差,试样的材料分别选用纯铜和纯锌,实验溶液采用土壤模拟溶液。

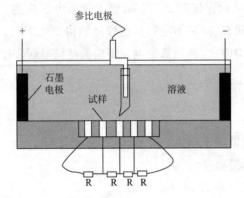
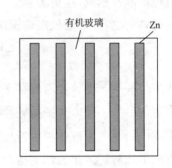

图 7.13　杂散电流腐蚀模拟实验装置示意图　　图 7.14　实验用试样结构示意图

图 7.15 给出了纯锌作为接地材料,在上述实验装置中,不同位置试样在 20 mA 杂散电流条件下的电位和电流密度。图 7.16 给出了测量值与极化曲线的对比结果。由两图对比可以看出:测得的电流和电位与极化曲线的数据基本吻合;而且位于 L1 和 L2 试样的电位比极化曲线上的自腐蚀电位更负,说明电极位于阴极区,表面发生的是阴极反应;而位于 R1 和 R2 试样的电位比自腐蚀电位更正,说明电极位于阳极区,表面发生的是阳极反应,试样严重腐蚀。

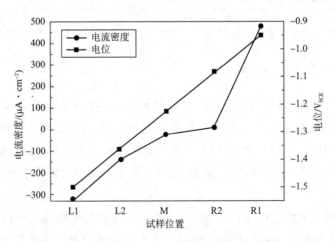

图 7.15　20 mA 直流杂散电流条件下不同位置纯锌试样表面的电位和电流密度

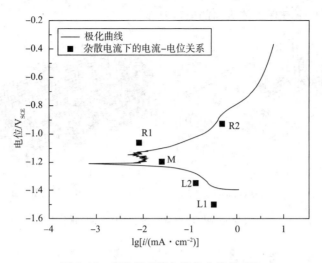

图 7.16 实验测量值与极化曲线的对比

为了进一步研究其腐蚀行为,可以采用第二章所属的交流阻抗谱的技术,研究杂散电流干扰条件下,阳极区和阴极区电化学反应的阻抗大小。按照图 7.15 中在不同位置测试的电位大小,对纯锌试样在 5 种不同极化电位条件下的交流阻抗谱进行了测试,如图 7.17 所示。不同极化电位下的交流阻抗谱图均表现为一个时间常数的电化学反应容抗弧,由图 7.17 可

以看出当极化电位为 -1.498 V 和 -1.365 V 时,试样表面以阴极反应为主。因为实验溶液为碱性溶液,阴极反应主要为吸氧反应。且随着极化电位的正移,容抗弧半径增加,表明腐蚀电流减小,电荷转移电阻增大,试样表面进行电化学反应的阻力增加,能够进入试样内部的杂散电流减少。当极化电位为 -1.224 V,-1.083 V 和 -0.95 V 时,试样逐步进入阳极区,而且随着阳极极化电位变正,容抗弧半径减小,表明腐蚀电流增大,电荷转移电阻减小,特别是在 -0.95 V 的极化条件下,弧半径几乎为零,试样表面锌失去电子的阳极反应很容易发生,试样表面会发生严重的腐蚀。

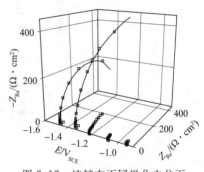

图 7.17 纯锌在不同极化电位下的交流阻抗谱

边界元法是 80 年代初在阴极保护领域出现的一种数值计算方法,在阴极保护和直流干扰的计算和评价方面得到了广泛的应用,并已开发了各类商业软件,用于对实际工况的建模分析。以本小节中提及的这种实验室测试装置为例,其边界元模型可以设置如图 7.18 所示。

参考前述的实验条件,在杂散电流设定为 20 mA 恒定直流电的条件下,计算得到各试样表面电位分布结果如图 7.19 所示。计算结果和实验实测结果的对比如图 7.20 所示,由图可以看到,每个试样的电位的计算值与实验值相差在 80~100 mV 之间,相对误差在 10% 以内,证明数值模拟可以成为求解阴极保护和直流干扰相关电位模型的有效方法,可以有效

地预测直流干扰条件下被保护体表面的电位分布。

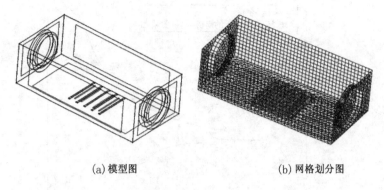

(a) 模型图   (b) 网格划分图

图 7.18   某边界元模拟软件建立模型图(a)和网格划分图(b)

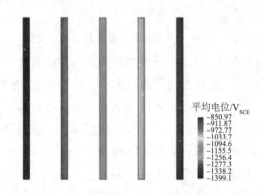

平均电位/V$_{SCE}$
- −850.97
- −911.87
- −972.77
- −1033.7
- −1094.6
- −1155.5
- −1256.4
- −1277.3
- −1338.2
- −1399.1

图 7.19   某边界元软件计算的表面电位分布结果

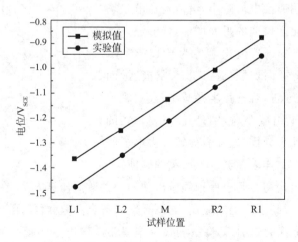

图 7.20   计算结果与实验结果的对比

    按照前一小节的论述,牺牲阳极接地不仅可以释放部分杂散电流,而且可能起到附加的阴极保护作用,是直流干扰防护措施中常用的接地材料。为了使读者有更清晰的认识,利用上述的实验装置对其应用后的电位分布效果进行了实验。为了研究 Zn 牺牲阳极与 Cu 接地极耦接后,材料在杂散电流条件下的腐蚀行为,本节所使用的图 7.14 中的试样排布采用两种形式,一种为全铜系列,试样排布从左到右依次为＋/Cu/Cu/Cu/Cu/Cu/−;另一种为阴极保护系列,试样排布从左到右依次为+/Cu/Cu/Cu/Zn/Cu/-。通过测定两种情况下各个试样表面的电位和通过试样的电流,研究牺牲阳极的腐蚀行为以及牺牲阳极的引入对于纯铜试样可能产生的影响。

纯铜作为全部接地材料在相同条件下使用时,各试样表面的电位和电流密度如图7.21所示。通过与图7.15中锌试样表面的电流进行对比可以看出:R1位置锌的腐蚀电流密度为475.67 $\mu A \cdot cm^{-2}$,远大于同一位置铜的腐蚀电流密度16.67 $\mu A \cdot cm^{-2}$,说明即使在杂散电流存在的条件下,铜的耐腐蚀性也远高于锌。

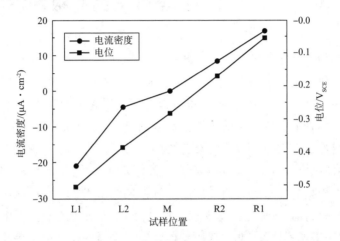

图7.21 20 mA直流杂散电流条件下不同位置纯铜试样表面的电位和电流密度

相同杂散电流条件下,阴极保护系列中各试样的电位和电流密度如图7.22所示。由图中的数据也可以看出:锌牺牲阳极和接地体铜耦接后,由于锌更容易失去电子被腐蚀,接地体纯铜的电位整体负移,包括R1位置的铜在内的接地材料全部处于阴极区;只有牺牲阳极的纯Zn表面的电位处于阳极区。在杂散电流条件下,锌起到了排流的作用,抑制了杂散电流对铜的腐蚀作用,牺牲阳极的加入能够有效地降低杂散电流对纯铜接地材料腐蚀的影响。

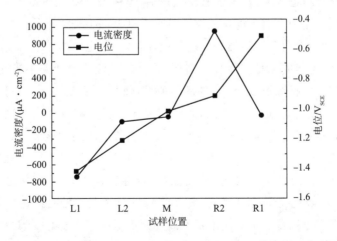

图7.22 阴极保护系列中不同位置试样表面的电位和电流密度

通过上述的实验可以看出,介质中存在杂散电流时,纯锌和纯铜都会在杂散电流流出端出现严重的局部腐蚀;随着锌表面电位的正移,阴极区腐蚀电流减小,而阳极区则更容易腐蚀。锌可以作为牺牲阳极,与铜耦接后,纯铜接地材料表面电位整体负移,原来位于阳极区的试样也会受到保护,表明锌可以用作牺牲阳极起到排流作用,从而能够有效地降低杂散电流对铜接地材料腐蚀的影响。

第三节 交流干扰条件下的阴极保护

关于交流干扰加速腐蚀的研究最早可以追溯到 20 世纪初,但最初对其的重视较少。20世纪 50、60 年代的研究结果表明,交流干扰对腐蚀的促进作用仅相当于同等强度直流干扰的 1%,而且只要阴极保护电位达标,就可以有效抑制交流腐蚀的发生。直到 1986 年,德国一条阴极保护达标的管道上发生了交流腐蚀造成的泄漏,才再次引起了人们对交流腐蚀的重视。该泄漏管道始建于 1980 年,采用聚乙烯外防腐层,管道与一条交流输电线路长距离并行,即使管道的断电电位负于 $-1.0V_{CSE}$,满足阴极保护的要求,仍无法抑制交流腐蚀的发生。随后关于交流干扰造成管道腐蚀事故的案例报道层出不穷,在欧洲、美洲、亚洲均出现了相应的工程案例。目前,业界也已基本达成共识:"在交流干扰条件下,当交流电流密度大于特定值后,即使阴极保护达标,也有可能发生腐蚀。"我国近几年的工程实践中,也发现过多起交流干扰造成的腐蚀。有些管道甚至刚投产几年,就检测到了明显的交流干扰造成的点蚀坑。

一、典型的交流干扰源

交流干扰是指由交流输电系统和交流牵引系统在管道上耦合产生交流电压和电流的现象。能对埋地钢质管道造成交流干扰的设备、设施,统称为交流干扰源。典型的交流干扰源主要包括交流输电线路和交流电气化铁路。管道上耦合产生交流干扰的机理则主要包括阻性耦合、感性耦合和容性耦合 3 种类型。随着近几年,公共走廊的建设和管道防腐层类型的变化,管道上的交流干扰情况日趋增加。高压、特高压交流输电线路不断建设,而且埋地长输管道更多地与交流干扰源形成交叉、并行的关系,使得管道上耦合的交流电压越来越高。3PE 等高绝缘性防腐层在管道上的使用,则使得交流干扰影响管段的长度越来越长。防腐层电阻率的升高,使得管道上耦合的交流电压,需要更长的距离才能释放到可接受的水平。

不同交流干扰源在管道上耦合产生的交流电压具有不同的特点。一般来说,交流输电系统在管道上耦合产生的交流干扰相对较稳定,仅随着用电负荷的变化有所波动。如图7.23 所示,即为交流输电线干扰条件下,典型的管道交流电位随时间的变化曲线。交流电气化铁路系统在管道上耦合产生交流干扰的波动则更加明显,当火车经过时,管道上的交流电位出现很大的瞬时值,可能到达几十伏甚至上百伏。而在火车未经过的期间,管道的交流电位则一直保持在较低的水平。如图 7.24 所示,即为交流电气化铁路干扰条件下,典型的管道交流电位随时间的变化曲线。

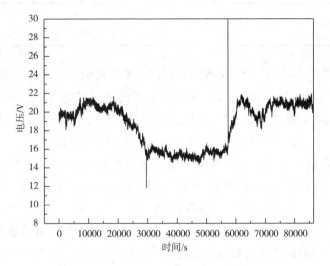

图 7.23 交流输电线干扰下管道交流电位随时间的变化

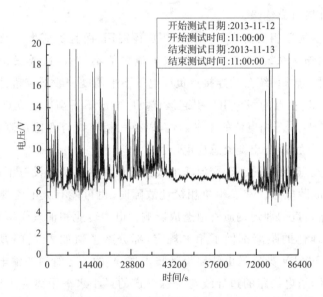

图 7.24 交流电气化铁路干扰下管道交流电位随时间的变化

（一）交流输电线路的运行方式

交流输电线路是指连接发电厂与变电站，用于传送电能的电力线路。按照输送电压的等级，可将交流输电系统分为高压、超高压和特高压 3 种类型。其中，高压输电线路的电压等级在 1kV 到 220kV 之间，常采用的输送电压等级包括 10kV、20kV、35kV、110kV 和 220kV 等；超高压输电线路的电压等级在 330kV 到 1000kV 之间，常采用的输送电压等级包括 330kV、500kV 和 750kV 等；特高压输电线路的电压等级则在 1000kV 以上。不同的输送电压等级对应不同的输电能力，输送电压等级与自然功率输送能力的对应关系如表 7.15 所示。

表 7.15　输送电压等级与自然功率输送能力的对应关系

电压等级／kV	330	345	500	765	1100	1500
功率／10MW	29.5	32.0	88.5	221.0	518.0	994.0

交流输电系统主要由架空的输电线路和沿线的变电站组成。变电站是电力系统中变换电压、接收和分配电能、控制电力的流向和调整电压的电力设施,通过变压器将各级电压的电网联系起来。架空的输电线路主要由导线、避雷线、金具、绝缘子、杆塔、拉线和基础、接地装置等构成。导线是指固定在杆塔之间,输送电流用的钢芯铝绞线,主要用于传导电流,并起着悬链线的作用,将自重很大的导线通过绝缘子悬挂在杆塔上。为了节约对土地资源的占用,同一个杆塔上常设置多个回路的导线。同塔多回线路既能增加线路单位面积的输送容量,增加电力输送量,又能降低综合造价,减少对土地资源的占用。避雷线,也称架空地线,其作用是防止雷电直接击于导线上,并将雷击电流引入大地。避雷线悬挂于杆塔顶部,并在每级杆塔上均通过接地线与接地体相连接,当雷云放电雷击线路时,因避雷线位于导线的上方,起到防雷保护作用。110kV 及以上线路一般沿全线架设避雷线。绝缘子用于支持导线,并使导线与杆塔可靠绝缘。

由于电力用户多为单相负荷或单相和三相负荷混用,而且负荷大小及用电时间也不尽相同,常会使得电力输送系统中的三相电压或电流幅值不一致,造成三相不平衡。按照规定,电网正常运行时,电力系统公共连接点负序电压不平衡度一般不应超过 2%,短时内不应超过 4%。接于公共连接点的每个用户引起该点负序电压不平衡度的允许值一般为 1.3%,短时内不应超过 2.6%。三相电流的不平衡性,以及三相导线与埋地管道的距离差异,都会在管道上产生额外干扰,耦合出交流感应电压。

出于防雷和中性点接地的要求,交流输电线路杆塔和变电站都设有不同规模的接地网,以释放雷击电流和故障电路。在发生单相接地故障时,也可能有大电流释放到周围的土壤中,都会对输电线路附近的埋地钢质管道造成影响。电力行业和油气管道行业的不同标准,针对管道与交流接地体的距离都做了相关规定,部分参考值如表 7.16 所示。按照 DL/T 5092－1999《110～500kV 架空送电线路设计技术规程》的关于管道与输电线路之间距离的规定,对于开阔地区,送电线路的边导线与特殊管道的最小水平距离为 1 倍杆塔高;对于路径受限地区,10kV、220kV、330kV、500kV 等级的电压,送电线路与特殊管道的最小垂直距离分别为 4m、5m、6m、7.5m。对应按照 GB/T 50991－2014《埋地钢质管道直流干扰防护技术标准》的规定,管道与 110kV 及以上高压交流输电线路的交叉角度不宜小于 55°。当管道与高压交流输电线路、交流电气化铁路的间隔距离大于 1000m 时,一般不需要进行干扰调查测试;当管道与 110kV 及以上高压交流输电线路靠近时,是否需要进行干扰调查测试可按管道与高压交流输电线路的极限接近段长度与间距相对关系图(如图 7.25 所示)确定。

表 7.16　管道与交流接地体的距离

电压等级 / kV	10	35	110	220
临时接地点 / m	0.5	1.0	3.0	5.0
杆塔或电杆接地 / m	1.0	2.5	5.0	10.0
电站或变电所接地 / m	2.5	2.5	15.0	30.0

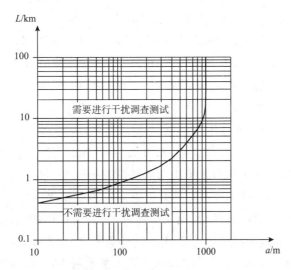

图 7.25　极限接近段长度(L)与间距(a)相对关系图

(二)交流电气化铁路的运行方式

与以往蒸汽牵引、内燃机牵引方式相比,电力牵引运行的交流电气化铁路系统具有运输能力强、能源利用效率高、经济效益好、对环境无污染等优点,近年来得到了快速的发展。但交流电气化铁路投运后也使得其附近的电磁场环境更加复杂,对供电电网、沿线通信线路、附近埋地管道都会产生干扰影响。交流电气化铁路的牵引供电系统主要由牵引变电所和牵引网两部分构成。牵引变电所将电力系统高压输电线输送来的 110kV 或 220kV 三相交流电进行变压后,向其邻近区间和所在站场线路的接触网进行可靠而不间断地送电。牵引网表示接触网、钢轨、回流线所构成的回路,其中接触网和钢轨是牵引网的主体,回流线主要用于降低杂散电流的泄漏,减少对外部结构的干扰。

我国交流电气化铁路牵引网的供电电流主要采用工频的单相 25kV 交流电。牵引供电系统向电力机车供电的方式,除了直接供电外,目前还采用了 BT 供电方式、AT 供电方式和带架空回流线的直接供电方式等多种类型。以最简单的直接供电方式为例,电流在回路中的流向与图 7.4 中的直流牵引系统类似。牵引电流从牵引变电所主变压器流出,经由馈电线、接触网供给电力机车,然后沿轨道和大地流回牵引变电所主变压器。这种供电方式的特点是,供电回路的构成最简单,工程投资、运营成本和维修工作量都最少;但接触网和钢轨、大地作为两条平行的载流回路,其距离较大,可能对临近通信线路、埋地结构的干扰也更严重。而且随着运行时间的延长,环境中水和其他污染物不断浸入,钢轨与大地之间的绝缘状况不断劣化,也会导致泄漏到大地中的杂散电流不断增加。据估计,直接供电方式中,泄漏到大地中的杂散电流约占总馈电电流的 35%~50% 左右。

为了减小泄漏到大地中的电流大小,也常在受地中电流不良影响较严重的区段、站场或牵引变电所附近适当位置的牵引网中,安装吸流变压器—回流线装置。牵引电流可以通过吸流变压器通过吸上线从大地中吸上,经回流线流回牵引变电所主变压器。从而极大地减少了流向被保护范围的地中电流。运行经验表明,在牵引网中安装吸流变压器—回流线装置后,带回流线的直接供电方式吸流效果比直接供电方式约增加 10%~20%。而且接触网、回流线的距离较近,可以极大地减弱其周围的交变磁场,降低对周围其他结构的影响。

目前,常速电气化铁路的供电方式多为直接供电+回流线的方式。而高速电气化铁路和重载电气化铁路则多采用自耦变压器供电方式(简称 AT 供电方式)。主要由接触网、轨道、正馈线、自耦变压器组成。正馈线沿供电臂接触网架设,沿线设有两组自耦变压器,其一端与接触网连接,另一端与正馈线连接,中点与轨道连接。由于接触网和正馈线中的电流大小近似相等,方向相反,两者之间的距离也相对很小,形成的交变电磁场基本上可以相互抵消、平衡,显著减弱了接触网和正馈线周围空间的交变电磁场,使牵引电流在临近的通信线路中的电磁感应影响大大地减小。而且 AT 供电方式的吸流效率约为 90%~95%,只有少量的电流可能泄漏到大地中,成为杂散电流。此外,吸流变压器的供电方式(简称 BT 供电方式)也是交流电气化铁路常用的供电方式。在其牵引网中,每相距 1.5~4km 间隔,设置一台变比为 1∶1 的吸流变压器,其一次线圈串接入接触网中,二次线圈串接在回流线或轨道中。这种设计可以使返回电流沿回流线流回牵引变电所,而不经由轨道和大地,回流效率可达 96%~97%。从而把本来是距离较大的接触网—钢轨大地回路,改变成距离相对很小的接触网—回流线回路,减小了可能对外部结构产生的干扰程度。

运行轨绝缘的好坏是影响土壤中杂散电流大小的主要因素。但是即使在最初的设计阶段采用了比较好的绝缘材料,随着运行时间的延长,虽然绝缘轨垫仍使钢轨与弹条之间绝缘,橡胶垫板仍使钢轨与垫板之间绝缘,但因列车运行过程中产生的导电粉尘和油污附着钢轨扣件表面上,并随列车运行所产生的震动充满轨枕所有缝隙,造成了部分回流电流沿构件表面及钢轨与铁垫板之间的缝隙泄漏,螺纹道钉称为带电体。加之轨枕施工过程中工艺水平不高,也不能完全起到绝缘作用,总会有部分电流泄漏到周围的土壤环境中。

(三)交流干扰产生的机理

交流干扰产生的机理主要包括阻性耦合、容性耦合、感性耦合 3 种类型。虽然产生机理各有差异,但对管道和人身安全都会产生影响。

阻性耦合主要发生在电力线路对地短路或输电线路故障运行的情况下,大量电流泄漏到土壤中,并在管道上感应出很高的对地电压。以某变电站 750kV 侧系统为例,故障时的入地短路电流约为 19.87kA。短路电流的持续时间很短,主要取决于变电站的继电保护切除故障时间,一般在 0.3~3s 左右。雷击电流的电流强度更大,可能为 110kA 或更高。与工频短路故障相比,雷电流频率更高,雷击杆塔时的避雷线电流和杆塔入地电流也衰减更快。不同的防腐层都有一定的耐压极限,如 3PE 防腐层的耐雷电冲击电压可参考为 93kV。入地电流除在管道上感应高的交流电压外,还可能击穿外防腐层,甚至在电弧放电过程中造成管道本体的融化或开裂。管道外防腐层缺陷越少,耐击穿电压越高,转移到管道上的电流也就越少。

容性耦合,也称静电耦合,主要发生在管道建设期间。管道埋入管沟前,常需要在地上焊接成连续的较长管段。平行分布的已焊接管道、交流输电线路和大地这三种导体就会构成电容器。交流输电线路中的能量就可以通过输电线与管道间的电容进行转移。但通过这种方式转移到管道上的能量一般较小,而且使管道接地就可进行缓解。当管道埋地后,容性耦合的影响也基本可以忽略。

感性耦合,也称电磁耦合,主要是基于电磁感应的原理。当导体与电磁场间发生相对运动时,就会发生电磁感应,在导体上形成感应电压。交流输电线路周围的电磁场是不断变化的,相当于埋地钢质管道在切割磁感线,从而在管道上耦合出交流感应电压。感应电压的大小与二者的相对位置关系、输电线路的负荷等都有关系。当管道与输电线路并行长度、输电线路电流增加时,电磁耦合作用都增强,管道上的感应电压升高。

对于已经埋地运行的钢质油气长输管道,容性耦合基本不产生影响。阻性耦合主要发生在干扰源故障运行、雷击发生的情况下,感应电压很高,危害很大,但其发生概率和持续时间都相对较小。交流电气化铁路的部分牵引电流也可能泄漏到周围的环境中,产生阻性耦合。但通过控制埋地管道与干扰源的距离,基本可以大大减少其发生概率。实际工况中,在干扰源正常运行的条件下,对交流干扰起作用的机理主要为感性耦合。交流输电线路中各相导线输送电流的差异及其与管道的距离差异,交流电气化铁路牵引系统中接触网、回流线输送电流的差异及其与管道的距离差异,是在管道上耦合产生感应电压的主要原因。

二、交流干扰对管道及其阴极保护系统的影响

交流干扰不仅会加速管道腐蚀,还可能造成防腐层的剥离、管道的应力腐蚀开裂,威胁操作、测试人员的人身安全,对管道的安全可靠运行产生不利影响。其对管道及其阴极保护系统的影响可主要体现在以下几个方面。

(一)加速管道腐蚀和外防腐层剥离

交流干扰会加速管道的腐蚀,许多学者在实验室也做了大量的理论研究,提出了一系列的理论,但对其机理至今仍存在很多争议,并没有形成一致的意见。由于交流电的主要特点就在于其大小和方向随时间的周期性波动,在正半周过程中,金属表面发生阳极溶解反应;在负半周过程中,介质中的金属离子在金属表面重新沉积。当正半周期产生的金属离子没有全部在负半周期内重新沉积,就会导致阳极极化产生的总电流和阴极极化产生的总电流不相等,出现净的腐蚀电流。这种理论一般被称为整流说,但当阳极反应和阴极反应过程不完全可逆时,也可能改变金属表面的双电层结构,产生净的腐蚀电流。此外,还有学者从金属表面钝化膜或腐蚀产物膜的角度进行了分析,认为交流干扰会破坏金属表面的钝化膜,从而加速腐蚀过程。虽然机理尚不清晰,但业界对交流腐蚀的程度已基本统一认识,当防腐层破损位置的交流电流密度大于 $100A/m^2$ 时,交流腐蚀就会发生;当交流电流密度介于

$30A/m^2$ 和 $100A/m^2$ 之间时，交流腐蚀可能会发生；当交流电流密度小于 $30A/m^2$ 时，交流腐蚀发生的概率就比较小。

4V 的交流电压是对交流干扰进行评价的一个临界指标。当管道的交流电压大于 4V 时，就应采用交流电流密度的指标对腐蚀风险进行评价。以 50Hz 的工频电压为例，当交流电压的有效值为 4V 时，其负向最大幅值可以达到约 $-5.7V$。与管道自身的直流电位耦合后，在交流电压的负半周，会有较大的电位区间可能过负而导致管道表面的析氢，破坏防腐层与管道基体的粘结力，并最终导致防腐层的剥离。与直流干扰造成的防腐层剥离相同，剥离防腐层下的管道往往形成浓差电池而腐蚀加速。

(二)对人员、设备安全的影响

交流干扰对操作、测试人员的影响主要反映在接触电压和跨步电压两个方面。参考美国腐蚀工程师协会(NACE)的推荐值，大于 15V 的交流电压一般就认为是对人体可能造成危害的接触电压。按照美国电力工程师协会相关标准的推荐，可以允许的跨步电压大小可以按照下式进行计算：

$$V_{step70} = (1000 + 6\rho)\frac{0.157}{\sqrt{t_s}} \tag{7-13}$$

$$V_{step50} = (1000 + 6\rho)\frac{0.116}{\sqrt{t_s}} \tag{7-14}$$

式中 V_{step70}——体重 70kg 的人可以承受的跨步电压大小；

V_{step50}——体重 50kg 的人可以承受的跨步电压大小；

ρ ——土壤电阻率大小；

t_s ——交流跨步电压持续的时间。

与直流干扰类似，交流干扰也可能在管道沿线的阀室内放电引发火灾或绝缘设施失效。前面的图 7.24 即为某输气管道沿线阀室内管道受交流电气化铁路影响而产生的交流感应电压波动情况。最高瞬时电压为 20V 左右，但由于气液联动阀引压管上的绝缘接头设计、安装位置不合理，放电后烧穿引压管，并在阀室内引发了火灾。因交流干扰电压过高导致绝缘接头失效的案例也曾有发生。为此，部分管道运营公司都选择在阀室附近安装固态去耦合器进行排流，以减少类似事故的发生。

(三)影响管道阴极保护系统的运行和保护效果

交流干扰会加速管道外腐蚀，而阴极保护旨在抑制外腐蚀。因此，交流干扰和阴极保护可以看做是一个矛盾的两个方面，交流干扰不仅会直接降低阴极保护效果，还可能干扰阴极保护系统的正常运行，使恒电位仪或牺牲阳极无法正常工作。而且随着管道沿线交流干扰的增加和强度的增强，恒电位仪在交流干扰环境中无法恒电位运行的案例也越来越多。如何保证交流干扰管道沿线恒电位仪的正常运行，已经成为摆在管道运营者面前的一个重要课题。

整流器和恒电位仪是强制电流阴极保护系统的核心元件，它的一个重要参数就是其抗交流干扰能力，在设计过程中也对其作出了明确的规定。其中，中国石油天然气股份有限公司天然气与管道分公司发布的"油气储运项目设计规定－2011A"中对恒电位的抗交流干扰能力的要求为：①抗持续干扰特性：仪器应具有抗交流50Hz工频干扰功能，在参比电极端子与零位接阴端子之间加入50Hz、30V持续干扰电压时，保护电位值的变化不大于5mV；②抗瞬间干扰特性：参比线、零位线之间瞬间应能承受4J、1500V过电压。以目前国内常用的两种类型恒电位仪（高频开关恒电位仪和可控硅整流恒电位仪）为例，青岛雅合的IHF型恒电位仪技术规格书给出的抗50Hz交流干扰能力为≥30V，现场使用过程中，交流干扰在20V左右时，常有故障发生，并自动由恒电位模式切换到恒电流模式。福建三明的可控硅恒电位仪技术规格书给出的抗交流干扰特性为：在参比电极端子与零位接阴端子之间加入50Hz、30V干扰电压，保护电位值的变化不大于5mV。抗瞬间干扰特性为：参比输入端瞬间承受1000V过电压后，仪器仍能正常工作。

交流干扰也会对牺牲阳极的阴极保护产生一定的作用。有研究表明，当交流电流密度为100A/m² 时，AZ41等镁合金牺牲阳极的电位会正向偏移0.3V，且阳极腐蚀速率明显增加，电流效率明显下降，牺牲阳极的性能出现下降，使用寿命也缩短。当阳极电位过正时，甚至会出现"极性逆转"现象，加速管道的腐蚀。有研究表明，Mg在交流电压20V，电流密度为3.9mA/cm² 时，就会发生极性逆转。主要是由于Mg与腐蚀产物膜界面的整流作用，使得Mg成为阴极，钢铁成为阳极。Mg与被保护管道的电极电位的相对极性发生逆转，从而完全失去阴极保护作用，反而还可能加速腐蚀。此外，随着交流干扰的增强，铝合金牺牲阳极输出的阴极保护电流密度也将不断减小，而Zn输出的阴极保护电流密度则相对比较稳定。许多学者的研究还表明，在电阻率较高的土壤中，Al和Zn阳极也会产生极性逆转。

交流干扰还会影响管道真实极化效果的测试和评价，管道上耦合的过高交流电压还会对测试人员的安全产生更多影响。交流干扰对管道真实极化效果的影响主要体现在以下几个方面。在交流干扰环境中，管道自身真正的极化效果会受到影响，这也是交流腐蚀发生的一个基本原理。国外研究学者利用活化控制下的化学动力学理论研究了交流电对金属极化特性的影响，指出：当Tafel斜率之比r大于1时，施加交流电后金属电位正向偏移；而当r小于1时，施加交流电后金属电位负向偏移。同时交流电压的峰值对电位的偏移也有影响，交流电压峰值越大，偏移量越大。管道交流干扰电压随时间改变，管道附近的土壤也存在差异，都会使得管道的极化电位发生或正向或负向的偏移。一些已发表的数据表明，在部分土壤溶液中，随着交流电流密度的增加，管道的腐蚀电位会变负。为了排除交流干扰的影响，若管道沿线已安装部分固态去耦合器，则会使得管道直流电位测试受到更多因素的影响。如固态去耦合器内部双向二极管数量不对称也会影响管道直流电位的测试。在一个交流周期内，二极管的正向未导通、或者导通的时间比负向导通时间要短。相应的，交流电流通过管道防腐层漏点流入管道的量小于流出管道的量，造成一个令管道通电电位偏正的IR降。如果不考虑非标准正弦波对管地界面极化电位的影响，管道界面的通电电位变得变正。而且固态去耦合器内部用于导通稳态交流电流的电容元件也会影响管道直流电位的测试。特别是在密间隔电位测试过程中，当管道的阴极保护系统运行时，该电容处于被充电状态，当管道阴极保护系统断电时，该电容开始放电。电容放电电流通过排流接地极进入土壤，然后流入管道防腐层破损点。在进行 CIPS 的断电电位测试时,如果在电容放电电流还没有衰减到可以忽略不计的时候就进行断电电位的测试,所测量得到的断电电位里含有因电容放电电流造成的 IR 降,测量得到的断电电位比实际情况要偏负。国外某案例对比了连接和断开固态去耦合器两种工况下管道的断电电位。在连接固态去耦合器时,管道的断电电位较断开固态去耦合器时的电位更负,需要经过约 2.3s 的放电过程,使得电容放电电流衰减后,两条断电电位曲线的数值才接近一致。因此,在对连接有固态去耦合器排流装置的管道进行密间隔电位测试时,如果不采取相应措施消除 IR 降,将导致测试电位数据偏负,错误的判断阴极保护的有效性。

影响交流腐蚀的参数除管道的交流电压、交流电流密度外,还与管道的极化电位、防腐层破损点尺寸、土壤电阻率、土壤的化学成分等多种因素有关,相关的测试方法可以参见以前介绍的内容,并进行综合评价。在交流干扰条件下,-850mV 的断电电位准则和 100mV 准则并不能完全抑制管道的交流腐蚀,所需的保护电位常需要比 -850mV 更负。国外的部分标准也将交流电流密度与直流电流密度的比值作为评价指标,指出:当 $I_{ac}/I_{dc}<5$ 时,交流腐蚀的可能性低;$5<I_{ac}/I_{dc}<10$ 时,交流腐蚀的可能性存在,需进行进一步调查;$I_{ac}/I_{dc}>10$ 时,交流腐蚀的可能性很高,需要采取缓解措施。但最新的研究表明,交流电流密度一定的条件下,直流极化电流密度也不是越大越好。在过保护的条件下,反而可能加速管道的交流腐蚀,在管道表面形成明显的点蚀。

三、交流干扰的检测

当怀疑管道上存在交流干扰时,就应收集相应资料,开展调查和测试。在被干扰管道上应进行调查测试的内容如表 7.17 所示。

表 7.17 被干扰管道应调查测试的内容

序号	相关项目
1	本地区过去的腐蚀实例
2	管道外径、壁厚、材质、敷设情况及地面设施(跨越、阀门、测试桩)等设计资料
3	管道与干扰源的相对位置关系
4	管道防腐层电阻率、防腐层类型和厚度
5	管道交流干扰电压及其分布
6	安装检查片处交流电流密度
7	管道沿线土壤电阻率
8	管道已有阴极保护和防护设施的运行参数及运行状况
9	相邻管道或其他埋地金属构筑物干扰腐蚀与防护技术资料

针对前面小节中的不同交流干扰源类型,还应对应的收集相关资料。对于高压交流输电系统,所需进行的调查测试项目如表 7.18 所示。对于交流电气化铁路,所需进行的调查测试项目如表 7.19 所示。

表 7.18 高压交流输电系统应收集的相关资料

序号	相关项目
1	管道与高压输电线路的相对位置关系
2	塔型、相间距、相序排列方式、导线类型和平均对地高度
3	接地系统的类型(包括基础)及与管道的距离
4	额定电压、负载电流及三相负荷不平衡度
5	单相短路故障电流和持续时间
6	区域内发电厂(变电站)的设置情况

表 7.19 交流电气化铁路系统应收集的相关资料

序号	相关项目
1	铁轨与管道的相对位置关系
2	牵引变电所位置,铁路沿线高压杆塔的位置与分布
3	馈电网络及供电方式
4	供电臂短时电流、有效电流及运行状况(运行时刻表)

管道交流干扰状况的测试常可分为普查测试和详细测试两个阶段。普查测试时,选择干扰源附近管段的测试桩位置,对管道交流电位进行约 5min 的测试,以掌握管道沿线交流干扰的大致分布状况。在普查结果中干扰较严重的管段位置,则应进行较长时间(如:24h)的连续测试。测试时间应选择在干扰源负荷的高峰时间段内进行测试,测试过程应至少覆盖一次负荷变化周期,并反映出干扰源负荷的高峰、平峰和低谷三个时间段内管道上的干扰程度。在采用交流电流密度的方式对干扰程度进行评价时,还需计算或现场测试交流电流密度大小。

管道交流干扰电压的测试接线如图 7.26 所示。将交流电压表与管道及参比电极连接后,可以连续记录测量值和测试时间,确定交流干扰电压的最大值、最小值和平均值。平均值可以参照以下公式进行计算:

$$U_p = \frac{\sum_{i=1}^{n} U_i}{n} \tag{7-15}$$

式中 U_P——测量时间段内测量点交流干扰电压有效值的平均值,V;

$\sum_{i=1}^{n} U_i$——测量时间段内测量点交流干扰电压有效值的总和,V;

n——测量时间段内读数的总次数。

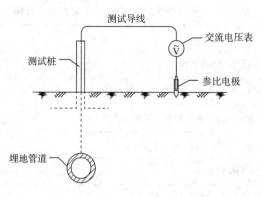

图 7.26 管道交流干扰电压测量接线图

需要采用交流电流密度对干扰程度进行评价时,可按照以下公式进行计算。

$$J_{AC} = \frac{8V}{\rho \pi d} \qquad (7-16)$$

式中 J_{AC}——评估的交流电流密度,A/m^2;

V——交流干扰电压有效值的平均值,V;

ρ——土壤电阻率,Ω·m;

d——破损点直径,m,按发生交流腐蚀最严重时考虑,一般取 0.0113。

交流电流密度也可在现场采用试片进行测试,将裸露面积为 100mm^2 的试片等深埋设在管道附近。试片之间间距设为 3m,通过交流电流表与管道相连接,将测试的交流电流值除以试片的裸露面积,就可以得到交流电流密度值。考虑到目前国际上对交流腐蚀的认知水平,国内外管道运营公司也有利用检查片失重确定交流腐蚀程度的做法。将检查片与遭受交流干扰的管道相连,运行一段时间后定期取出并观察腐蚀形貌和腐蚀深度,来评价管道可能受到的交流腐蚀风险,对防护效果进行确认。

根据地面检测的结果,常用于评价交流干扰程度的指标包括交流电压和交流电流密度。当管道交流干扰电压不高于 4V 时,可不采取交流干扰防护措施。高于 4V 时,则采用交流电流密度进行评估。交流电流密度可以采用上述计算的方式得到,也可现场测试得到。管道交流干扰的严重程度可以按照表 7.20 进行评价。当交流干扰程度判定为"强"时,应采取交流干扰防护措施;判定为"中"时,宜采取交流干扰防护措施;判定为"弱"时,可不采取交流干扰防护措施。

表 7.20   交流干扰程度的判断指标

交流干扰程度	弱	中	强
交流电流密度/(A/m^2)	<30	30~100	>100

在对评估为存在交流腐蚀可能性高的管段或预埋有腐蚀检查片的管段,常需进行开挖后的直接检查,并采用表 7.21 中的内容对腐蚀状况是否为交流腐蚀进行判断。表 7.21 中给出的内容都是基于实验室和现场实际检测过程中,交流腐蚀行为所具有的典型特征。当

其中的大部分特征都满足时,即可判定为交流腐蚀。需要指出的是,现场开挖后应及时测试缺陷与土壤界面的 pH 值,或收集积液、密封处理后尽快送实验室化验,以避免空气中的二氧化碳对测试结果产生的影响。

表 7.21　交流腐蚀评估表

序号	评 估 内 容	是	否
1	管道上存在大于 4V 的持续交流干扰电压		
2	防腐层单个破损点面积为 $1\sim6cm^2$ 的小缺陷		
3	管壁存在腐蚀		
4	测得的管道保护电位值在阴极保护准则允许的范围内		
5	pH 值非常高(典型情况大于 10)		
6	腐蚀形态呈凹陷的半球圆坑状		
7	腐蚀坑比防腐层破损面积更大		
8	腐蚀产物容易一片片地清除		
9	腐蚀产物清除后,钢铁表面有明显的硬而黑的层状痕迹		
10	管道周围土壤电阻率低或者非常低		
11	防腐层下存在大面积的剥离(在腐蚀坑周围有明显的晕轮痕迹)		
12	在腐蚀区域的远处,出现分层或腐蚀产物中含有大量碳酸钙		
13	腐蚀产物里存在四氧化三铁		
14	管道附近土壤存在硬石状形成物		

四、交流干扰防护措施

与直流干扰的防护措施相同,阴极保护、防腐层修复、绝缘隔离、屏蔽、排流保护等方式,都可适用于交流干扰管段的干扰防护。但由于感性耦合是造成管道交流干扰的主要机理,直流排流过程中将管道与干扰源进行连接的直接排流、极性排流和强制排流措施,在交流干扰的防护过程中并不适用。

在干扰源故障电流和雷电所造成的交流干扰方面,最佳的防护措施就是应保证管道与干扰源之间足够的安全距离。在路径受限的地区,则可以采用故障屏蔽、接地、隔离等防护措施。故障屏蔽的方式是沿管道平行敷设一根或多跟浅埋接地线作为屏蔽体,但也有人质疑:若要完全阻止故障电流或雷击电流流入管道,需要的屏蔽体规模往往非常大,现实中较难实现。目前工程上较常用的做法是,在交流输电线杆塔和埋地管道之间铺设裸铜线或锌带,并通过固态去耦合器与管道相连接,用以屏蔽电流。一方面,其屏蔽作用必然有限;另一方面,由于屏蔽线提供的低电阻通道,还可能有更多的电流由此流入管道。对于长距离输送管道,理论上也可采用设置绝缘接头的方式进行分段,将交流干扰源相邻的干扰管段与其他管段电隔离,以简化防护措施。

在针对持续干扰的防护方面,阴极保护仍是一种有效的防护措施。而且其他附加的防护措施,都应以不对阴极保护效果造成不利影响为前提。对存在交流干扰的管道,在进行阴极保护设计时,就应考虑更大的保护电流密度,并使得管道的保护电位比常用的$-850mV$或$-950mV$准则更负。当阴极保护效果无法达到或交流干扰使得阴极保护设备无法正常工作时,就应考虑选用合适的接地方式,对管道进行排流保护。常用的交流排流保护方式包括直接接地、负电位接地、固态去耦合器接地等 3 种方式,其特点及适用范围如表 7.22 所示。

表 7.22 持续交流干扰防护常用的接地方式

方式	直接接地	负电位接地	固态去耦合器接地
特点及适用范围	适用于阴极保护站保护范围小的被干扰管道。具有简单经济、减轻干扰效果好的优点,缺点是应用范围小,漏失阴极保护电流	适用于受干扰区域管道与强制电流保护段电隔离,且土壤环境适宜于采用牺牲阳极阴极保护的干扰管道。具有减轻干扰效果好、向管道提供阴极保护的优点;缺点是管道进行瞬间断电测量与评价阴极保护有效性实施困难	适用范围广。能有效隔离阴极保护电流,启动电压低,可将感应交流电压降到允许的极限电压内,减轻干扰效果好;额定雷电冲击及故障电流通流容量大,装置抗雷电或故障电流强电冲击性能好。缺点是价格高

接地排流是将管道与接地体相连接,以排除管道所受到的交流干扰。常采用的接地材料包括钢管、锌阳极等,镁阳极在交流干扰条件下容易发生极性反转,较少使用。为了避免阴极保护电流的流失,在管道和接地体之间也常安装固态去耦合器,在排交流的同时隔断直流通路。固态去耦合器一般由电容、晶闸管(或二极管)、浪涌保护装置等并联构成,其中电容元件可以导通交流干扰电流;晶闸管或二极管可以阻止直流电流通过,但是当两端的电压差达到阈值(可定制,常用的为$\pm2V$、$+1/-3V$ 两种)时导通;浪涌保护装置用于导通雷电、浪涌等大电流。其内部电路结构如图 7.27 所示。国内常用的某型号固态去耦合器规格参数如表 7.23 所示,现场安装照片如图 7.28 所示。

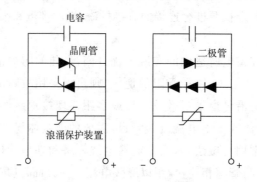

图 7.27　固态去耦合器内部电路示意图

表7.23　某型号固态去耦合器的规格参数

产品型号	SSD−2/2−5.0−100
冲击通流容量	100kA
稳态电流	45A
故障电流（AC−rms/工频/30周波）	≥3500A
直流启动电压	−2V/+2V
直流泄漏电流	1mA

图7.28　高压交流输电线路附近安装的固态去耦合器

　　排流点位置的选择对于交流干扰的防护效果有很大影响,常需根据软件模拟结果,在现场实际测试数据的基础上不断调整确定,以达到最佳的保护效果。目前工程设计阶段的一种常用做法,是根据管道路由与附近干扰源的位置关系,在可能产生干扰的位置预设安装了大量固态去耦合器。但现场测试结果显示,很多去耦合器并没有起到必要的排流效果。而且管道沿线安装固态去耦合器后,交流干扰状况的分布发生明显变化,还可能使得某些位置的干扰状况较安装之前更加恶化。图7.29所示为国内某A管道在安装固态去耦合器前后,沿线交流电位随管道里程的变化情况。不同位置的固态去耦合器排流电流在0.5～5.5A之间,各位置的交流电压均有所降低。图7.30所示为国内某B管道在安装固态去耦合器前后,沿线交流电位随管道里程的变化情况。安装固态去耦合器后,部分位置的交流电压有所降低,其他部分位置的交流电压反而有所升高,并没有完全达到预期的排流效果。此外,在同时存在直流干扰的管段采用固态去耦合器进行交流排流时,还应注意选择合适的接地材料和固态去耦合器阈值电压,以防止在交流排流的同时为管道引入更多的直流干扰电流。

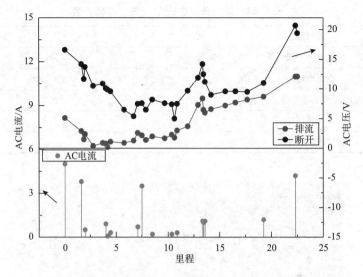

图 7.29 安装固态去耦合器前后 A 管道沿线的交流电位分布

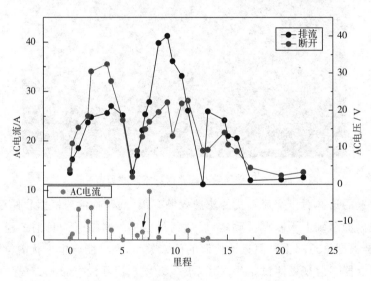

图 7.30 安装固态去耦合器前后 B 管道沿线的交流电位分布

为了使安装的排流防护设施科学、有效。干扰防护措施实施后,都应进行防护效果的评定测试,并根据测试结果安排后续排流或进行相应调整。交流排流设施安装后的效果评价方面,在土壤电阻率不大于 $25\Omega \cdot m$ 的地方,管道交流干扰电压应低于 4V;在土壤电阻率大于 $25\Omega \cdot m$ 的地方,交流电流密度应小于 $60A/m^2$;而且,在安装阴极保护电源设备、电位远传设备及测试桩位置处,管道上的持续干扰电压和瞬间干扰电压还应低于相应设备所能承受的抗工频干扰电压和抗电强度指标,并满足安全接触电压的要求。

五、交流干扰案例分析

随着软件技术的发展,数值模拟技术在管道交流干扰及其防护方面的应用越来越多。

为此,本小节将结合案例简要介绍其在工程实践方面的应用情况。

某输气管道采用 3PE 防腐层,沿线有 90km 管道自投产以来一直遭受较为严重的交流干扰,主要是由于管道与多条高压交流输电线路平行或交叉,且与高压输电线路交流变电站接近,最近距离不到 200m。为了有效指导后期交流干扰防护工程的实施,在结合现场收集资料的基础上,采用数值计算方法对沿线的交流干扰状况进行分析和评估。

图 7.31 为管道沿线交流电位随测试桩号的分布曲线,交流电压随检测范围有较大波动,从 2V 到 30V 不等。根据历史检测资料,交流电压最大值可达到 50V 左右。

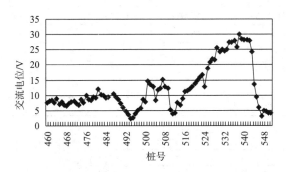

图 7.31　管道沿线的交流电位分布

按照 GB/T 50698—2011《埋地钢质管道交流干扰防护技术标准》中的规定,结合式(7−16)对交流电流密度进行计算。根据管道交流干扰电位和土壤电阻率计算交流电流密度,在沿线的 90 处测试位置中,管道沿线交流干扰为中或强的调查点有 58 处,占 64.4%,其区域主要分布在 k464～k476、k481～k492、k495～k500、k503～k509、k515～k523、k529～k545 范围内,可见该段管道大部分受到中或强的干扰。其中干扰为强的调查点有 12 处,占 13.3%,其区域分布在 k464、k482、k490、k506、k519、k522、k532、k537～k542,最大交流电流密度为 $367.5A/m^2$。按照标准相关要求,就应在该段管道设计、实施排流防护施工,以抑制可能产生的交流腐蚀。

为了有效指导排流施工,结合现场实际建立了相关模型,以对沿线的交流干扰状况进行模拟计算和评估。建模过程中所采用的管道参数如表 7.24 所示。

表 7.24　建模过程中所采用的管道参数

序号	参数类别	建模参考值
1	管道长度	90km
2	埋深	2m
3	沿线土壤电阻率	现场实测值
4	管径	711mm
5	壁厚	12.3mm
6	3PE 防腐层厚度	2.7mm
7	面绝缘电阻率	$100000\Omega \cdot m^2$

在干扰源参数的选取过程中,结合现场干扰源的实际分布,选取电压较高的点作为外部交流电流的注入点,在交流电压较低处加入简单接地网络,用于模拟阀室接地和管道外防腐

层破损。采用软件模拟在管道不同位置,注入不同电流情况下管道上的交流干扰电压的大小,同时调整管道上简单接地网络的位置及规模,用以模拟交流干扰源的位置和干扰参数。根据现场调查的交流电压大小分布,经过多次模拟和修正模型,最终确定的模拟干扰源位置及接地网络分布如表7.25所示。该种情况下,管道上的交流电压计算值如图7.32所示,与实际测试结果很接近,注入的交流电流总大小为32A左右。

表 7.25   模拟干扰源及模拟接地网络分布

模拟干扰源			模拟接地网络		
相对位置/km	实际位置	电流/A	相对位置/km	实际位置	接地电阻/Ω
5	K464	2	36	k496	0.2
22	K481	5	53	k513	4.3
46	K506	8	90	k550	0.5
63	K523	5	—	—	—
78	K538	12	—	—	—

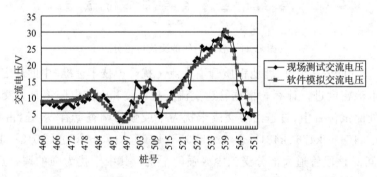

图 7.32   管道沿线交流电压的计算值

在进行缓解措施的模拟时,选用锌带作为接地导体,平行于管道埋设,距离管道5m,埋深1m。经过模拟与优化计算,最终选定了如表7.26所示的7处位置安装排流接地设施。排流后的管道交流电压计算结果如图7.33所示。管道沿线的交流电流密度除k506♯桩外,其他全部降低到$60A/m^2$以下。k506♯桩位置的交流电压也仅为3.97V,交流干扰已基本得到有效控制。

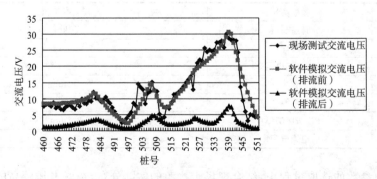

图 7.33   排流前后管道交流电压对比

表 7.26　排流装置接地电阻及泄流量

排流装置相对位置/km	实际位置	土壤电阻率/Ω·m	接地导体长度/m	接地电阻/Ω	泄流量/A
5	k464	30	55	1.28	1.5
22	k481	30	55	1.28	3.6
46	k506	40	105	0.94	5.9
62	k522	30	55	1.28	2.9
72	k532	15	20	1.38	2.4
78	k538	40	65	1.46	6.5
82	k542	26	65	0.95	3.5

第四节　地电流对埋地管道的干扰

前两节叙述的交直流干扰源大都与人类的日常生产、生活相关,但自然界中自然形成的地电流也可能对埋地钢质管道产生干扰。众所周知,地球本身具有磁场,其磁极与地理上的南北极具有大致的方位。由于太阳的影响或者地球 100km 以外电离层中电流的扰动,都可能产生额外磁场,叠加到管道的自身磁场上,导致地磁场的扰动。根据电磁感应原理,地磁场的变化就会在大地和管道等导体中感应出电场,从而产生干扰电流。此外,地电流干扰还具有明显的海岸线效应。一方面,由于海水导电率高,在一定电场强度下可以产生更高的电流;另一方面,在潮汐作用下,海水的流动相当于在不断切割地球自身磁场的磁感线,也会在大地和管道中产生杂散电流影响。关于地电流的记载最早可以追溯到 19 世纪 40 年代,首先在电报传输系统发现其干扰影响,并进行了部分研究。地电流干扰较严重的地区往往都位于较高的纬度,以往关于地电流干扰发生的许多记载,也同时会伴随有指南针指针摆动、极光等现象的发生,也间接说明了地电流产生于地磁场扰动之间密不可分的关系。

为了研究地电流干扰对埋地长输管道的影响,加拿大、挪威、芬兰、瑞典等国家进行了一系列的联合研究。如图 7.34 所示,即为在挪威一条管道及其附近测试的地磁场扰动情况,计算得到的感应电场波动和测试的管地电位波动情况。可以明显看出三者之间的对应关系,虽然地磁场强度相对较小,但已足以在管道沿线产生明显的电位波动。如图 7.35 所示,为我国某临海管道管地电位随时间的波动情况,也说明了潮汐作用下,地电流对管道产生的明显干扰。随着潮水的涨落,管道受到持续的直流干扰。管地通电电位波动幅度较大,且呈周期性变化,管道电位最负时达到 $-1.6V_{CSE}$ 左右,最正时可达 $0.2V_{CSE}$ 左右。

地电流干扰具有较大的时间波动性,往往很难预测。但随着近年来防腐层绝缘性能的提高,地电流的影响范围和影响强度越来越大。其对管道产生的影响与前两节介绍的交直流干扰情况也基本相同,主要表现在以下三个方面:

①地电流干扰引起管地电位的明显波动,增加管道的腐蚀风险,还可能造成防腐层剥离

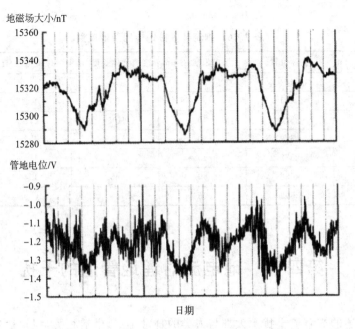

图 7.34　管道沿线的地磁场波动和管地电位波动

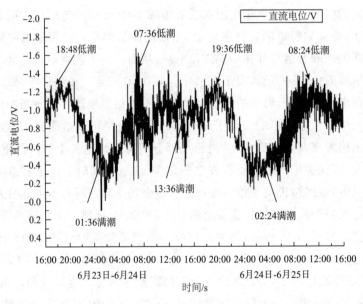

图 7.35　潮汐造成的管地电位波动情况

或管道表面析氢；

②地电流干扰还可能对管道沿线的设备运行产生有害影响；

③地电流干扰还会影响阴极保护相关的测试过程。某受地电流干扰管道沿线的密间隔电位测试结果如图 7.36 所示，受地电流影响，通电电位与断电电位基本一致，较难反应管道真实的极化电位。

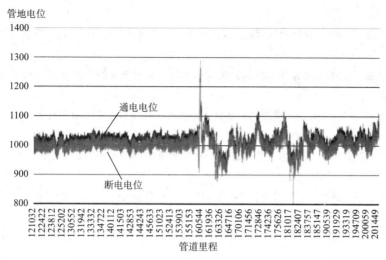

图 7.36　地电流干扰对 CIPS 测试结果的影响

在地电流干扰的缓解措施方面,人们的认识也经历了一个不断变化的过程。地电流干扰是通过感应的方式,在管道内形成的。单纯增加防腐层的绝缘性能对于缓解其干扰并没有太大的作用,反而可能使得干扰距离和干扰强度更大。以往,也曾尝试过绝缘隔离的方法,希望限制地电流在管道中的流动。但通过引入新的绝缘设施后,则可能在绝缘设施两侧额外形成新的电压峰值,这种方法目前也已较少采用。目前用于缓解地电流干扰的措施主要包括阴极保护和接地排流两种

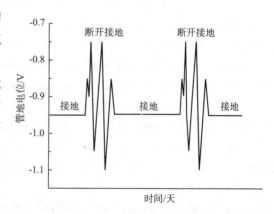

图 7.37　接地前后管地电位的波动情况

方式。通过设置合适的保护电位,可以有效抑制地电流可能造成的管道腐蚀。在合适的位置进行接地后,也可以将地电流排出管道,有效抑制管地电位的大幅波动。某条受到地电流干扰管道在接地前后的管地电位波动情况如图 7.37 所示。引入接地后,管地电位基本无波动,撤除相应接地后,管地电位的波动则明显加剧。

参考文献

[1] 胡士信,王向农. 阴极保护手册. 北京:化学工业出版社,2005

[2] 中国石油管道公司. 油气管道腐蚀控制实用技术. 北京:石油工业出版社,2010

[3] 翁永基,李相怡. 阴极保护系统对外部构件电干扰腐蚀的计算. 石油学报,2000,21(3):83—88

[4] 张丽春. 电焊动火过程中杂散电流对长输管道的腐蚀研究. 辽宁化工,2011,40(2):207—210

[5] 王喜娟,李浩玉,赵旭艳. 油气管道焊接动火作业中杂散电流的防范. 油气储运,2012,31(1):36—41

[6] 秦润之,杜艳霞,姜子涛,路民旭. 高压直流输电系统对埋地金属管道的干扰研究现状. 腐蚀科学与防

护技术,2016,28(3):263—268

[7]陈敬和,何悟忠,李绍忠. 抚顺地区管道直流杂散电流干扰腐蚀及防护的探讨. 管道技术与设备,1999,6:13—16

[8]楚金伟,韦晓星,刘青松. 直流接地极附近引压管绝缘卡套放电原因分析. 油气田地面工程,2015,34(10):73—74

[9]高书君,王森,胡亚博,等. 杂散电流对接地材料在陕北土壤模拟溶液中腐蚀行为影响. 北京科技大学学报,2013,35(10):1327—1332

[10]唐德志,杜艳霞,路民旭,等. 埋地管道交流干扰与阴极保护相互作用研究进展. 中国腐蚀与防护学报,2013,33(5):351—356

[11]刘国. 固态去耦合器在管道交流干扰防护中的应用. 油气储运,2016,35(4):449—456

[12]John Morgan, Cathodic Protection, Houston: NACE publication, 1993

[13]Rogelio de las Casas, New earth potential equations and applications, NACE annual corrosion conference, 2009, Houston

[14]S. M. Segall, R. G. Reid, New concepts in the prioritization of multiple ECDA indications, NACE annual corrosion conference, 2007, Houston

[15]Yuji Hosokawa, Fumio Kajiyama, Case studies on the assessment of AC and DC interference using steel coupons with respect to current density CP criteria, NACE annual corrosion conference, 2006, Houston

[16]L. Trichtchenko, D. H. Boteler, The production of telluric current effects in Norway, NACE annual corrosion conference, 2001, Houston

[17]D. H. Boteler, Telluric currents and their effect on cathodic protection of pipelines, NACE annual corrosion conference, 2004, Houston

[18]Peter Nicholson, Correcting CIPS surveys for stray and telluric current interference, NACE annual corrosion conference, 2007, Houston

[19]D. H. Boteler, Assessing pipeline vulnerability to telluric currents, NACE annual corrosion conference, 2007, Houston

[20]S. M. Segall, R. A. Gummow, Ensuring the accuracy of indirect inspections data in the ECDA process, NACE Corrosion 2010, 10061♯ paper

[21]A. Q. Fu, Y. F. Cheng, Effects of alternating current on corrosion of a coated pipeline steel in a chloride—containing carbonate/bicarbonate solution, Corrosion Science, 52(2010)612—619

[22]GB/T 28026.2—2011 轨道交通地面装置 第2部分:直流牵引系统杂散电流防护措施

[23]CJJ 49—1992 地铁杂散电流腐蚀防护技术规程

[24]DL/T 5224—2014 高压直流输电大地返回系统设计技术规范

[25]SY/T 0315—2013 钢质管道熔结环氧粉末外涂层技术规范

[26]GB 50991—2014 埋地钢质管道直流干扰防护技术标准

[27]DL/T 5092—1999 110~500kV架空送电线路设计技术规程

[28]GB/T 50698—2011 埋地钢质管道交流干扰防护技术标准

第八章 阴极保护系统常见故障分析

阴极保护系统的正常运行是保证阴极保护效果的前提。国内外管道运营公司针对其所辖管道阴极保护系统的运行状况都做了明确的要求,阴极保护系统应保持连续运行,特殊情况下最长连续停运时间不得超过 5 天。阴极保护系统的保护率应达到100%,阴极保护设备的正常运行率应大于98%。因此,针对阴极保护系统故障的排查和判断,也成为管道运营和维护人员的必备能力。而且许多故障之间并没有明显的界限,经常会同时出现,也要求现场测试人员具有综合的测试和判断能力。

表 8.1 为强制电流阴极保护系统中常见的一些故障现象,及可能的原因分析。

表 8.1 强制电流阴极保护系统的常见故障及分析

序号	系统故障	可能的原因分析
1	恒电位仪无法开机	(1)无外部电源输入; (2)输入保险断开
2	恒电位仪输出电压超限	(1)辅助阳极地床接地电阻偏高; (2)阳极消耗完全; (3)阳极表面极化形成钝化膜或腐蚀产物膜; (4)阳极表面产生气阻; (5)阳极附近含水量降低; (6)阳极电缆或阴极电缆断线; (7)外部干扰影响恒电位仪输出
3	恒电位仪输出电流超限	(1)恒电位仪设计容量与系统需求不匹配; (2)预置的控制电位过负; (3)零位接阴电缆断线,反馈的电位信号不准确; (4)参比电极电缆断线或参比电极失效,反馈的电位信号不准确; (5)外部干扰影响恒电位仪输出
4	恒电位仪电位超限	(1)预置的控制电位偏负,管道电位无法极化到该水平; (2)馈流点附近存在搭接或大面积防腐层破损; (3)零位接阴电缆、参比电缆断线或参比电极失效,反馈信号不准确; (4)外部干扰影响恒电位仪输出
5	恒电位仪温度超限	(1)环境温度过高; (2)通风不畅; (3)恒电位仪输出功率过高

在强制电流的阴极保护系统中,恒电位仪是核心部件,其故障运行直接影响最终的保护效果。在国内常见的恒电位运行模式下,恒电位仪的故障报警主要包括电位超限报警、电流

超限报警、电压超限报警和温度过高报警等 4 种原因。以某高频开关恒电位仪为例,当控制电位超过预置电位±50mV 时,仪器显示电位超限报警。当输出电流超过额定电流的 105%时,仪器显示电流超限报警。当输出电压超过额定电压的 105%时,仪器显示电压超限报警。当机内温度过高,系统将由于温度保护而自动停机,同时提示温度超限报警。多种故障同时出现时,也可同时进行报警。

一、恒电位仪无法开机

如表 8.1 所示,可能造成恒电位仪无法开机的原因主要有 2 个。在排查过程中首先应检查外部输入电源是否正常,输入电压是否满足恒电位仪的额定要求;其次,应检查恒电位仪输入回路中的保险是否正常,有无烧断迹象。

二、恒电位仪输出电压超限

外部回路电阻过高,将导致恒电位仪的电压超限。可能使回路电阻升高的因素主要包括辅助阳极地床、连接电缆、交直流干扰等。在设计安装过程中,辅助阳极尺寸规格、安装数量、埋深等不合理,都可能导致其接地电阻偏高;在运行过程中,阳极的不断消耗、表面形成的腐蚀产物膜、气阻、电渗透作用也会使得接地电阻进一步升高。连接电缆断线或外部干扰也会产生类似的影响。

在排查过程中,首先应测试辅助阳极地床的接地电阻,若接地电阻偏大,应采用浇水、换土等方式降低接地电阻。如效果不理想,则需考虑更换阳极地床;若阳极接地电阻正常,则应分段排查恒电位至阳极地床、管道之间连接电缆(阳极电缆、阴极电缆)的电阻,条件合适时可采用 PCM+ACVG 方法定位电缆断线位置。若外部回路电阻正常,则应重点测试馈流点位置是否存在干扰,导致恒电位仪无法正常输出。

三、恒电位仪输出电流超限

恒电位仪电流超限的原因较多。在设计阶段,若恒电位仪的设计容量与系统的需求不匹配时,则会经常出现电流超限情况;预置的控制电位过负、外部干扰、零位接阴和参比电极反馈的电位信号不准确,都可能使得恒电位仪一味地自动提高输出电流,最终导致电流超限。

在排查过程中,首先应测试标准参比电极与埋设的长效参比电极之间的电位差,以确定长效参比电极电位是否正常;其次,应分段排查参比电极电缆、零位接阴电缆的电阻,判断是否存在电缆断线情况;在参比电极和连接电缆均正常的条件下,可在现场进行馈电试验,通过预置不同的控制电位,观察恒电位仪的输出变化。确定最初预置的控制电位是否过负,或恒电位仪的设计容量无法满足系统的电流需求。若以上原因均可排除,需重点测试馈流点位置是否存在干扰,导致恒电位仪无法正常输出。

四、恒电位仪电位超限

由于极化过程需要一定的时间,恒电位仪的电位超限常在其启动开始时出现,在运行过程中也常与其他故障类型同时出现。以馈流点附近存在搭接或大面积防腐层破损为例,管道的极化电位始终无法极化到预置的控制电位值,恒电位仪电位超限报警将一直持续。恒电位仪不断提高其输出电压和输出电流,并可能最终导致电压超限或电流超限报警。

五、恒电位仪温度超限

恒电位仪运行温度超过其允许温度时,也会导致温度超限报警。在我国的大部分地区均可满足使用要求,但在部分极寒、酷热等特殊环境中使用时,则应考虑附加的保温或散热设置。

表8.2为牺牲阳极阴极保护系统中常见的一些故障现象,及可能的原因分析。在牺牲阳极的阴极保护系统中,经常遇到的故障主要包括:牺牲阳极开路电位偏正、输出电流偏小、管道保护电位偏正等情况,这三项参数也是在牺牲阳极阴极保护系统运行过程中需定期进行测试的内容。

表 8.2　牺牲阳极阴极保护系统的常见故障及分析

序号	系统故障	可能的原因
1	牺牲阳极开路电位偏正	牺牲阳极化学成分不达标,杂质含量高; 未添加填包料,牺牲阳极表面发生钝化; 交流干扰条件下,牺牲阳极发生极性反转; 连接电缆破损,裸铜线与土壤接触; 牺牲阳极消耗完全
2	牺牲阳极输出电流偏小	牺牲阳极接地电阻过高; 牺牲阳极消耗完全; 牺牲阳极表面发生钝化或形成不溶的腐蚀产物膜; 安装的牺牲阳极数量偏少,尺寸偏小; 连接电缆断线; 牺牲阳极化学成分不达标,驱动电压偏低
3	管道保护电位偏正	管道附近存在搭接或大面积防腐层破损; 连接电缆破损,裸铜线与土壤接触

六、牺牲阳极开路电位偏正

牺牲阳极开路电位偏正,会直接影响阴极保护效果。出现这种情况时,应首先判断用于连接的铜电缆是否因破损而与土壤直接接触,导致测试电位偏正。还可考虑采用盐水进行灌溉,尝试活化牺牲阳极;测试牺牲阳极的交流电位,判断是否可能由于交流干扰造成牺牲阳极开路电位正移;取出牺牲阳极进行失效分析时,则应重点关注其化学成分和表面膜层的分析。如锌牺牲阳极中很少量的铁元素含量,就可能在其表面形成不溶的腐蚀产物膜,阻碍牺牲阳极的正常溶解。牺牲阳极消耗完全后,剩余的铁芯与土壤直接接触,也会使测得的开路电位偏正。

七、牺牲阳极输出电流偏小

牺牲阳极开路电位偏正，导致驱动电压差偏低，就会导致牺牲阳极的输出电流偏小。若驱动电压差正常，则可能因外部回路的电阻增加导致输出电流的降低。如：牺牲阳极消耗完全、表面形成不溶产物膜、连接电缆断线、安装数量偏少等。

八、管道保护电位偏正

牺牲阳极输出电流偏小或管道附近存在搭接、大面积防腐层破损等情况，都会弱化保护效果，使测试的管道保护电位偏正。